U0413016

李雪松　顾春伟　著

可压缩与不可压缩流动计算方法

清華大學出版社
北　京

内容简介

本书共8章，系统阐述了可压缩与不可压缩流动计算的理论与方法。第1章简要介绍了流体计算所需的基础理论。第2～7章阐述了空间对流项的离散格式。其中，第2～4章分别阐述了不可压、可压及统一计算的经典方法；第5章发展了兼容低马赫数的激波捕获格式；第6章发展了激波计算稳定的格式；第7章在上述基础上提出了适合从极低到极高马赫数统一计算的全速域格式。第8章阐述了时间离散方法与计算收敛加速方法。

本书既可作为高等学校计算流体力学课程及相关工程专业的本科生与研究生教材，也可作为从事流体计算相关科研和工程技术人员的参考用书。

图书在版编目（CIP）数据

可压缩与不可压缩流动计算方法 / 李雪松，顾春伟著. -- 北京 ：清华大学出版社，2025. 4. -- ISBN 978-7-302-68995-9

Ⅰ. O35

中国国家版本馆 CIP 数据核字第 2025HR0509 号

责任编辑：戚　亚
封面设计：常雪影
责任校对：赵丽敏
责任印制：刘海龙

出版发行：清华大学出版社
网　　址：https://www.tup.com.cn，https://www.wqxuetang.com
地　　址：北京清华大学学研大厦A座　　**邮　　编**：100084
社 总 机：010-83470000　　**邮　　购**：010-62786544
投稿与读者服务：010-62776969，c-service@tup.tsinghua.edu.cn
质量反馈：010-62772015，zhiliang@tup.tsinghua.edu.cn
印 装 者：三河市东方印刷有限公司
经　　销：全国新华书店
开　　本：170mm×240mm　　**印张**：11.5　　**插页**：3　　**字　　数**：235千字
版　　次：2025年4月第1版　　**印　　次**：2025年4月第1次印刷
定　　价：95.00元

产品编号：108359-01

序

FOREWORD

计算流体力学已成为流体力学理论与工程领域的主要研究方法之一，在航空航天、能源动力等领域持续发挥着关键作用，有力推动了流动机理认知与工程设计的革新发展。然而在跨速域流动计算领域，经典激波捕获格式长期面临两大挑战：低马赫数近不可压流动中的数值耗散失真与高超音速流动中的激波振荡失稳，这种速域割裂现象严重制约着复杂流动问题的整体求解精度。如何建立具有广泛适应性的计算方法，成为当前流体力学研究值得深入探索的方向。

本专著的学术价值在于突破了传统计算流体力学的速域壁垒，构建了覆盖流体力学全速域的计算方法体系框架。一方面从全新视角全面回顾与阐释了流体计算知识体系与经典方法，揭示出可压缩与不可压缩流动在算法层面的内在统一性；另一方面建立了普适性格式构造准则，攻克了传统方法在跨速域计算中的适应性难题，发展了具有自主知识产权的系列新型计算格式，实现了从极低亚声速到高超声速全速域流动的高精度数值模拟。这些理论突破填补了国际学术界在全速域计算领域的理论空白，可为叶轮机械气动设计、高超声速飞行器研制等工程实践提供算法支撑。

本书的两位作者长期从事叶轮机械气动热力学研究，有着深厚的理论功底和工程经验。作者之一在博士在读期间就致力于研究可压缩与不可压缩流动统一计算方法，历经 20 年而成此书。本书系统梳理了计算流体力学领域的经典理论体系与新近研究进展，既可为流体力学、工程热物理等专业的本科生与研究生教学提供循序渐进的研习框架，又能为航空航天器气动设计、能源动力装备研发等工程实践提供方法论层面的应用启示。谨将本书推荐给从事气动力学及其交叉学科研究的青年学者、工程研发人员及专业教师。

徐建中

中国科学院院士

2025 年 2 月

前言

PREFACE

计算流体力学(computational fluid dynamics,CFD)作为一门独立的学科,已经显著地推动了流体力学研究的进步。它为该领域提供了一种关键的工具,极大地促进了与流体力学紧密相关的工程学科的发展。

CFD分为可压缩流动CFD与不可压缩流动CFD(又称为计算传热学)两个分支,它们一直是CFD中两个相对独立的研究领域,有各自的问题和解决方法。不可压缩流动CFD以压力耦合方程组的半隐式方法(semi-implicit method for pressure-linked equations,SIMPLE)为代表,研究内容主要包括迎风格式、压力修正方程、压力速度耦合及快速迭代等方法。而可压缩流动CFD主要的问题在于模拟激波,由此发展了以时间推进与激波捕获格式为代表的计算方法。

然而,由于可压缩流动CFD与不可压缩流动CFD都基于相同的流体力学主导方程——纳维-斯托克斯方程(Navier-Stokes equation,N-S方程),所以在理论上必然具有内在的共通性从而能够统一。随着航空航天、能源工程等相关领域研究的不断深入,对于能够精确模拟同时存在高马赫数可压缩流和低马赫数不可压缩流的复杂流场的需求也愈加迫切。为了满足这一需求,发展能够将可压缩与不可压缩流动统一处理的计算方法尤为必要。

实际上,发展可压缩与不可压缩流动统一算法,已经成为过去30年国际CFD领域发展的关键方向之一,国内学者也对此做出了重要贡献。本书作者在过去20年中,对此进行了理论与格式构造方面的深入研究,解决了传统方法中的主要缺陷,并提出了真正意义上的统一算法。

目前,可压缩与不可压缩流动统一算法的研究已取得显著进展,但尚未有著作对此进行全面总结与阐述。本书填补了这一空白,集基础性与先进性于一身,形成了以下特点:

(1) 内容全面系统。本书以N-S方程为基石,从统一可压缩与不可压缩流动的全新视角出发,深入剖析并重新阐释了流体计算所需的核心概念和知识体系。书中不仅详细论述了经典的不可压缩算法、可压缩算法与统一预处理算法,还介绍了基于作者对传统方法的深刻理解而发展的全速域格式。

(2) 理论深刻透彻。本书构建了统一分析框架,旨在整合可压缩与不可压缩流动算法。通过深入探讨理论层面,揭示了经典方法中存在的诸多问题及其根本原因,并对不可压缩与可压缩计算方法的异同进行了深刻解析。进一步地,书中阐述了构造统一算法的普适规则。

(3) 易于应用实践。本书详尽地阐述了算法在三维空间中的完整形式,提出的改进算法背景理论深刻且易于实施,能够显著提升计算效果。本书旨在帮助读者更好地理解和应用这些算法,以解决实际问题。

本书涉及面较广,引用了大量文字、图、表、数据等,在此对这些内容的原作者表示衷心的感谢!此外,有的图、表和数据等内容难以溯源,未能注明出处,敬请谅解!囿于作者水平,书中缺点和错误在所难免,敬请读者批评指正。

本书研究得到了国家自然科学基金项目 50806037 与 51276092 的资助,特此感谢!

作　者

2024 年 12 月

主要符号对照表

ρ	密度
x, y, z	直角坐标系,距离
u, u_1	x 轴方向分速度
v, u_2	y 轴方向分速度
w, u_3	z 轴方向分速度
E	总能
T	温度
p	压力
H	总焓
μ	动力黏度
μ_t	湍流动力黏度
τ	黏性应力,真实时间
q	热量
κ	导热系数
Pr	普朗特数
c_p	定压比热,压力系数
γ	绝热指数
$\boldsymbol{Q}$	守恒变量
$\boldsymbol{F}, \boldsymbol{G}, \boldsymbol{H}$	对流通量
$\boldsymbol{F}^\nu, \boldsymbol{G}^\nu, \boldsymbol{H}^\nu$	黏性通量
$\boldsymbol{S}$	源项,面积
ϕ	通用变量
ξ, η, ζ	任意曲线坐标系
J	雅可比系数
U	面法向速度
V	总速度,体积
g_{ii}	度量张量分量
$\boldsymbol{N}$	系统雅可比矩阵
λ	系统雅可比矩阵特征值
c	声速
$\boldsymbol{e}_x, \boldsymbol{e}_y, \boldsymbol{e}_z / \boldsymbol{n}_x, \boldsymbol{n}_y, \boldsymbol{n}_z$	单位向量
$\boldsymbol{R}$	系统雅可比矩阵右特征矩阵

$\boldsymbol{\Lambda}$	系统雅可比矩阵特征值矩阵
$\mathfrak{R}$	残差
$\boldsymbol{\Gamma}_0$	基于基本变量的预处理矩阵
$\boldsymbol{\Gamma}$	基于守恒变量的预处理矩阵
θ	预处理因子
K	预处理系数
M	马赫数
t	时间,虚拟时间
CFL	Courant-Friedrichs-Lewy 数
$\boldsymbol{I}$	单位矩阵

上标

ν	黏性相关量
T	转秩
(ℓ)	矩阵中的单个元素
n	时间层
—	任意曲线坐标系下的守恒量
∧	预处理量

下标

x,y,z	直角坐标系方向
ξ,η,ζ	任意曲线坐标系方向
i,j,k	坐标轴方向,张量表达法
L	间断面左
R	间断面右
c	中心差分项
d	数值黏性项
+	正值
—	负值
min	最小值
max	最大值
ref	参考值

注:其他随文注明

目录

CONTENTS

本书电子资源
（课件 PPT 和源代码）

第 1 章

控制方程

1.1 张量基础

适当了解张量的基础知识，对学习、理解与使用计算流体力学(computational fluid dynamics，CFD)的概念是有益的。一方面，张量简化了矩阵的表达，能够同时观察到矩阵的整体与局部，对于掌握纳维-斯托克斯方程(Navier-Stokes equation，简称 N-S 方程)有所帮助，进而有助于学习 CFD 的主体内容格式，即 N-S 方程的离散算法。另一方面，张量可以简化 CFD 算法代码的编写，将不同方向上需要重复编写的类似算法代码简化为一次编写，对 CFD 代码的编写、调试、维护与进一步发展均具有重要意义。

张量就是将矩阵下标化、指标化。例如，常见的笛卡儿坐标向量可以以张量法表达为

$$\boldsymbol{x}=[x \quad y \quad z]=[x_1 \quad x_2 \quad x_3]=x_i \tag{1.1}$$

又如，笛卡儿速度向量可以表达为

$$\boldsymbol{u}=[u \quad v \quad w]=[u_1 \quad u_2 \quad u_3]=u_i \tag{1.2}$$

梯度也可以用张量法表示，如

$$\operatorname{grad}(p)=\nabla p=\begin{bmatrix}\dfrac{\partial p}{\partial x_1} & \dfrac{\partial p}{\partial x_2} & \dfrac{\partial p}{\partial x_3}\end{bmatrix}=\frac{\partial p}{\partial x_i} \tag{1.3}$$

上式中的 x_i、u_i 与 $\dfrac{\partial p}{\partial x_i}$ 分别为坐标向量、速度向量与压力梯度的张量表达式。这里介绍张量表达法两个非常重要的约定：

(1) 下标约定。下标 i 代表 1、2、3 中的任意一个，即

$$i=1,2,3 \tag{1.4}$$

从编程的角度理解这一约定较为容易，即对 i 从 1～3 的一个循环。

更进一步,可以在张量表达式中引入新的下标,如引入一个新的下标 j,就可以用两个下标表示 3×3 阶的矩阵:

$$\sigma_{ij}=\begin{bmatrix}\sigma_{11} & \sigma_{12} & \sigma_{13}\\ \sigma_{21} & \sigma_{22} & \sigma_{33}\\ \sigma_{31} & \sigma_{22} & \sigma_{33}\end{bmatrix}=\boldsymbol{\sigma} \tag{1.5}$$

这里的下标 i、j 是相互独立且自由变化的,因此又称为自由标。事实上,张量的阶数是由自由标决定的。例如,标量不存在自由标,因此是 0 阶张量;式(1.4)有 1 个自由标,因此是 1 阶张量;式(1.5)有 2 个自由标,因此是 2 阶张量;依次类推。

上述是下标不同的情况,如果张量中出现相同的下标,则需引入如下约定。

(2) 求和约定。求和约定是指,凡是引入了相同的下标,则意味着另含运算:将下标由 1～3 取值,然后求和。如

$$\sigma_{ii}=\sigma_{11}+\sigma_{22}+\sigma_{33} \tag{1.6}$$

这里的下标 i 不再能够自由变化,因此称为哑标,与自由标相对。

张量下标的特点:①默认值为 1、2、3;②哑标必须成双成对出现,并且符号不限,也就是说,$\sigma_{ii}=\sigma_{jj}$;③等式中的各项自由标必须相同。

最后给出常见的张量运算。

(1) 缩并。缩并即令下标相等,如使 σ_{ij} 下标相等变化为 σ_{ii},称为缩并一次。缩并一次阶数减 2,但仍为张量。

(2) 加减:

$$a_{ij}\pm b_{ij}=c_{ij} \tag{1.7}$$

加减之后的新张量阶数不变。

(3) 数乘:

$$ka_{ij}=c_{ij} \tag{1.8}$$

数乘之后新张量阶数不变。

(4) 并积(外积):

$$a_{ij}b_{kl}=c_{ijkl} \tag{1.9}$$

并积所形成的新张量阶数为原张量阶数之和。

(5) 点积(内积):

$$a_{ij}\cdot b_{kl}=a_{ik}b_{kj}=c_{ij} \tag{1.10}$$

点积所形成的新张量阶数为原张量阶数之和减 2,即实施了一次缩并,如两矩阵点积。

1.2 N-S 方程推导

N-S 方程是关于黏性流体的动力学方程,因而是流体力学的核心,CFD 的研究目的就是求解 N-S 方程,同时,湍流、多相流等模型也通常是通过拓展 N-S 方程提

出的，因此掌握 N-S 方程非常重要。考虑到 N-S 方程的推导与 N-S 方程离散计算过程有很大程度的相似性，本节将从与有限体积法相似的角度，针对图 1.1 中的控制体进行推导，以期更好地理解 N-S 方程。其中，作用在单位面积上的表面力（面应力）用应力张量 σ_{ij} 来表示。

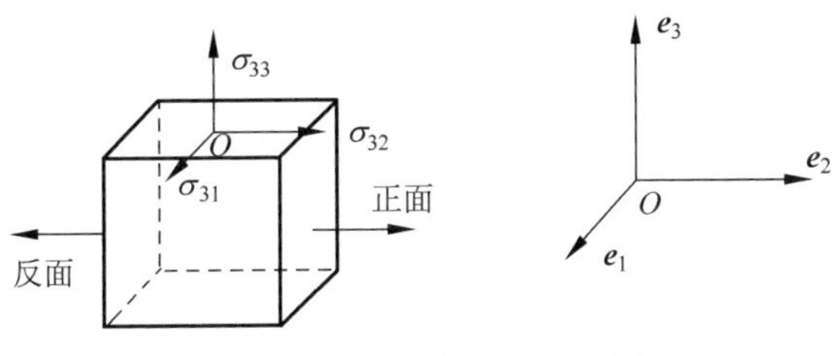

图 1.1 控制体与面应力示例

1.2.1 控制体与面应力

将流体空间离散分割为若干相邻接的控制体，如图 1.1 所示。这一控制体既要足够大，以保证包含足够多的流体分子而使流体连续性条件成立；又要足够小，以保证控制体内的流动为层流而非湍流。事实上，这一对控制体大小的要求正是对湍流计算直接数值模拟（direct numerical simulation，DNS）离散网格尺寸的要求，是合理且可以实现的。如果假设该控制体内始终包含相同的流体分子，即允许控制体形状变化，则该控制体就是拉格朗日坐标系下的流体微团。

为了简便且不失一般性，这里将控制体取为正六面体。控制体作用面法向方向与坐标轴相同的称为正面，反之称为负面。尽管一个控制体包含 6 个作用面，但每个作用面都与相邻的控制体共享，因此，对于一个控制体而言，独立的作用面是 3 个，可以只考虑 3 个正面。而对于每一个作用面，又存在 3 个独立方向的应力，因此，控制体的面应力可以用一个二阶张量 σ_{ij} 来表示。其中，下标 i 代表作用面，对应于作用面法线方向，而下标 j 对应于应力方向。当 $i=j$ 时，σ_{ij} 表示为正应力；当 $i\neq j$ 时，σ_{ij} 表示为切应力。图 1.1 给出了示例。

1.2.2 控制体物理量表述

控制体的物理量可以分为两大类：体积量与面积量，如图 1.2 所示。

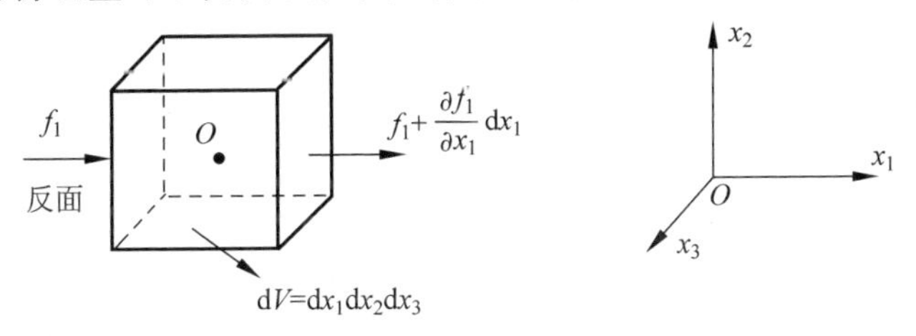

图 1.2 控制体物理量的表述

(1) 体积量。定义 φ 代表单位体积的物理量,也就是控制体的平均物理量,定义于控制体中心 O 点。因此,体积量为 $\varphi \mathrm{d}V$,这里 $\mathrm{d}V$ 为控制体体积。φ 为广义量,可以是标量、向量或张量等。

(2) 面积量。定义 f_j 为单位面积通量,其中 f 为广义量,下标 j 代表物理量的作用面。

对于流体力学,常见的单位面积通量见表 1.1。

表 1.1 常见的面积量

量的名称	量的符号
单位面积通量	f_j
流量	ρu_j
热量	q_j
应力	σ_{ji}
应力功率	$\sigma_{ji}u_i$

设通量方向与坐标轴方向相同,并设净通量 ϕ 等于单位时间内流出通量减去流入通量。例如,对于 x_1 轴方向(参考图 1.2),可得:

$$\phi(f_1)=\left(f_1+\frac{\partial f_1}{\partial x_1}\mathrm{d}x_1\right)\mathrm{d}x_2\mathrm{d}x_3-f_1\mathrm{d}x_2\mathrm{d}x_3=\frac{\partial f_1}{\partial x_1}\mathrm{d}x_1\mathrm{d}x_2\mathrm{d}x_3=\frac{\partial f_1}{\partial x_1}\mathrm{d}V \tag{1.11}$$

其中,$\mathrm{d}V$ 为控制体的体积。

对于 x_2 轴方向和 x_3 轴方向,同样可得:

$$\phi(f_2)=\frac{\partial f_2}{\partial x_2}\mathrm{d}V \tag{1.12}$$

$$\phi(f_3)=\frac{\partial f_3}{\partial x_3}\mathrm{d}V \tag{1.13}$$

因此,净通量的表达式为

$$\phi(f)=\left(\frac{\partial f_1}{\partial x_1}+\frac{\partial f_2}{\partial x_2}+\frac{\partial f_3}{\partial x_3}\right)\mathrm{d}V=\frac{\partial f_j}{\partial x_j}\mathrm{d}V \tag{1.14}$$

1.2.3 连续性方程

连续性方程是质量守恒定律在定常流动的流体力学中的数学表述,意味着控制体内单位时间内净流入质量等于控制体内质量的变化率。其中,体积量为 $\rho \mathrm{d}V$,面积量为 $f_j=\rho u_j$,据此并参考净通量表达式(1.14),可以写出连续性方程:

$$-\frac{\partial(\rho u_j)}{\partial x_j}\mathrm{d}V=\frac{\partial(\rho \mathrm{d}V)}{\partial t}=\frac{\partial \rho}{\partial t}\mathrm{d}V$$

整理后即得：

$$\frac{\partial\rho}{\partial t}+\frac{\partial(\rho u_j)}{\partial x_j}=0 \tag{1.15}$$

式(1.15)还可以写为拉格朗日坐标系下的形式：

$$\frac{\mathrm{D}(\rho \mathrm{d}V)}{\mathrm{D}t}=0 \tag{1.16}$$

式(1.16)的物理含义是在拉格朗日坐标系下，也就是在随体坐标系下，流体微团的质量变化率为0。其中的导数：

$$\frac{\mathrm{D}}{\mathrm{D}t}=\frac{\partial}{\partial t}+u_j\frac{\partial}{\partial x_j} \tag{1.17}$$

称为随体导数或物质导数，代表微团某性质对时间的变化率。式(1.17)是N-S方程推导中经常需要用到的公式。

可以证明，流体微团的体积膨胀速率就是3个正交方向线变形速度的代数和，即

$$\frac{1}{\mathrm{d}V}\frac{\mathrm{D}(\mathrm{d}V)}{\mathrm{D}t}=\frac{\partial u_j}{\partial x_j} \tag{1.18}$$

因此式(1.16)又可以写为

$$\frac{\mathrm{D}\rho}{\mathrm{D}t}+\rho\frac{\partial u_j}{\partial x_j}=0 \tag{1.19}$$

将式(1.17)代入可得，式(1.19)等同于式(1.15)。

1.2.4　动量方程

动量方程是动量守恒定律在流体力学中的数学表述，意味着微团单位时间的动量变化率等于合力。其中，体积量为动量 $\rho u_i \mathrm{d}V$ 与体积力 $\rho F_i \mathrm{d}V$，体积力为所有质量上的力，如重力；面积量为应力 σ_{ji}。据此可以写出动量方程：

$$\frac{\mathrm{D}(\rho u_i \mathrm{d}V)}{\mathrm{D}t}=\rho F_i \mathrm{d}V+\frac{\partial\sigma_{ji}}{\partial x_j}\mathrm{d}V \tag{1.20}$$

将式(1.19)代入，式(1.20)可以简化为

$$\rho\frac{\mathrm{D}u_i}{\mathrm{D}t}=\rho F_i+\frac{\partial\sigma_{ji}}{\partial x_j} \tag{1.21}$$

将式(1.17)代入，则上式可以进一步写为

$$\rho\frac{\partial u_i}{\partial t}+\rho u_j\frac{\partial u_i}{\partial x_j}=\rho F_i+\frac{\partial\sigma_{ji}}{\partial x_j} \tag{1.22}$$

通过在式(1.22)中引入式(1.15)，在CFD中，特别是在可压缩流动计算中，动量方程经常写为强守恒形式：

$$\frac{\partial(\rho u_i)}{\partial t}+\frac{\partial(\rho u_i u_j)}{\partial x_j}=\rho F_i+\frac{\partial\sigma_{ji}}{\partial x_j} \tag{1.23}$$

1.2.5 能量方程

能量方程是能量守恒定律在流体力学中的数学表述，意味着微团单位时间的能量变化等于吸热率与功率之和。其中，吸热又包含生成热与热传导。因此，体积量为总能 $\rho E\mathrm{d}V$，生成热功率为 $\rho Q\mathrm{d}V$，以及体积力功率为 $\rho F_i u_i \mathrm{d}V$，面积量为热传导 q_j 与应力功率 $\sigma_{ji}u_i$。据此可以写出能量方程：

$$\frac{\mathrm{D}(\rho E\mathrm{d}V)}{\mathrm{D}t}=\rho Q\mathrm{d}V+\rho F_j u_j \mathrm{d}V-\frac{\partial q_j}{\partial x_j}\mathrm{d}V+\frac{\partial(\sigma_{ji}u_i)}{\partial x_j}\mathrm{d}V \tag{1.24}$$

$$E=e+\frac{1}{2}u_i u_i \tag{1.25}$$

$$q_j=-k\frac{\partial T}{\partial x_j} \tag{1.26}$$

其中，e 为单位质量流体内能，k 为导热系数，T 为温度。

类似于动量方程，能量方程(1.24)可以写为 CFD 中常用的强守恒形式：

$$\frac{\partial(\rho \mathrm{E})}{\partial t}+\frac{\partial(\rho \mathrm{E}u_j)}{\partial x_j}=\rho Q+\rho F_j u_j-\frac{\partial q_j}{\partial x_j}+\frac{\partial(\sigma_{ji}u_i)}{\partial x_j} \tag{1.27}$$

1.2.6 本构方程

在前述章节中，还有一个重要的变量没有定义，即应力 σ_{ji}。本构方程的任务，就是建立 σ_{ji} 的具体表达式。为此，对于牛顿流体，需要引入斯托克斯第一假设(Stokes first hypothesis)与斯托克斯第二假设(Stokes second hypothesis)。

斯托克斯第一假设包含以下 3 条内容：

(1) 应力张量 σ_{ij} 是应变率张量 S_{ij} 的线性函数；

(2) 应力张量 σ_{ij} 为对称各向同性，也就是说流体性质与方向无关，而且下标 i 与 j 可互换；

(3) 应力应变率关系式不仅应适合运动的情况，也应适合静止的情况。也就是说，当 $S_{ij}=0$ 时，$\sigma_{ij}=-p\delta_{ij}$。

这里的 p 就是流体静压，δ_{ij} 为克罗内克张量(Kronecker tensor)：

$$\delta_{ij}=\begin{cases}1, & i=j\\0, & i\neq j\end{cases} \tag{1.28}$$

而应变率张量 S_{ij} 则代表了流体微团的变形运动：

$$S_{ij}=\frac{1}{2}\left(\frac{\partial u_i}{\partial x_j}+\frac{\partial u_j}{\partial x_i}\right) \tag{1.29}$$

根据斯托克斯第一假设的第(1)条内容，应力张量的一般解为

$$\sigma_{ij}=c_{ijkl}S_{kl}+D_{ij} \tag{1.30}$$

其中，D_{ij} 为常数张量，c_{ijkl} 为一个四阶系数张量，包含 81 个变量。为了简化

c_{ijkl}，引入了斯托克斯第一假设的第(2)条内容。事实上，二阶张量只有克罗内克张量满足各向同性性质，因此，对于四阶各向同性张量，只有 3 种克罗内克张量组合：

$$c_{ijkl}=\gamma_1\delta_{ij}\delta_{kl}+\gamma_2\delta_{il}\delta_{jk}+\gamma_3\delta_{ik}\delta_{jl} \tag{1.31}$$

也就是说，在引入各向同性假设后，c_{ijkl} 由 81 个变量大幅简化为 3 个变量。再考虑对称性，c_{ijkl} 的变量还可以进一步缩减为 2 个：

$$c_{ijkl}=\lambda\delta_{ij}\delta_{kl}+\mu(\delta_{il}\delta_{jk}+\delta_{ik}\delta_{jl}) \tag{1.32}$$

再考虑斯托克斯第一假设的第(3)条内容，可以获得：

$$D_{ij}=-p\delta_{ij} \tag{1.33}$$

因此，根据这 3 条斯托克斯假设，可以获得应力应变率的关系式：

$$\sigma_{ij}=-p\delta_{ij}+\tau_{ij} \tag{1.34}$$

$$\tau_{ij}=2\mu S_{ij}+\lambda\frac{\partial u_k}{\partial x_k}\delta_{ij} \tag{1.35}$$

其中，μ 为层流黏性，λ 则由斯托克斯第二假设给出：热力学压强等于平均压强，即 $\bar{p}=-\frac{1}{3}\sigma_{ii}=p$。由此可得：

$$\lambda=-\frac{2}{3}\mu \tag{1.36}$$

需要注意的是，斯托克斯第二假设并不完善。事实上，实验结果表明，许多流体的 λ 为正值。但考虑到这一项本身的影响不大，CFD 中一般仍然沿用式(1.36)。

1.3　N-S 方程的具体形式及其变形

1.3.1　直角坐标系下的 N-S 方程

1.2 节推导了正交坐标系下的 N-S 方程，这里将其张量的表达形式总结如下：

$$\frac{\partial \boldsymbol{Q}}{\partial t}+\frac{\partial \boldsymbol{F}_j}{\partial x_j}=\frac{\partial \boldsymbol{F}_j^{\nu}}{\partial x_j}+\boldsymbol{S} \tag{1.37}$$

其中，$\boldsymbol{Q}$ 为守恒变量，$\boldsymbol{F}$ 为对流通量，$\boldsymbol{F}^{\nu}$ 为黏性通量，$\boldsymbol{S}$ 为源项。它们的定义分别如下：

$$\boldsymbol{Q}=\begin{bmatrix}\rho\\ \rho u_1\\ \rho u_2\\ \rho u_3\\ \rho E\end{bmatrix},\quad \boldsymbol{F}_j=u_j\boldsymbol{Q}+\begin{bmatrix}0\\ \delta_{1j}p\\ \delta_{2j}p\\ \delta_{3j}p\\ pu_j\end{bmatrix},\quad \boldsymbol{F}_j^{\nu}=\begin{bmatrix}0\\ \sigma_{1i}\\ \sigma_{2j}\\ \sigma_{3j}\\ \sigma_{kj}u_k+q_j\end{bmatrix},\quad \boldsymbol{S}=\begin{bmatrix}0\\ \rho f_{v,1}\\ \rho f_{v,2}\\ \rho f_{v,3}\\ \rho f_{v,i}u_i\end{bmatrix} \tag{1.38}$$

式中，σ_{ij} 和 q_j 分别为

$$\sigma_{ij}=\mu\left(\frac{\partial u_i}{\partial x_j}+\frac{\partial u_j}{\partial x_i}-\frac{2}{3}\delta_{ij}\frac{\partial u_k}{\partial x_k}\right) \tag{1.39}$$

$$q_j=-k\frac{\partial T}{\partial x_j} \tag{1.40}$$

其中，源项 $\boldsymbol{S}$ 包含体积力强度项 $\boldsymbol{f}_\nu$，一般可认为等于 0。

将以上张量形式在直角坐标系(x,y,z)展开，则可得直角坐标系下的 N-S 方程展开形式：

$$\frac{\partial \boldsymbol{Q}}{\partial t}+\frac{\partial \boldsymbol{F}}{\partial x}+\frac{\partial \boldsymbol{G}}{\partial y}+\frac{\partial \boldsymbol{H}}{\partial z}=\frac{\partial \boldsymbol{F}^\nu}{\partial x}+\frac{\partial \boldsymbol{G}^\nu}{\partial y}+\frac{\partial \boldsymbol{H}^\nu}{\partial z}+\boldsymbol{S} \tag{1.41}$$

其中，

$$\boldsymbol{Q}=\begin{bmatrix}\rho\\ \rho u\\ \rho v\\ \rho w\\ \rho E\end{bmatrix},\quad \boldsymbol{F}=\begin{bmatrix}\rho u\\ \rho u^2+p\\ \rho uv\\ \rho uw\\ u(\rho E+p)\end{bmatrix},\quad \boldsymbol{G}=\begin{bmatrix}\rho v\\ \rho uv\\ \rho v^2+p\\ \rho vw\\ v(\rho E+p)\end{bmatrix},\quad \boldsymbol{H}=\begin{bmatrix}\rho w\\ \rho uw\\ \rho vw\\ \rho w^2+p\\ w(\rho E+p)\end{bmatrix}$$

$$\boldsymbol{F}^\nu=\begin{bmatrix}0\\ \tau_{xx}\\ \tau_{xy}\\ \tau_{xz}\\ u\tau_{xx}+v\tau_{xy}+w\tau_{xz}-q_x\end{bmatrix},\quad \boldsymbol{G}^\nu=\begin{bmatrix}0\\ \tau_{yx}\\ \tau_{yy}\\ \tau_{yz}\\ u\tau_{yx}+v\tau_{yy}+w\tau_{yz}-q_y\end{bmatrix},$$

$$\boldsymbol{H}^\nu=\begin{bmatrix}0\\ \tau_{zx}\\ \tau_{zy}\\ \tau_{zz}\\ u\tau_{zx}+v\tau_{zy}+w\tau_{zz}-q_z\end{bmatrix},\quad \boldsymbol{S}=\begin{bmatrix}0\\ \rho f_{v,x}\\ \rho f_{v,y}\\ \rho f_{v,z}\\ \rho(f_{v,x}u+f_{v,y}v+f_{v,z}w)\end{bmatrix}=0$$

式中各量的关系为

$$\tau_{xx}=2\mu u_x-\frac{2}{3}\mu(u_x+v_y+w_z),\quad \tau_{xy}=\tau_{yx}=\mu(u_y+v_x),$$

$$\tau_{xz}=\tau_{zx}=\mu(u_z+w_x),\quad \tau_{yy}=2\mu v_y-\frac{2}{3}\mu(u_x+v_y+w_z),$$

$$\tau_{zz}=2\mu w_z-\frac{2}{3}\mu(u_x+v_y+w_z),\quad \tau_{yz}=\tau_{zy}=\mu(v_z+w_y),$$

$$q_x=-kT_x,\quad q_y=-kT_y,\quad q_z=-kT_z,\quad k=\frac{\mu}{Pr}c_p$$

1.3.2　不可压缩流动 N-S 方程

对于不可压缩流动，其密度不随空间与时间变化，因此 N-S 方程形式又可以变化如下。

连续性方程：

$$\frac{\partial u_j}{\partial x_j}=0 \tag{1.42}$$

动量方程：

$$\frac{\partial u_i}{\partial t}+u_j\frac{\partial u_i}{\partial x_j}=F_i+\frac{\partial \tau_{ij}}{\rho\partial x_j}-\frac{\partial(p\delta_{ij})}{\rho\partial x_j} \tag{1.43}$$

能量方程：

$$\frac{\partial E}{\partial t}+u_j\frac{\partial E}{\partial x_j}=Q+F_ju_j-\frac{\partial q_j}{\rho\partial x_j}+\frac{\partial \tau_{ij}u_i}{\rho\partial x_j}-\frac{u_j}{\rho}\frac{\partial p}{\partial x_j} \tag{1.44}$$

与可压缩流动 N-S 方程相比，不可压方程的主要区别在于：

(1) 连续性方程没有时间项，无法使用时间推进法，方程求解过程复杂而晦涩；

(2) 密度不再为求解变量，因此一般引入压力作为求解变量；而连续性方程中的压力不是显式存在的，需要联合动量方程求解；

(3) 能量方程与其他方程解耦，也就是说，如果其他方程中的物性与温度无关，可以只求解连续性方程与动量方程来获得压力场与速度场。

1.3.3　非惯性坐标系下的 N-S 方程

在非惯性坐标系下，N-S 方程组的形式与静止坐标系中的完全一样，只是把所有坐标与速度都改成相对运动坐标系的坐标与速度（密度、压力、温度、内能满足客观不变原则，即不随坐标系变化而变化），并把源项 $\boldsymbol{S}$ 中的体积力强度项 $\boldsymbol{f}_\nu$ 换成 $\boldsymbol{f}_\nu-\boldsymbol{a}_\mathrm{e}-\boldsymbol{a}_\mathrm{c}$。其中，$\boldsymbol{a}_\mathrm{e}$ 为迁移加速度，$\boldsymbol{a}_\mathrm{c}$ 为哥氏加速度，它们分别定义如下：

$$\boldsymbol{a}_\mathrm{e}=\frac{\mathrm{d}\boldsymbol{V}_O(t)}{\mathrm{d}t}+\frac{\mathrm{d}\boldsymbol{\Omega}}{\mathrm{d}t}\times\boldsymbol{r}+\boldsymbol{\Omega}\times(\boldsymbol{\Omega}\times\boldsymbol{r}) \tag{1.45}$$

$$\boldsymbol{a}_\mathrm{c}=2\boldsymbol{\Omega}\times\boldsymbol{V}_r \tag{1.46}$$

其中，$\boldsymbol{V}_O$ 为运动坐标系原点 O（相对于绝对坐标系）的平动速度，$\boldsymbol{\Omega}$ 为该运动坐标系以其原点 O 为中心（相对于绝对坐标系）的转动角速度，$\boldsymbol{r}$ 为质点相对运动坐标系原点的矢径。下标 r 表示相对运动坐标系下的量，$\boldsymbol{V}_r$ 即该量的平动速度。

对于叶轮机械来说，常见的非惯性坐标系为绕 z 轴等角速度 ω 旋转，且原点不动，即

$$\boldsymbol{\Omega}=\omega\boldsymbol{r} \tag{1.47}$$

将式(1.45)～式(1.47)代入源项 $\boldsymbol{S}$,此时非惯性坐标系下 N-S 方程组的源项形式为

$$\boldsymbol{S}=\begin{bmatrix}0\\ \rho(\omega^2 x+2\omega v_r)\\ \rho(\omega^2 y-2\omega u_r)\\ 0\\ \rho\omega^2(u_r x+v_r y)\end{bmatrix} \tag{1.48}$$

也就是说,对于叶轮机械等以一定角速度旋转的情况而言,固结在叶轮机械旋转坐标上的 N-S 方程形式上与式(1.37)或式(1.41)一致,只需将其中的源项 $\boldsymbol{S}$ 替换为式(1.48),并把方程组中的所有坐标与速度都改成相对运动坐标系的坐标与速度。

简便起见,在不引起混淆的情况下,方程组中的所有变量均可略去下标 r。

1.3.4 任意曲线坐标系下的 N-S 方程

CFD 中的网格一般都是非正交网格,因此需要将直角坐标系(x,y,z)下的 N-S 方程变换到任意曲线坐标系(ξ,η,ζ),也就是计算坐标系下:

$$\frac{\partial\bar{\boldsymbol{Q}}}{\partial t}+\frac{\partial\bar{\boldsymbol{F}}}{\partial\xi}+\frac{\partial\bar{\boldsymbol{G}}}{\partial\eta}+\frac{\partial\bar{\boldsymbol{H}}}{\partial\zeta}=\frac{\partial\bar{\boldsymbol{F}}^{\nu}}{\partial\xi}+\frac{\partial\bar{\boldsymbol{G}}^{\nu}}{\partial\eta}+\frac{\partial\bar{\boldsymbol{H}}^{\nu}}{\partial\zeta}+\bar{\boldsymbol{S}} \tag{1.49}$$

其中,

$$\bar{\boldsymbol{Q}}=J\boldsymbol{Q},\quad \bar{\boldsymbol{F}}=J(\xi_t\boldsymbol{Q}+\xi_x\boldsymbol{F}+\xi_y\boldsymbol{G}+\xi_z\boldsymbol{H}),$$

$$\bar{\boldsymbol{G}}=J(\eta_t\boldsymbol{Q}+\eta_x\boldsymbol{F}+\eta_y\boldsymbol{G}+\eta_z\boldsymbol{H}),\quad \bar{\boldsymbol{H}}=J(\zeta_t\boldsymbol{Q}+\zeta_x\boldsymbol{F}+\zeta_y\boldsymbol{G}+\zeta_z\boldsymbol{H}),$$

$$\bar{\boldsymbol{F}}^{\nu}=J(\xi_x\boldsymbol{F}^{\nu}+\xi_y\boldsymbol{G}^{\nu}+\xi_z\boldsymbol{H}^{\nu}),\quad \bar{\boldsymbol{G}}^{\nu}=J(\eta_x\boldsymbol{F}^{\nu}+\eta_y\boldsymbol{G}^{\nu}+\eta_z\boldsymbol{H}^{\nu}),$$

$$\bar{\boldsymbol{H}}^{\nu}=J(\zeta_x\boldsymbol{F}^{\nu}+\zeta_y\boldsymbol{G}^{\nu}+\zeta_z\boldsymbol{H}^{\nu}),\quad \bar{\boldsymbol{S}}=J\boldsymbol{S}$$

其中,ξ_t、η_t、ζ_t 代表网格运动速度,如果是静止网格,则这 3 项均为 0;J 为两个坐标系变换的雅可比系数,即 $J=\det\left[\dfrac{\partial(x,y,z)}{\partial(\xi,\eta,\zeta)}\right]$,因此:

$$J=x_\xi(y_\eta z_\zeta-y_\zeta z_\eta)+x_\eta(y_\zeta z_\xi-y_\xi z_\zeta)+x_\zeta(y_\xi z_\eta-y_\eta z_\xi) \tag{1.50}$$

相应的测度系数(或网格变换函数)为

$$\xi_x=J^{-1}(y_\eta z_\zeta-y_\zeta z_\eta),\quad \xi_y=J^{-1}(z_\eta x_\zeta-z_\zeta x_\eta),\quad \xi_z=J^{-1}(x_\eta y_\zeta-x_\zeta y_\eta) \tag{1.51}$$

$$\eta_x=J^{-1}(y_\zeta z_\xi-y_\xi z_\zeta),\quad \eta_y=J^{-1}(z_\zeta x_\xi-z_\xi x_\zeta),\quad \eta_z=J^{-1}(x_\zeta y_\xi-x_\xi y_\zeta) \tag{1.52}$$

$$\zeta_x=J^{-1}(y_\xi z_\eta-y_\eta z_\xi),\quad \zeta_y=J^{-1}(z_\xi x_\eta-z_\eta x_\xi),\quad \zeta_z=J^{-1}(x_\xi y_\eta-x_\eta y_\xi) \tag{1.53}$$

1.4　有限差分法与有限体积法对 N-S 方程离散区别与联系

1.4.1　有限差分法与有限体积法概述

有限差分法与有限体积法是 CFD 主要的两种实现方法。有限差分法针对微分方程式(1.49)离散求解，并且所获得的离散点上的值是离散点的精确值。而有限体积法针对微分方程式(1.49)的积分形式离散求解，所获得的离散点上的值是离散点所在控制体的平均值。

有限差分法的主要优点是可以较容易地应用二阶以上的高精度格式并获得对应的高精度解，对于一些理论性的研究(如湍流，气动声学等)具有重要作用，但该方法对网格的规则性与均匀性要求较高。如果网格质量较差，即使应用高精度格式，其计算精度也会因坐标变换遇到不连续的情况而受到严重影响。

有限体积法适用于较复杂的几何外形，对网格质量不甚敏感，守恒性也更好，是更广泛应用的方法。但由于有限体积法需要积分，整体计算精度一般难以超越二阶，否则需要较多的积分点，求解过程将极为繁杂且计算量激增。

在研究工作中，有限差分法和有限体积法都是有可能需要的。因此，一方面，需要更好地理解两种方法的核心思想；另一方面，CFD 源代码的编写工作相当不容易，因此，讨论如何尽可能地利用一套源代码框架，在必要时通过少量的修改，实现两套方法，也是有需要的。为此，下面讨论有限差分法与有限体积法的异同，以及它们在二阶精度下的统一实现思路。

尽管 N-S 方程式(1.49)～式(1.53)是从有限差分法的角度给出的，但下面的讨论将指出，只需少量的修改，该 N-S 方程的形式也可以直接应用于有限体积法。为此，需要讨论两种方法的主要差别，以及网格变换函数定义式(1.50)～式(1.53)的几何意义。

1.4.2　对流项离散

在对对流项离散的具体实施上，有限差分法与有限体积法的主要差别体现在 $\frac{1}{2}$ 处对流数值通量的计算上。对于有限差分法，下标 $\frac{1}{2}$ 代表两个点的中间位置；而对于有限体积法，下标 $\frac{1}{2}$ 代表控制体的面，几何位置并不一定处于两个点的正中间。

简便起见，以二阶中心差分格式为例，仅讨论 $i+\frac{1}{2}$ 处的情况。有限差分法由

于只有离散点上的定义，没有$\frac{1}{2}$处的定义，其数值通量计算式为

$$\widetilde{F}_{i+\frac{1}{2},j,k}=\frac{1}{2}\{[J(\xi_x F+\xi_y G+\xi_z H)]_{i,j,k}+[J(\xi_x F+\xi_y G+\xi_z H)]_{i+1,j,k}\} \tag{1.54}$$

而有限体积法的$\frac{1}{2}$处即控制体的作用面，其数值通量计算式为

$$\widetilde{F}_{i+\frac{1}{2},j,k}=(J\xi_x)_{i+\frac{1}{2},j,k}F_{i+\frac{1}{2},j,k}+(J\xi_y)_{i+\frac{1}{2},j,k}G_{i+\frac{1}{2},j,k}+(J\xi_z)_{i+\frac{1}{2},j,k}H_{i+\frac{1}{2},j,k} \tag{1.55}$$

$$F_{i+\frac{1}{2},j,k}=\frac{F_{i,j,k}+F_{i+1,j,k}}{2},\quad G_{i+\frac{1}{2},j,k}=\frac{G_{i,j,k}+G_{i+1,j,k}}{2},$$
$$H_{i+\frac{1}{2},j,k}=\frac{H_{i,j,k}+H_{i+1,j,k}}{2} \tag{1.56}$$

对比式(1.54)与式(1.55)、式(1.56)可以看到，$\frac{1}{2}$处的对流通量 F、G、H，两种方法都是通过插值获得的，本质上是一致的。两种方法的区别在于雅可比系数与网格变换函数的计算，有限差分法计算的是离散点上的网格几何函数值，通过插值获得$\frac{1}{2}$处的值；而有限体积法直接计算$\frac{1}{2}$处的网格几何函数值。

而事实上，式(1.50)～式(1.53)具有明确的几何含义，特别是在二阶精度条件下。可以证明：

$$J=V \tag{1.57}$$
$$(J\xi_x)_{i+\frac{1}{2},j,k}=\boldsymbol{S}_{i+\frac{1}{2},j,k}\cdot\boldsymbol{e}_x \tag{1.58}$$
$$(J\xi_y)_{i+\frac{1}{2},j,k}=\boldsymbol{S}_{i+\frac{1}{2},j,k}\cdot\boldsymbol{e}_y \tag{1.59}$$
$$(J\xi_z)_{i+\frac{1}{2},j,k}=\boldsymbol{S}_{i+\frac{1}{2},j,k}\cdot\boldsymbol{e}_z \tag{1.60}$$
$$(J\eta_x)_{i,j+\frac{1}{2},k}=\boldsymbol{S}_{i,j+\frac{1}{2},k}\cdot\boldsymbol{e}_x \tag{1.61}$$
$$(J\eta_y)_{i,j+\frac{1}{2},k}=\boldsymbol{S}_{i,j+\frac{1}{2},k}\cdot\boldsymbol{e}_y \tag{1.62}$$
$$(J\eta_z)_{i,j+\frac{1}{2},k}=\boldsymbol{S}_{i,j+\frac{1}{2},k}\cdot\boldsymbol{e}_z \tag{1.63}$$
$$(J\zeta_x)_{i,j,k+\frac{1}{2}}=\boldsymbol{S}_{i,j,k+\frac{1}{2}}\cdot\boldsymbol{e}_x \tag{1.64}$$
$$(J\zeta_y)_{i,j,k+\frac{1}{2}}=\boldsymbol{S}_{i,j,k+\frac{1}{2}}\cdot\boldsymbol{e}_y \tag{1.65}$$
$$(J\zeta_z)_{i,j,k+\frac{1}{2}}=\boldsymbol{S}_{i,j,k+\frac{1}{2}}\cdot\boldsymbol{e}_z \tag{1.66}$$

其中，V 为相应处控制体体积；$\boldsymbol{S}_{i+\frac{1}{2},j,k}$ 为中心控制体 $i+\frac{1}{2}$处的面积矢量；$\boldsymbol{e}$ 为 $\boldsymbol{S}$

面的法向单位向量。

式(1.57)表明，雅可比系数的几何含义可以看作相应位置控制体的体积；而式(1.58)～式(1.66)表明，雅可比系数与网格变换函数的乘积，代表了控制体的控制面投影于直角坐标系的面积。这一点可以在网格规则光滑的条件下，以 $(J\xi_x)_{i+\frac{1}{2},j,k}$ 为例作出证明，其他测度系数的证明也可得到类似结果。

不妨设 $\Delta\xi=1$、$\Delta\eta=1$、$\Delta\zeta=1$，则：

$$
\begin{aligned}
(J\xi_x)_{i+\frac{1}{2},j,k} &= (y_\eta z_\zeta - y_\zeta z_\eta)_{i+\frac{1}{2},j,k} \\
&= \frac{\left(y_{i+\frac{1}{2},j+1,k} - y_{i+\frac{1}{2},j-1,k}\right)\left(z_{i+\frac{1}{2},j,k+1} - z_{i+\frac{1}{2},j,k-1}\right)}{4\Delta\eta\Delta\zeta} - \\
&\quad \frac{\left(y_{i+\frac{1}{2},j,k+1} - y_{i+\frac{1}{2},j,k-1}\right)\left(z_{i+\frac{1}{2},j+1,k} - z_{i+\frac{1}{2},j-1,k}\right)}{4\Delta\zeta\Delta\eta} \\
&= (\mathbf{BA}\times\mathbf{CD})\cdot \boldsymbol{e}_x
\end{aligned}
$$

由图1.3可以看出，$\mathbf{BA}\times\mathbf{CD}=\boldsymbol{S}_{i+\frac{1}{2},j,k}$，由此得证。这表明在二阶精度下，有限差分法与有限体积法可以是一致的。

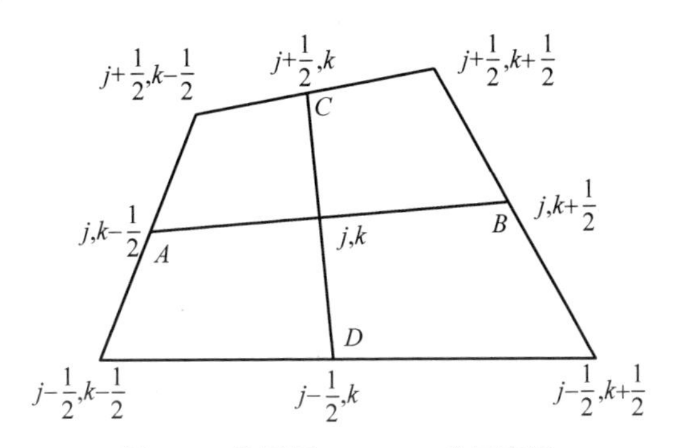

图1.3　作用面 $\boldsymbol{S}_{i+\frac{1}{2},j,k}$ 的示意图

反过来可以看到，结合使用式(1.55)与式(1.57)～式(1.66)离散求解N-S方程，等同于通过高斯公式求解N-S方程式(1.49)的积分形式，实际上是在实施有限体积法。

1.4.3　黏性项的离散

黏性项的离散可归结为求变量的偏导数 ϕ_x、ϕ_y、ϕ_z。此时可以使用对流项离散的格式，对于有限差分法，这样可以加强计算守恒性[1]。但是，该方法相当繁杂。由于黏性项具有抛物型性质，通常采用简单的中心型格式进行离散，如最常见的基于 $\frac{1}{2}$ 处导数的二阶中心差分格式：

$$\frac{\partial^2 \phi}{\partial x^2}=\frac{(\phi_x)_{i+\frac{1}{2}}-(\phi_x)_{i-\frac{1}{2}}}{\Delta x}=\frac{\dfrac{\phi_{i+1}-\phi_i}{\Delta x}-\dfrac{\phi_i-\phi_{i-1}}{\Delta x}}{\Delta x}=\frac{\phi_{i+1}-2\phi_i+\phi_{i-1}}{\Delta x^2} \tag{1.67}$$

在有限差分方法中，使用黏性项的中心差分格式相当简便。需要注意的是，还有另一种可能使用的基于点导数的中心差分格式：

$$\frac{\partial^2 \phi}{\partial x^2}=\frac{(\phi_x)_{i+1}-(\phi_x)_{i-1}}{\Delta x}=\frac{\dfrac{\phi_{i+2}-\phi_i}{2\Delta x}-\dfrac{\phi_i-\phi_{i-2}}{2\Delta x}}{2\Delta x}=\frac{\phi_{i+2}-2\phi_i+\phi_{i-2}}{4\Delta x^2} \tag{1.68}$$

后者基于点导数的公式与前者相比，不仅精度略差，还容易导致计算不稳定，产生该现象的原因与2.6节所述的压力速度失耦问题类似，都是由离散公式出现“跳点”，也就是网格点下标不连续造成的。

在有限体积法中，为了适应较差的网格质量，需要用积分方式实现二阶中心离散格式。下面给出了与基于点的式(1.68)相对应的网格控制体中心处的偏导数中心离散计算式：

$$\begin{aligned}(\phi_x)_{i,j,k}&=\oint_{\Sigma_{i,j,k}}\phi e_x \mathrm{d}\boldsymbol{\Sigma}\\&=\phi_{i+\frac{1}{2},j,k}\boldsymbol{\Sigma}_{i+\frac{1}{2},j,k}\cdot\boldsymbol{e}_x-\phi_{i-\frac{1}{2},j,k}\boldsymbol{\Sigma}_{i-\frac{1}{2},j,k}\cdot\boldsymbol{e}_x+\phi_{i,j+\frac{1}{2},k}\boldsymbol{\Sigma}_{i,j+\frac{1}{2},k}\cdot\boldsymbol{e}_x-\\&\quad\phi_{i,j-\frac{1}{2},k}\boldsymbol{\Sigma}_{i,j-\frac{1}{2},k}\cdot\boldsymbol{e}_x+\phi_{i,j,k+\frac{1}{2}}\boldsymbol{\Sigma}_{i,j,k+\frac{1}{2}}\cdot\boldsymbol{e}_x-\\&\quad\phi_{i,j,k-\frac{1}{2}}\boldsymbol{\Sigma}_{i,j,k-\frac{1}{2}}\cdot\boldsymbol{e}_x\end{aligned} \tag{1.69}$$

$$\begin{aligned}(\phi_y)_{i,j,k}&=\oint_{\Sigma_{i,j,k}}\phi e_y \mathrm{d}\boldsymbol{\Sigma}\\&=\phi_{i+\frac{1}{2},j,k}\boldsymbol{\Sigma}_{i+\frac{1}{2},j,k}\cdot\boldsymbol{e}_y-\phi_{i-\frac{1}{2},j,k}\boldsymbol{\Sigma}_{i-\frac{1}{2},j,k}\cdot\boldsymbol{e}_y+\phi_{i,j+\frac{1}{2},k}\boldsymbol{\Sigma}_{i,j+\frac{1}{2},k}\cdot\boldsymbol{e}_y-\\&\quad\phi_{i,j-\frac{1}{2},k}\boldsymbol{\Sigma}_{i,j-\frac{1}{2},k}\cdot\boldsymbol{e}_y+\phi_{i,j,k+\frac{1}{2}}\boldsymbol{\Sigma}_{i,j,k+\frac{1}{2}}\cdot\boldsymbol{e}_y-\\&\quad\phi_{i,j,k-\frac{1}{2}}\boldsymbol{\Sigma}_{i,j,k-\frac{1}{2}}\cdot\boldsymbol{e}_y\end{aligned} \tag{1.70}$$

$$\begin{aligned}(\phi_z)_{i,j,k}&=\oint_{\Sigma_{i,j,k}}\phi e_z \mathrm{d}\boldsymbol{\Sigma}\\&=\phi_{i+\frac{1}{2},j,k}\boldsymbol{\Sigma}_{i+\frac{1}{2},j,k}\cdot\boldsymbol{e}_z-\phi_{i-\frac{1}{2},j,k}\boldsymbol{\Sigma}_{i-\frac{1}{2},j,k}\cdot\boldsymbol{e}_z+\phi_{i,j+\frac{1}{2},k}\boldsymbol{\Sigma}_{i,j+\frac{1}{2},k}\cdot\boldsymbol{e}_z-\\&\quad\phi_{i,j-\frac{1}{2},k}\boldsymbol{\Sigma}_{i,j-\frac{1}{2},k}\cdot\boldsymbol{e}_z+\phi_{i,j,k+\frac{1}{2}}\boldsymbol{\Sigma}_{i,j,k+\frac{1}{2}}\cdot\boldsymbol{e}_z-\\&\quad\phi_{i,j,k-\frac{1}{2}}\boldsymbol{\Sigma}_{i,j,k-\frac{1}{2}}\cdot\boldsymbol{e}_z\end{aligned} \tag{1.71}$$

式中$\frac{1}{2}$处的变量可采用代数平均计算，即$\phi_{i+\frac{1}{2}}=\frac{\phi_i+\phi_{i+1}}{2}$。

与基于$\frac{1}{2}$处导数式(1.67)相对应的有限体积公式，可以用类似的方法实现：

$$(\phi_x)_{i+\frac{1}{2},j,k}=\oint_{\Sigma'_{i,j,k}}\phi e_x \mathrm{d}\boldsymbol{\Sigma}' \tag{1.72}$$

$$(\phi_y)_{i+\frac{1}{2},j,k}=\oint_{\Sigma'_{i,j,k}}\phi e_y \mathrm{d}\boldsymbol{\Sigma}' \tag{1.73}$$

$$(\phi_z)_{i+\frac{1}{2},j,k}=\oint_{\Sigma'_{i,j,k}}\phi e_z \mathrm{d}\boldsymbol{\Sigma}' \tag{1.74}$$

这里的$\boldsymbol{\Sigma}'$为围绕$\frac{1}{2}$面构建的控制体，如图1.4中虚线所示，包括两种常见的具体构建方式。用$\frac{1}{2}$处面上的剪切力及热传导率代替控制体中心点上的量，计算稳定性更好，更符合复杂流动计算的需要，但计算量增长为3倍。

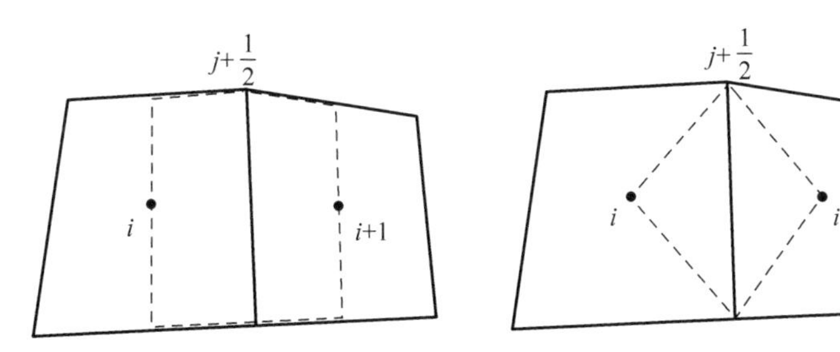

图1.4　围绕$\frac{1}{2}$面构建的控制体

1.4.4　有限差分法与有限体积法的统一实现

综上所述，有限差分法与有限体积法统一实现的方法可总结如下：如果需要改写基于N-S方程(1.49)给出的有限差分程序为有限体积法，一般仅需要作如下修改：

(1) 以式(1.55)代替式(1.54)计算$\frac{1}{2}$处的对流数值通量；

(2) 由几何计算获得控制体体积$\boldsymbol{V}$、面积$\boldsymbol{S}$等(一般使用对角线差乘公式)，进而求出J与测度系数$(\xi_x)_{i+\frac{1}{2},j,k}$等。几何计算对网格质量的要求不高，这是有限体积法适用性更强的原因之一。

(3) 黏性通量的计算在实施上更复杂，一般需要用面上的剪切力及热导率代替点上的量，以获得更好的计算稳定性；

需要注意的是，对于某些格式，有限差分法的实现形式需要修正，才能用于有限体积法，这需要对具体格式做具体分析。

1.5 面上无黏通量通用表达式

对于计算流体力学，无黏通量离散方法的重要性远远高于黏性通量离散方法。基于上文对任意曲线坐标系 N-S 方程及有限体积法与有限差分法的分析，对于任意一个控制体的面上无黏通量，有通用表达式：

$$\boldsymbol{F}_{\frac{1}{2}}=\rho\boldsymbol{U}\begin{bmatrix}1\\u\\v\\w\\E\end{bmatrix}+p\begin{bmatrix}0\\\boldsymbol{n}_x\\\boldsymbol{n}_y\\\boldsymbol{n}_z\\U\end{bmatrix}\tag{1.75}$$

其中，$\boldsymbol{n}_x$、$\boldsymbol{n}_y$、$\boldsymbol{n}_z$ 为面的法向单位分量，$\boldsymbol{U}$ 为面的法向速度：

$$\boldsymbol{U}=\boldsymbol{n}_x u+\boldsymbol{n}_y v+\boldsymbol{n}_z w\tag{1.76}$$

其中，$\rho\boldsymbol{U}$ 代表通过网格面的流量。如果网格运动，方程容易变为

$$\boldsymbol{F}_{\frac{1}{2}}=\rho(\boldsymbol{U}-\boldsymbol{U}_f)\begin{bmatrix}1\\u\\v\\w\\E\end{bmatrix}+p\begin{bmatrix}0\\\boldsymbol{n}_x\\\boldsymbol{n}_y\\\boldsymbol{n}_z\\U\end{bmatrix}\tag{1.77}$$

其中，$\boldsymbol{U}_f$ 为网格法向运动速度，因此 $\rho(\boldsymbol{U}-\boldsymbol{U}_f)$ 为实际通过网格面的单位面积流量。

第 2 章

不可压缩流动经典计算格式与方法

2.1 模型方程

对 N-S 方程的离散求解，可以大致归结于对时间与对空间的离散。其中，空间离散又可以分为对一阶导数$\frac{\partial \phi}{\partial x}$离散与对二阶导数$\frac{\partial^2 \phi}{\partial x^2}$离散。从这个角度看，不可压缩流体的 N-S 方程式(1.43)可以简化为非线性黏性伯格斯(Burgers)模型方程，也就是对流-扩散方程：

$$\frac{\partial u}{\partial t}+\frac{\partial f(u)}{\partial x}=\mu \frac{\partial^2 u}{\partial x^2} \tag{2.1}$$

对二阶导数的离散，也就是对黏性项离散，这相对简单，常见方法已在 1.4.3 节描述与讨论。因此忽略黏性项，并考虑不可压缩动量方程式(1.43)的具体形式，式(2.1)可以进一步简化为波动方程：

$$\frac{\partial u}{\partial t}+u \frac{\partial u}{\partial x}=0 \tag{2.2}$$

对时间导数$\frac{\partial \phi}{\partial t}$的离散将在第 8 章详细讨论。本章至第 7 章主要讨论的是一阶空间导数$\frac{\partial \phi}{\partial x}$，也就是对流项的离散方法。

2.2 空间离散格式

2.2.1 格式基本概念

格式一般指空间一阶导数的离散方法，是 CFD 的主要研究内容之一。数值分析中对一阶导数有3种常见的离散方法。

(1) 中心差分格式(central difference,CD):

$$\frac{\partial \phi}{\partial x}=\frac{\phi_{i+1}-\phi_{i-1}}{2\Delta x} \tag{2.3}$$

(2) 一阶后向差分格式:

$$\frac{\partial \phi}{\partial x}=\frac{\phi_{i}-\phi_{i-1}}{\Delta x} \tag{2.4}$$

(3) 一阶前向差分格式:

$$\frac{\partial \phi}{\partial x}=\frac{\phi_{i+1}-\phi_{i}}{\Delta x} \tag{2.5}$$

式(2.3)～式(2.5)事实上是有限差分的写法。如果按有限体积写法,以上格式又可以统一表达为

$$\frac{\partial \phi}{\partial x}=\frac{1}{\Delta x}(\phi_{i+\frac{1}{2}}-\phi_{i-\frac{1}{2}}) \tag{2.6}$$

与式(2.3)对应的中心格式为

$$\phi_{i+\frac{1}{2}}=\frac{1}{2}(\phi_{i}+\phi_{i+1}) \tag{2.7}$$

与式(2.4)对应的一阶后向格式为

$$\phi_{i+\frac{1}{2}}=\phi_{i} \tag{2.8}$$

与式(2.5)对应的一阶前向格式为

$$\phi_{i+\frac{1}{2}}=\phi_{i+1} \tag{2.9}$$

常见的格式又经常可以写为中心格式与数值黏性之和:

$$\phi_{i+\frac{1}{2}}=\frac{1}{2}(\phi_{i}+\phi_{i+1})+F_{d,i+\frac{1}{2}} \tag{2.10}$$

对于中心格式:

$$F_{d,i+\frac{1}{2}}=0 \tag{2.11}$$

对于一阶后向格式:

$$F_{d,i+\frac{1}{2}}=-\frac{1}{2}(\phi_{i+1}-\phi_{i}) \tag{2.12}$$

对于一阶前向格式:

$$F_{d,i+\frac{1}{2}}=\frac{1}{2}(\phi_{i+1}-\phi_{i}) \tag{2.13}$$

在不可压缩流动计算中,常见的一种下标简化表达方式为:当前 i 点以下标 P 表示,i 方向的 $i-1$ 与 $i+1$ 点分别以大写字母 W 与 E 表示,远点 $i-2$ 与 $i+2$ 分别以双写大写字母 WW 与 EE 表示,网格面以小写字母 w 与 e 表示,如图2.1所示。类似地,j 方向的点以 N 或 S 表示,k 方向的点以 F 或 B 表示。

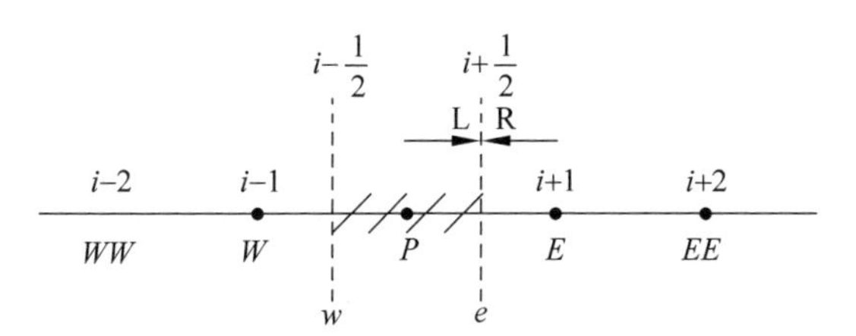

图 2.1　网格下标的表达法

2.2.2　经典迎风格式

在 CFD 中,可以直接应用中心格式式(2.7)。中心格式认为上下游对当前点具有相同的影响,具有二阶精度,并可以认为数值黏性耗散 F_d 为 0。然而,中心格式的计算稳定性较差,应用时对网格要求极高,2.2.3 节会对此具体讨论。因此,对于一般流体问题的离散求解,需要考虑流动的物理性质,将上下游对当前点不同的权重影响体现在格式中,由此参考模型方程式(2.2),引入迎风(又称逆风)格式的概念:

$$\frac{\partial \phi}{\partial x}=\begin{cases}\dfrac{\phi_P-\phi_W}{\Delta x}, & u_P>0\\ \dfrac{\phi_E-\phi_P}{\Delta x}, & u_P<0\end{cases} \tag{2.14}$$

式(2.14)即一阶迎风格式(first-order upwind discretization,FUD),其由一阶后向格式与一阶前向格式根据流速 u 的方向组合而成,表示当前信息完全由上游决定,因此又称一阶完全迎风格式。根据 2.2.1 节,式(2.14)又可以写为

$$\phi_e=\begin{cases}\phi_P, & u_e>0\\ \phi_E, & u_e<0\end{cases} \tag{2.15}$$

或者,

$$\phi_e=\frac{1}{2}(\phi_P+\phi_E)+F_{d,e} \tag{2.16}$$

$$F_{d,e}=\left\{\begin{matrix}-\dfrac{1}{2}(\phi_E-\phi_P), & u_e>0\\ \dfrac{1}{2}(\phi_E-\phi_P), & u_e<0\end{matrix}\right\}=-\operatorname{sign}(u_e)\frac{\phi_E-\phi_P}{2} \tag{2.17}$$

其中,sign 为符号函数,其定义式为

$$\operatorname{sign}(\phi)=\frac{|\phi|}{\phi} \tag{2.18}$$

一阶迎风格式具有非常好的计算稳定性,但精度只有一阶,而一般求解要求格式精度为二阶或以上。下面介绍常用的经典高阶格式。

(1) 二阶迎风格式(second-order upwind discretization,SUD):

$$\phi_e = \begin{cases} \dfrac{3\phi_P - \phi_W}{2}, & u_e > 0 \\ \dfrac{3\phi_E - \phi_{EE}}{2}, & u_e < 0 \end{cases} \tag{2.19}$$

(2) 三阶迎风格式(third-order upwind discretization,TUD):

$$\phi_e = \begin{cases} -\dfrac{1}{6}\phi_W + \dfrac{5}{6}\phi_P + \dfrac{1}{3}\phi_E, & u_e > 0 \\ \dfrac{1}{3}\phi_P + \dfrac{5}{6}\phi_E - \dfrac{1}{6}\phi_{EE}, & u_e < 0 \end{cases} \tag{2.20}$$

三阶迎风格式具有三阶精度。可以看到,三阶迎风格式适当考虑了下游的影响,不再是完全迎风的格式。

(3) Fromm 格式:

$$\phi_e = \begin{cases} \dfrac{\phi_E + 4\phi_P - \phi_W}{4}, & u_e > 0 \\ \dfrac{\phi_P + 4\phi_E - \phi_{EE}}{4}, & u_e < 0 \end{cases} \tag{2.21}$$

(4) QUICK 格式:

$$\phi_e = \frac{1}{2}(\phi_P + \phi_E) - \frac{1}{8}\mathrm{Cur} \tag{2.22}$$

QUICK 格式考虑了曲率(Cur)的影响,具有三阶精度:

$$\mathrm{Cur} = \begin{cases} \phi_W + \phi_E - 2\phi_P, & u_e > 0 \\ \phi_P + \phi_{EE} - 2\phi_E, & u_e < 0 \end{cases} \tag{2.23}$$

(5) SCSD 格式:

$$\phi_e = \beta\phi_e^{\mathrm{CD}} + (1-\beta)\phi_e^{\mathrm{SUD}} \tag{2.24}$$

一些高要求计算需要尽量减少数值耗散,又需要保证较好的计算稳定性,常见的思路是将中心格式与迎风格式混合使用,如 SCSD 格式式(2.24)所示。其中的系数 β 可以由本地参数决定,具体构造可以有不同的方式。

2.2.3 格式稳定性

除了精度,稳定性是格式的另一个重要性质,决定了格式的可用性。衡量格式稳定性的准则包括对流不稳定性与有界性[2]。

对流不稳定性又分为绝对稳定性与条件稳定性,根据佩克莱数(Peclet number,Pe),也就是网格雷诺数进行判断:

$$Pe = \frac{\rho u L}{\mu} \tag{2.25}$$

这里的 L 是网格尺度。一阶与二阶迎风格式是绝对稳定的,也就是 $Pe<\infty$,而中

心格式是条件稳定的,其临界 Pe 为 2,即 $Pe<2$,意味着中心格式只有在非常细密的网格下才能稳定计算,而一阶与二阶迎风格式可以在任何密度下的网格稳定计算。

需要注意的是,以上数值是通过对一维模型方程两点边值问题分析得出的,是最苛刻的要求,考虑到黏性、多维、边界条件等条件时,格式的临界 Pe 都会变大,网格尺度达到多少能够稳定计算,需要具体问题具体测试。

稳定性还需要考虑有界性。对于存在高梯度的流动,绝对稳定格式也不一定能够稳定,存在数值解越界现象(图 2.2),在高梯度前后出现"跳跃",需要格式满足有界性。因此,有界是比绝对稳定更苛刻的要求,绝对稳定未必有界,而有界必定绝对稳定。

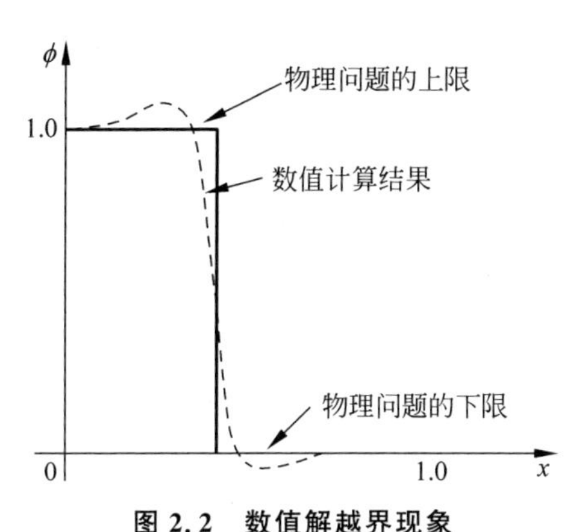

图 2.2　数值解越界现象

2.2.4　规正变量图

规则变量图[2-4]将三阶及以下阶数格式的精度与稳定性做了很好的总结与预测,以下进行简要介绍。

规正变量定义如下:

$$\tilde{\phi}=\frac{\phi-\phi_W}{\phi_E-\phi_W} \tag{2.26}$$

各种格式可以根据式(2.26)重写为 $\tilde{\phi}_e$ 与 $\tilde{\phi}_P$ 的函数,并在规则变量图中以特征线形式表示,如图 2.3 所示。

关于规则变量图的主要结论如下:

(1) 二阶及以上精度格式,特征线必定通过 $Q(0.5,0.75)$点;

(2) 特征线通过 Q 点并且在 Q 点的斜率为 0.75,格式具有三阶精度;

(3) 特征线在 y 轴上的截距为临界 Pe 的倒数,而绝对稳定格式必须通过 $O(0,0)$点;

(4) 有界格式必须通过 $O(0,0)$点与 $B(1,1)$点。

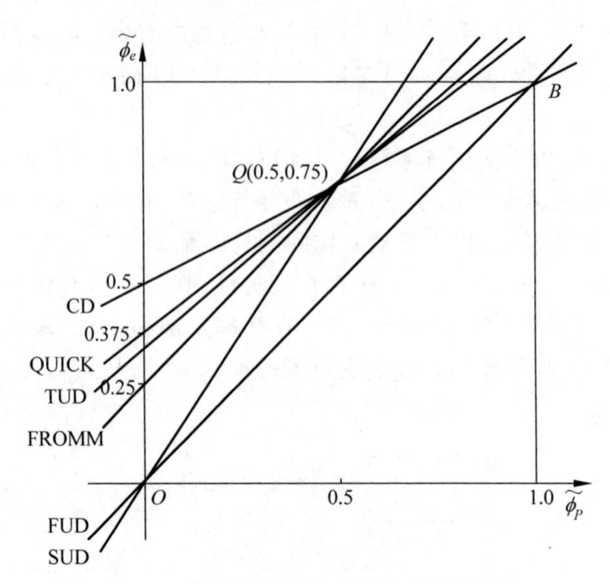

图 2.3 规则变量图与六种格式的特征线

2.3 使用格式离散的线性方程组

当对主导方程使用格式进行离散后,可以获得离散线性方程。以下以均匀网格对模型方程式(2.2)离散为例,获得的守恒方程为

$$\frac{u_P^{n+1}-u_P^n}{\Delta t}+\frac{(u_e^n)u_e^{n+1}-(u_w^n)u_w^{n+1}}{\Delta x}=0 \tag{2.27}$$

式中,$n+1$ 代表下一个时间步待求的未知流场;上标 n 代表当前时间步的已知流场,在不引起误会的情况下常可省去;u_e^{n+1} 与 u_w^{n+1} 需要根据格式展开为网格点的表达式。参照式(2.27),对任意一个变量 ϕ,可以表示为代数方程组,其形式如下:

$$a_P\phi_P+a_E\phi_E+a_W\phi_W=b \tag{2.28}$$

其中,系数 a_P、a_E 与 a_W 一般通过一阶迎风格式形成:

$$a_E=\frac{1}{2}(u_e-|u_e|)=\min(u_e,0) \tag{2.29}$$

$$a_W=-\frac{1}{2}(u_w+|u_w|)=\min(-u_w,0)=-\max(u_w,0) \tag{2.30}$$

$$a_P=a_E+a_W+\frac{\Delta x}{\Delta t} \tag{2.31}$$

b 为可能的源项,

$$b=\frac{\Delta x}{\Delta t}\phi_P^n \tag{2.32}$$

考虑守恒形式的主导方程式(1.41)和某些方程(如湍流 k、ε 方程)的源项包含较大的负源项，即源项中除了可能的压力梯度项和正常的源项 s_C 外，还有一个较大的负值 s_P：

$$b = s_C + s_P \phi_P \tag{2.33}$$

并考虑到不可压缩流动计算常用的松弛迭代，新值 ϕ_P^{n+1} 与上一个迭代值 ϕ_P^0 通过松弛因子 α_ϕ 加权：

$$\phi_P = \alpha_\phi \phi_P^{n+1} + (1 - \alpha_\phi)\phi_P^0 \tag{2.34}$$

因此，除了连续性方程之外，式(2.29)～式(2.32)在考虑密度后分别演化为

$$a_E = \min[(\rho u)_e, 0] \tag{2.35}$$

$$a_W = \min[-(\rho u)_w, 0] \tag{2.36}$$

$$a_P = \frac{1}{\alpha_\phi}\left(a_E + a_W + \rho_P \frac{\Delta x}{\Delta t} - s_P \Delta x\right) \tag{2.37}$$

$$b = \rho_P \frac{\Delta x}{\Delta t}\phi_P^n + s_C \Delta x + (1 - \alpha_\phi) a_P \phi_P^0 \tag{2.38}$$

对于动量方程，式(2.28)包含压力梯度，一般采用中心格式离散。为了后续讨论方便，将压力梯度从源项 b 分离出来，单独表示为

$$a_P u_P + a_E u_E + a_W u_W = b - (p_e - p_w) \tag{2.39}$$

式(2.34)～式(2.39)不仅可以用于不可压缩流动的计算，也可以用于存在密度变化的计算。

当采用高阶格式时，一般的处理方法是：系数仍然采用一阶迎风格式获得，即式(2.34)～式(2.39)，高阶格式多出来的部分归入源项 b，这一操作称为延迟矫正，其方便简单，不影响最终的收敛结果，但对收敛速度有一定影响。

代数方程式(2.34)～式(2.39)考虑的是一维情况，具有对角占优的特点，可以用追赶法方便地求解。对应的二维、三维公式，也不难获得相应的求解方法，二维常用 ADI 方法，三维常用 LU 分解方法，具体可参考第 8 章 。

2.4 压力修正方程

在不可压缩流动中，密度不是求解变量，一般采用压力替代密度求解。由于压力在连续性方程中不显式存在，需动量方程与连续性方程结合以获得可求解的压力方程。常见的方法包括压力泊松(Poisson)控制方程方法与压力修正方程方法。

压力泊松方程通过先求解动量方程的散度，再引入连续性方程简化获得。其形式如下：

$$\nabla^2 p = b \tag{2.40}$$

其中，b 为压力泊松方程源项，这里不再展开。压力泊松方程精度高，但收敛较慢，

计算量大，因此，目前广泛采用的是压力修正方程方法。

压力修正方程首先将各个变量的精确值认为是预估值与修正值之和，即 $p=p^*+p'$ 与 $u=u^*+u'$。参考式(2.35)～式(2.39)，网格面上的预估速度 u_e^* 与精确速度 u_e 都满足以下公式：

$$a_e u_e = -a_E u_E - a_P u_P - (p_E - p_P) + b \tag{2.41}$$

$$a_e u_e^* = -a_E u_E^* - a_P u_P^* - (p_E^* - p_P^*) + b \tag{2.42}$$

将以上两式相减，即可获得修正速度 u' 的公式：

$$a_e u_e' = -a_E u_E' - a_P u_P' - (p_E' - p_P') \tag{2.43}$$

忽略上式等号右边的前两项 $a_E u_E'$ 与 $a_P u_P'$，则方程式(2.43)简化为

$$a_e u_e' = p_P' - p_E' \tag{2.44}$$

也就是其精确值近似为

$$u_e = u_e^* + \frac{p_P' - p_E'}{a_e} \tag{2.45}$$

类似地，有

$$u_w = u_w^* + \frac{p_W' - p_P'}{a_w} \tag{2.46}$$

而连续性方程的离散形式可以表达为

$$\frac{\rho_P - \rho_P^0}{\Delta t}\Delta x + (\rho u)_e - (\rho u)_w = 0 \tag{2.47}$$

将式(2.45)与式(2.46)代入式(2.47)，可得与式(2.28)类似的修正压力公式：

$$d_P p_P' + d_E p_E' + d_W p_W' = b \tag{2.48}$$

其中的系数分别为

$$d_E = \frac{\rho_e}{a_e} \tag{2.49}$$

$$d_W = \frac{\rho_w}{a_w} \tag{2.50}$$

$$d_P = d_E + d_W \tag{2.51}$$

$$b = \frac{(\rho_P^0 - \rho_P)\Delta x}{\Delta t} + (\rho u^*)_w - (\rho u^*)_e \tag{2.52}$$

2.5 SIMPLE 与 SIMPLEC 方法

获得离散动量方程与压力修正方程后，就可以发展完整的不可压缩流动计算流程，如著名的压力耦合方程组的半隐式(semi-implicit method for pressure-linked equations，SIMPLE)算法计算流程，如图 2.4 所示：

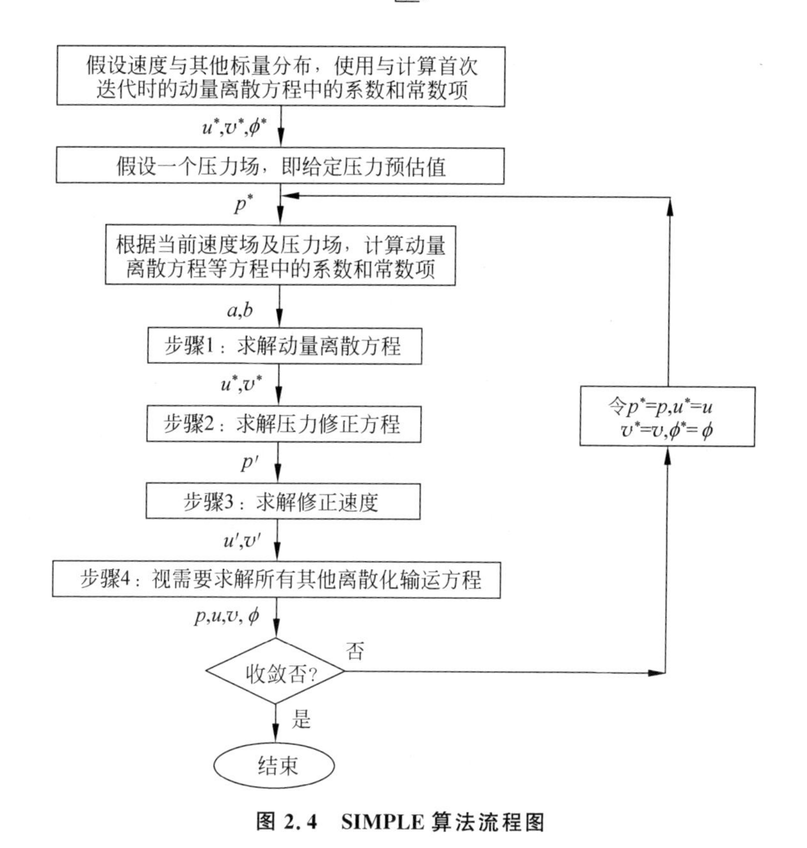

图 2.4 SIMPLE 算法流程图

其中，步骤 1 与步骤 4 求解的是离散方程式(2.28)与式(2.35)～式(2.39)，步骤 2 求解的是压力修正方程式(2.48)～式(2.52)，而步骤 3 根据求得的修正压力使用式(2.44)再求解修正速度。

基于 SIMPLE 算法，已发展了系列的改进算法，如 SIMPLEC(semi-implicit method for pressure-linked equations consistent)、压力的隐式算子分裂法(pressure-implicit with splitting of operators，PISO)等。这里简单介绍被广泛使用的 SIMPLEC 算法。

SIMPLE 算法的一个核心假设是压力修正方程忽略了式(2.43)中的 $a_E u'_E$ 与 $a_P u'_P$。这一假设过于粗糙，虽然不影响最终收敛结果，但会导致计算收敛速度较慢。而 SIMPLEC 算法则着重改进了这一点，将式(2.43)改写为

$$(a_e + a_E + a_P) u'_e = -a_E (u'_E - u'_e) - a_P (u'_P - u'_e) - (p'_E - p'_P) \tag{2.53}$$

忽略等号右边的前两项 $a_E(u'_E - u'_e)$ 与 $a_P(u'_P - u'_e)$，获得：

$$(a_e + a_E + a_P) u'_e = p'_P - p'_E \tag{2.54}$$

相应地，式(2.49)与式(2.50)分别变为

$$d_E = \frac{\rho_e}{a_e + a_E + a_P} \tag{2.55}$$

$$d_W = \frac{\rho_w}{a_w + a_P + a_W} \tag{2.56}$$

相比于 u'_E 与 u'_P，$u'_E - u'_e$ 与 $u'_P - u'_e$ 一般为小量，因此 SIMPLEC 算法远比 SIMPLE 算法精确，收敛速度得到显著改善。

2.6 压力速度失耦问题与耦合方法

2.6.1 压力梯度中心差分与压力速度失耦

前述迎风格式针对的是速度梯度。而对于压力梯度，由于压力波传播速度快，上下游对当前点的影响基本相同，因此不可压缩流动计算中采用的是中心差分：

$$\left(\frac{\partial p}{\partial x}\right)_P = \frac{p_E - p_W}{2\Delta x} \tag{2.57}$$

然而，中心差分存在"跳点"问题，也就是说，与 1.4.3 节所述类似，离散公式跳过了 P 点，从而缺少当前点的信息与约束。如图 2.5 所示的二维压力四值"棋盘"场，中心差分式(2.57)不能辨识，因此"棋盘"解也可能成为收敛解。图 2.6 展示了实际计算中出现的压力失耦现象。可以看到，压力呈现为锯齿波形态，收敛过程中的残差检测并无异常，但由于存在锯齿振荡，压力易出现负值而导致计算突然发散。

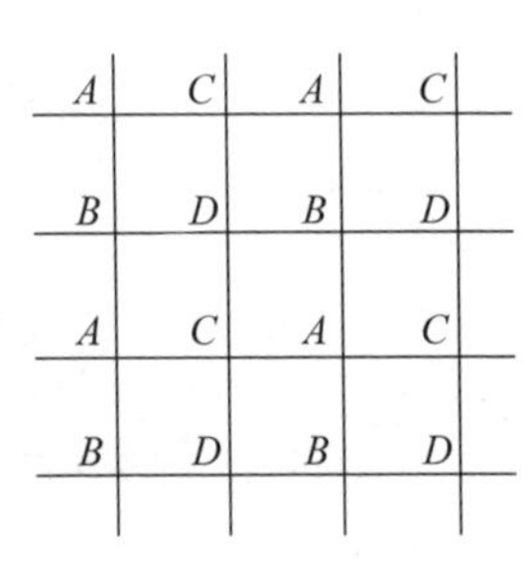

图 2.5 二维压力四值"棋盘"场

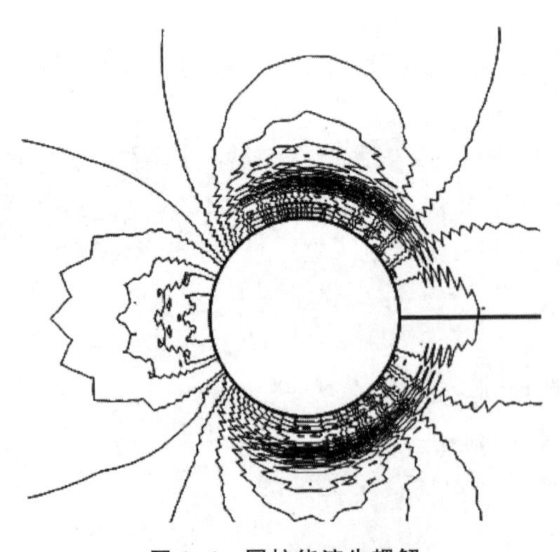

图 2.6 圆柱绕流失耦解

这一现象被称为压力速度失耦，意为压力与速度失去了耦合，速度场在正常情况下能够算出锯齿形的压力场。该现象又常被称作压力“锯齿”问题、压力“棋盘”解问题等，它是不可压缩流动计算的主要难题之一。解决办法主要包括交错网格法与动量插值法。

2.6.2　交错网格法

对当前网格点 P 采用中心差分式(2.57)存在“跳点”问题，从而引发压力速度失耦问题。然而，如果对网格面 e 采用中心差分，则无此问题：

$$\left(\frac{\partial p}{\partial x}\right)_e=\frac{p_E-p_P}{\Delta x} \tag{2.58}$$

由此，交错网格法将速度定义在网格面上，而将压力定义在网格点上，如图 2.7 所示，从而避开了压力梯度离散的“跳点”问题。

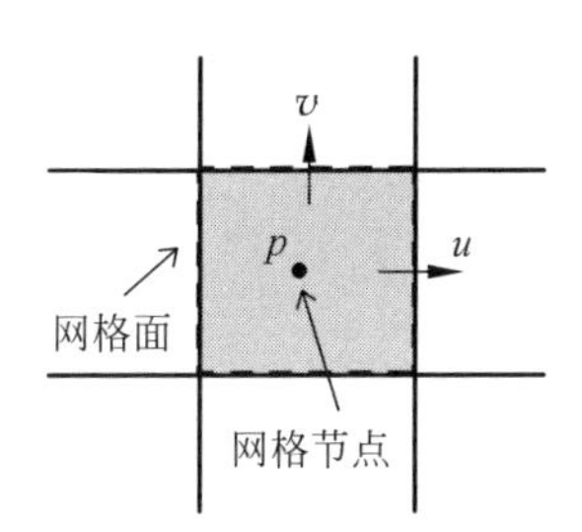

图 2.7　交错网格法

交错网格法能够解决压力速度失耦，在各类相关方法中效果可能是最好的。然而，交错网格法过于繁复，需要将不同的速度定义在与之垂直的网格面上，形成多套网格，这使得编程变得复杂，更重要的是对于非结构网格也很难应用。为此，发展了动量插值法[5]，从而在一套网格上就能解决失耦问题。

2.6.3　动量插值法

动量插值法将所有变量都定义在同一个位置网格中心点上，故该方法又称为同位网格法。该方法借鉴交错网格法的思路，将相邻点的压力差引入求解过程，尤其是引入网格面速度计算[5-6]。具体方法简述如下。

从式(2.39)可以看到，网格中心点速度的求解需要用到面上的压力：

$$u_P=\frac{-a_Eu_E-a_Wu_W+b}{a_P}-\frac{1}{a_P}(p_e-p_w) \tag{2.59}$$

定义等号右边的第一项为假拟速度，即

$$\hat{u}_P=\frac{-a_Eu_E-a_Wu_W+b}{a_P} \tag{2.60}$$

对照式(2.59)与式(2.60)，面上的速度 u_e 可以写为

$$u_e=\hat{u}_e-\left(\frac{1}{a_P}\right)_e(p_E-p_P) \tag{2.61}$$

动量插值法的关键是如何获得面上的速度 u_e。普通插值的思路是面上的假拟速度项与压力差项都从线性插值获得；而交错网格法则类似式(2.41)与式(2.58)的

做法，将面上的假拟速度项与压力差项直接计算出来。

动量插值法的思路介于交错网格法与普通插值之间，对于假拟速度 $\hat{u}_e$ 与系数 $\left(\frac{1}{a_P}\right)_e$，通过将 P 点与 E 点的假拟速度与相关系数线性插值获得，而压力梯度则直接由 $p_E - p_P$ 计算，从而引入相邻点压力差。

压力速度失耦问题及动量插值法对于可压缩与不可压缩与流动统一的计算方法是极为重要的一环，第 5 章与第 6 章将对此详细论述。

第 3 章

可压缩流动经典计算方法与激波捕获格式

可压缩流动区别于不可压缩流动最显著的特征是激波，而激波计算也是可压缩流动计算最大的难点。本章所述可压格式的核心是计算激波。由于激波可视为流动宏观速度与流体分子运动相同时引发的分子共振现象，激波内部变化过于复杂，所以激波计算并不追求准确求解激波内部参数，而是希望准确模拟激波位置与波前波后的流场。

3.1 激波计算方法

激波计算方法的发展，可以分为激波装配法与激波捕获法两大类型，如图 3.1 所示。

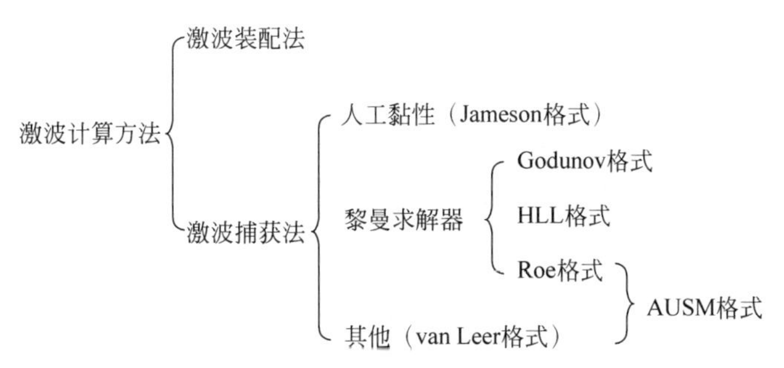

图 3.1 激波计算方法主要类型

对于激波装配法，激波上下游流场可以采用高精度方法数值求解，而激波的波前与波后使用激波间断条件 R-H 关系式作为边界条件，即式(3.1)：

$$\begin{cases}\rho_1(U_1-Z)=\rho_2(U_2-Z)\\ \rho_1U_1(U_1-Z)+p_1=\rho_2U_2(U_2-Z)+p_2\\ \rho_1E_1(U_1-Z)+U_1p_1=\rho_2E_2(U_2-Z)+p_2U_2\\ V_1=V_2\end{cases}\tag{3.1}$$

其中,Z 为激波运动速度,U 为与激波垂直的法向速度,V 为与激波平行的切向速度。将网格固结在激波上,根据运动网格式(1.77)可以容易地推导出 R-H 关系式。

由于一般情况下激波位置并不能事前确定,当下主要通过激波捕获法,即在计算过程中自动计算激波所在的位置。这一方法可以理解为:将激波内部的分子共振运动模化为一种数值黏性,从而以加大激波宽度为代价,准确捕获激波位置。

将激波内部流场运动模化为数值黏性,一般通过格式来完成,相应的格式就具备了自动捕获激波位置的能力,称为激波捕获格式。

3.2 激波捕获格式的一般形式与数值黏性

与不可压缩流动不同,可压缩流动连续性方程的时间项存在,因此可以采用离散时间的方法来推进收敛,称为时间推进法。时间推进法的物理意义明确,实施方法可以非常简洁,时间离散与空间离散可以独立展开,因此它是可压缩流动计算主要采用的方法。

下面给出主导 N-S 方程式(1.49)时间推进的半离散形式:

$$\begin{aligned}\frac{\partial\bar{\boldsymbol{Q}}}{\partial t}&=\mathfrak{R}_{i,j,k}\\ &=\widetilde{\boldsymbol{F}}_{i-\frac{1}{2},j,k}-\widetilde{\boldsymbol{F}}_{i+\frac{1}{2},j,k}+\widetilde{\boldsymbol{G}}_{i,j-\frac{1}{2},k}-\widetilde{\boldsymbol{G}}_{i,j+\frac{1}{2},k}+\\ &\quad\widetilde{\boldsymbol{H}}_{i,j,k-\frac{1}{2}}-\widetilde{\boldsymbol{H}}_{i,j,k+\frac{1}{2}}+\mathfrak{R}^{v}_{i,j,k}+\bar{\boldsymbol{S}}_{i,j,k}\end{aligned}\tag{3.2}$$

其中,$\mathfrak{R}$ 代表空间离散后形成的残差,$\mathfrak{R}^{v}_{i,j,k}$ 代表黏性项离散的残差,其求解方法已在 1.4.3 节阐述;$\widetilde{\boldsymbol{F}}$、$\widetilde{\boldsymbol{G}}$、$\widetilde{\boldsymbol{H}}$ 代表控制体不同方向面上的对流数值通量;$\bar{\boldsymbol{S}}$ 为源项。简便起见,下面只探讨 $i+\dfrac{1}{2}$ 处的对流数值通量 $\widetilde{\boldsymbol{F}}$,并略去不必要的下标。

大多数激波捕获格式的对流数值通量,都可以用如下通用方式表达:

$$\widetilde{\boldsymbol{F}}=\widetilde{\boldsymbol{F}}_c+\widetilde{\boldsymbol{F}}_d\tag{3.3}$$

其中,$\widetilde{\boldsymbol{F}}_c$ 代表中心差分,$\widetilde{\boldsymbol{F}}_d$ 代表数值黏性。不同格式的主要差别体现在 $\widetilde{\boldsymbol{F}}_d$ 上,有时 $\widetilde{\boldsymbol{F}}_c$ 也会有所差别。

这里首先讨论 $\widetilde{\boldsymbol{F}}_c$ 的取法。$\widetilde{\boldsymbol{F}}_d$ 的取法将在后续各节中针对具体格式给出。

$\widetilde{\boldsymbol{F}}_c$ 的取法并不唯一，可以采用通量平均计算或变量平均计算等。一般来说，可以采用通量平均计算：

$$\widetilde{\boldsymbol{F}}_{c,i+\frac{1}{2}}=\frac{1}{2}\left(\overline{\boldsymbol{F}}_{i+\frac{1}{2},\mathrm{L}}+\overline{\boldsymbol{F}}_{i+\frac{1}{2},\mathrm{R}}\right) \tag{3.4}$$

下标中的 L、R 代表 $i+\frac{1}{2}$ 面的左侧和右侧。

激波捕获格式的核心在于其数值黏性项 $\widetilde{\boldsymbol{F}}_d$ 的构造。如图 3.1 所示，数值黏性的构造又可以分为两大类：人工黏性与自动黏性。顾名思义，人工黏性就是在格式中人为增加黏性系数用于计算激波。具有代表性的人工黏性格式是 Jameson 格式，又称“中心格式”（注意区别于一般意义上的中心格式），其按照式(3.3)构造。其中，数值黏性见以下公式：

$$\widetilde{\boldsymbol{F}}_{d,i+\frac{1}{2}}=\varepsilon_{i+\frac{1}{2}}^{(2)}\Delta\boldsymbol{Q}_{i+\frac{1}{2}}+\varepsilon_i^{(4)}\Delta^3\boldsymbol{Q}_{i+1} \tag{3.5}$$

$$\varepsilon_{i+\frac{1}{2}}^{(2)}=\frac{1}{2}\kappa^{(2)}\lambda^*\max(v_{i-1},v_i,v_{i+1},v_{i+2}) \tag{3.6}$$

$$\varepsilon_{i+\frac{1}{2}}^{(4)}=\max\left(0,\frac{1}{2}\kappa^{(4)}\lambda^*\varepsilon_{i+\frac{1}{2}}^{(2)}\right) \tag{3.7}$$

$$v_i=\max\left\{\left|\frac{p_{i+1}-2p_i+p_{i-1}}{p_{i+1}+2p_i+p_{i-1}}\right|,\left|\frac{T_{i+1}-2T_i+T_{i-1}}{T_{i+1}+2T_i+T_{i-1}}\right|\right\} \tag{3.8}$$

$$\lambda^*=\lambda_{i+\frac{1}{2}}^*=[(U+c)\Delta S]_{i+\frac{1}{2}} \tag{3.9}$$

其中，v_i 为梯度探测器，流场光滑时趋于 0，存在高梯度时趋于 1；$\varepsilon_{i+\frac{1}{2}}^{(2)}$ 代表二阶数值黏性，$\varepsilon_{i+\frac{1}{2}}^{(4)}$ 代表四阶数值黏性；$\kappa^{(2)}$ 与 $\kappa^{(4)}$ 是两个著名的经验常数。Jameson 格式简单并且鲁棒性好，但在事实上改变了物理问题，计算效果强烈依赖于具体问题与经验。

相较于人工黏性方法，基于黎曼(Riemann)问题构造的自动黏性方法具有更强的物理背景与更好的效果，是当前的主流方法。

3.3 黎曼问题与激波捕获格式

19 世纪德国数学家黎曼针对欧拉方程中会出现间断现象这一特点，提出了一维无黏流动初始间断的演化问题，该问题被后人称为黎曼问题，也可以称为 Sod 激波管问题。

图 3.2 所示为黎曼问题示意图。

$$t=0:(u,\rho,p)=\begin{cases}(u_1,\rho_1,p_1), & x>0\\(u_2,\rho_2,p_2), & x<0\end{cases}\tag{3.10}$$

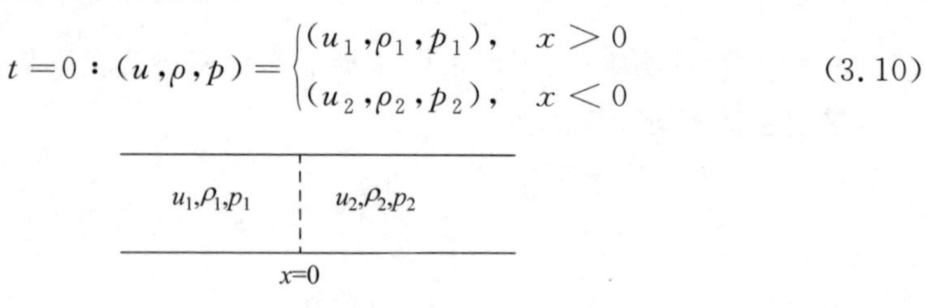

图 3.2 黎曼问题

由图 3.2 与式(3.10),黎曼问题可以理解为:两股参数完全不一样的流体,被一个无厚度的间断隔开;当间断消失,两股流体直接接触后,求解后续流场的演化。

黎曼问题已成为现代 CFD 激波捕获方法的基石,原因之一在于这一概念可以与有限体积法完美融合。如图 3.3 所示,将任意一个控制体网格的网格面,视作一个间断,其中下标"$\frac{1}{2}$"表示网格面,"L"表示从左边无限接近于网格面,"R"表示从右边无限接近于网格面。此时,网格面的通量就可以通过求解黎曼问题获得。

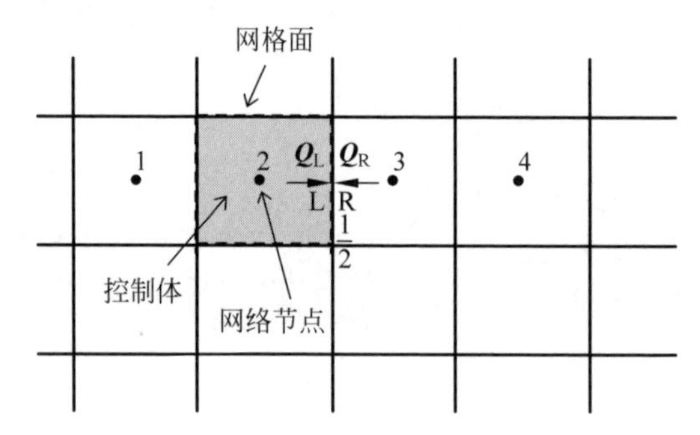

图 3.3 有限体积法网格与黎曼问题

求解步骤可以分为两步:

(1) 获得网格面左右两侧的流体参数 Q_L 与 Q_R,这一过程可以称为"重构"。最简单的方法是假设控制体内流场均匀,任意一点的参数都等于网格节点的平均值。此时:

$$Q_L=Q_2, \quad Q_R=Q_3\tag{3.11}$$

式(3.11)为一阶精度重构,可以获得一阶精度的数值结果。如果想获得更高阶精度的结果,需要高阶的重构。对于满足激波捕获要求的高阶重构,常见的方法有 TVD(total variation diminishing)、ENO(essentially non-oscillatory)与 WENO(weighted essentially non-oscillatory)等。

(2) 根据 Q_L 与 Q_R,使用黎曼求解器,获得对应的网格面数值通量。

以下章节将分别介绍经典的黎曼求解器与重构方法。

3.4　黎曼求解器

多维的黎曼求解器，一般为一维黎曼求解器的简单多维推广。而针对一维黎曼问题，由于初始间断并不符合激波间断条件 R-H 关系式，流场会分解成 3 个波独立传播。

(1) 激波：满足 R-H 关系式的强间断；

(2) 接触间断：一种特殊间断，仅两侧密度突变而速度与压力相同；

(3) 膨胀波：又称稀疏波，是一种等熵波。

接触间断的传播速度为 u，而激波与膨胀波的传播速度为 $u \pm c$，接触间断处于中间位置。因此黎曼问题一般解包含一个左行波、一个中间接触间断与一个右行波。此时存在 5 种可能性，如图 3.4 所示，即左行波与右行波可能是激波与膨胀波，而中间是接触间断或者是如第 5 种特殊情况(图 3.4(e))所示的真空。

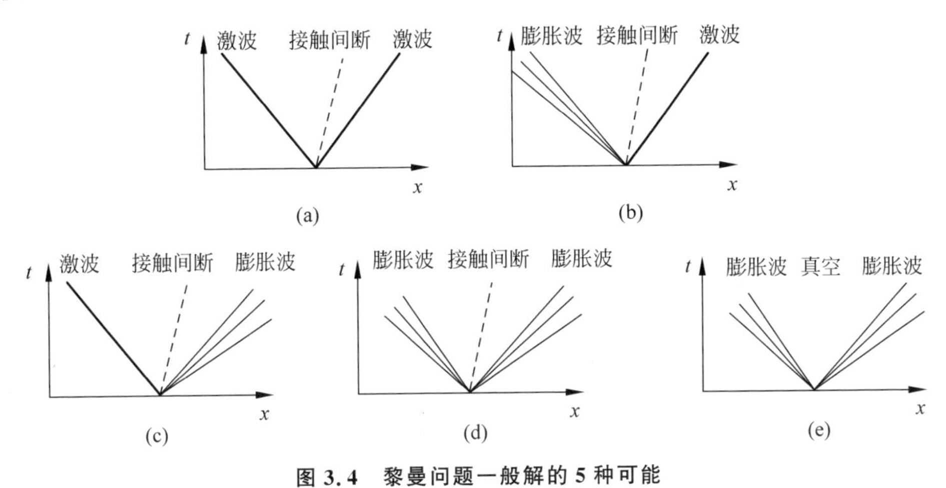

图 3.4　黎曼问题一般解的 5 种可能

(a) 左行微波、右行激波；(b) 左行膨胀波、右行激波；(c) 左行激波、右行膨胀波；(d) 左行膨胀波、右行膨胀波；(e) 真空

可以看到，黎曼问题一般解并没有考虑弱压缩波，这是一个可能的缺陷。

3.4.1　Godunov 格式

苏联科学家 Godunov 提出了黎曼问题的精确解，也就是 Godunov 格式，从而开创了激波求解的新思路。包括 Godunov 格式在内的基于黎曼问题的激波捕获格式，又称为黎曼求解器。

如图 3.5 所示，黎曼问题的精确解包括 5 个区域：①区与②区是左右行波尚未影响到的初始区域；③区与④区是接触间断的左右两个区域，其压力 p^* 与速度 u^* 相同，但密度不同；而⑤区为膨胀波区域，波头与波尾为弱间断，即物理量连续但导数不连续，而波内部的物理量连续光滑。

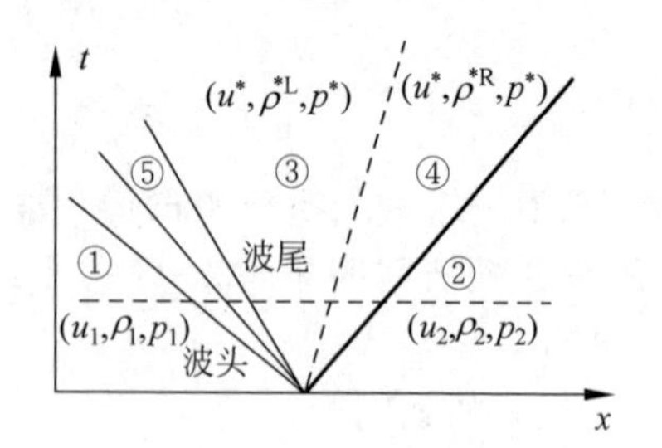

图 3.5　黎曼问题精确解

对于左波，可以推导：

$$u^*=u_1-f(p^*,p_1,\rho_1) \tag{3.12}$$

而对于右波：

$$u^*=u_2+f(p^*,p_2,\rho_2) \tag{3.13}$$

其中，

$$f(p^*,p_i,\rho_i)=\begin{cases}\dfrac{p^*-p_i}{\rho_i c_i\left[\dfrac{\gamma+1}{2\gamma}\left(\dfrac{p^*}{p_i}\right)+\dfrac{\gamma-1}{2\gamma}\right]^{\frac{1}{2}}}, & p^*>p_i\\ \dfrac{2c_i}{\gamma-1}\left[\left(\dfrac{p^*}{p_i}\right)^{\frac{\gamma-1}{2\gamma}}-1\right], & p^*<p_i\end{cases} \tag{3.14}$$

当 $p^*>p_i$ 时对应激波，而当 $p^*<p_i$ 时对应膨胀波，使用膨胀波关系式与 R-H 关系式推导获得式(3.12)～式(3.14)。这里忽略了弱压缩波的可能性。

将式(3.12)与式(3.13)联立，可以获得：

$$u_1-u_2=f(p^*,p_1,\rho_1)+f(p^*,p_2,\rho_2)\equiv F(p^*) \tag{3.15}$$

函数 $F(p^*)$是单调增函数，因此可以通过牛顿迭代法，快速有效求解式(3.15)：

$$p^*_{\text{new}}=p^*-\frac{F(p^*)}{F'(p^*)} \tag{3.16}$$

在迭代过程中，需要判断左右行波是激波还是膨胀波。这里利用 $F(p^*)$函数的单调增性质，通过分别比较 $F(p^*)$与 $F(0)$、$F(p_1)$、$F(p_2)$的大小，就可以进行判断。也就是说，当 $F(p^*)\leqslant F(0)$时，$p^*\leqslant 0$，此时对应特殊的真空状态；当 $F(p^*)<F(p_i)$时，对应的行波为膨胀波；而当 $F(p^*)>F(p_i)$时，为激波。

当获得 p^* 后，u^* 一般通过下式获得：

$$u^*=\frac{1}{2}[u_1+u_2+f(p^*,p_2,\rho_2)-f(p^*,p_1,\rho_1)] \tag{3.17}$$

流场中的其他变量，都可以通过解析式获得，这里不再一一赘述。

Godunov 格式的物理意义清晰，求解精度高。但是，Godunov 格式需要迭代求解 p^*，计算量太大；同时，Godunov 格式获得了给定时刻激波管内所有位置的解，而对于 CFD 而言，只需知道当前网格面（$x=0$ 位置）的解。因此，现在主流使用的黎曼求解器是对黎曼问题做了一定程度简化后的方法，包括 HLL（Harten-Lax-van Leer）、Roe、AUSM（advection upstream splitting method）三大主流家族格式，以下章节将对此进行介绍。

3.4.2　Roe 格式

Roe 格式[7-8]可视为黎曼问题的近似解。黎曼问题系统的主导方程可以重写为

$$\frac{\partial \boldsymbol{Q}}{\partial t}+\boldsymbol{A}(\boldsymbol{Q})\frac{\partial \boldsymbol{Q}}{\partial x}=0 \tag{3.18}$$

$$\boldsymbol{A}(\boldsymbol{Q})=\frac{\partial \boldsymbol{F}}{\partial \boldsymbol{Q}} \tag{3.19}$$

其中，$\boldsymbol{A}$ 为系统方程雅可比矩阵，可进一步分解为特征值矩阵与特征向量矩阵之积，即

$$\boldsymbol{A}(\boldsymbol{Q})=\frac{\partial \boldsymbol{F}}{\partial \boldsymbol{Q}}=\boldsymbol{R}\boldsymbol{\Lambda}\boldsymbol{R}^{-1} \tag{3.20}$$

对三维任意曲线网格：

$$\boldsymbol{\Lambda}_i=\sqrt{g_{ii}}\begin{bmatrix} U_i & 0 & 0 & 0 & 0 \\ 0 & U_i & 0 & 0 & 0 \\ 0 & 0 & U_i & 0 & 0 \\ 0 & 0 & 0 & U_i-c & 0 \\ 0 & 0 & 0 & 0 & U_i+c \end{bmatrix} \tag{3.21}$$

$$\boldsymbol{R}_i=\begin{bmatrix} n_{ix} & n_{iy} & n_{iz} & 1 & 1 \\ n_{ix}u & n_{iy}u-n_{iz} & n_{iz}u+n_{iy} & u-n_{ix}c & u+n_{ix}c \\ n_{ix}v+n_{iz} & n_{iy}v & n_{iz}v-n_{ix} & v-n_{iy}c & v+n_{iy}c \\ n_{ix}w-n_{iy} & n_{iy}w+n_{ix} & n_{iz}w & w-n_{iz}c & w+n_{iz}c \\ n_{iz}v-n_{iy}w+\frac{V_{\mathrm{M}}^2}{2}n_{ix} & n_{ix}w-n_{iz}u+\frac{V_{\mathrm{M}}^2}{2}n_{iy} & n_{iy}u-n_{ix}v+\frac{V_{\mathrm{M}}^2}{2}n_{iz} & H\text{-}cU_i & H+cU_i \end{bmatrix} \tag{3.22}$$

其中，

$$U_i=n_{ix}u+n_{iy}v+n_{iz}w,\quad g_{ii}=\xi_{ix}\xi_{ix}+\xi_{iy}\xi_{iy}+\xi_{iz}\xi_{iz},$$

$$n_{i,k}=\frac{\xi_{i,k}}{\sqrt{g_{ii}}},\quad V_{\mathrm{M}}^2=u_x^2+u_y^2+u_z^2,$$

$$H=\frac{c^2}{\bar{\gamma}}+\frac{1}{2}V_{\mathrm{M}}^2,\quad \bar{\gamma}=\gamma-1 \tag{3.23}$$

Roe 格式的近似在于将雅可比矩阵 $\boldsymbol{A}$ 分段线性化。也就是说，在一个网格控制体内，用斜率 $\boldsymbol{A}$ 的平均值取代瞬态值，如图 3.6 所示。一般选取 $\frac{1}{2}$ 位置的 $\boldsymbol{A}$ 代表平均值，此时应该满足特征相容条件：

$$\boldsymbol{A}_{\frac{1}{2}}\Delta\boldsymbol{Q}=\boldsymbol{A}(\boldsymbol{Q}_{i+\frac{1}{2}})\Delta\boldsymbol{Q}=\boldsymbol{F}(\boldsymbol{Q}_{\mathrm{R}})-\boldsymbol{F}(\boldsymbol{Q}_{\mathrm{L}}) \tag{3.24}$$

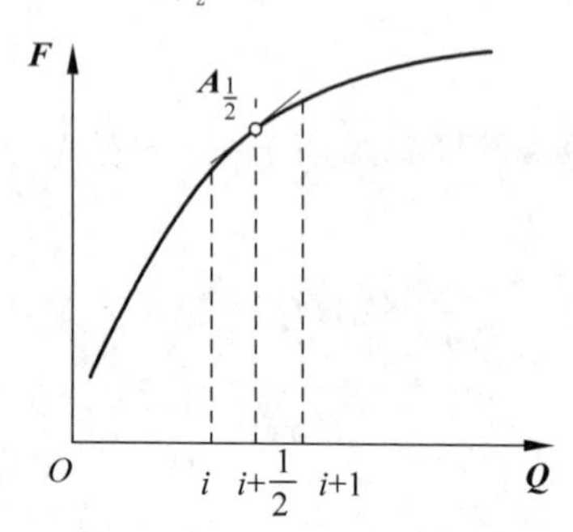

图 3.6 雅可比矩阵逐段线性化

此时，在一个控制体内，式(3.18)中的雅可比矩阵 $\boldsymbol{A}$ 为常数。将式(3.18)左乘 $\boldsymbol{R}^{-1}$，考虑到式(3.20)，可以获得解耦的主导方程：

$$\frac{\partial(\boldsymbol{R}^{-1}\boldsymbol{Q})}{\partial t}+\boldsymbol{\Lambda}\frac{\partial(\boldsymbol{R}^{-1}\boldsymbol{Q})}{\partial x}=0 \tag{3.25}$$

针对特征变量 $\boldsymbol{R}^{-1}\boldsymbol{Q}$，采用第 2 章的完全迎风格式进行离散，所获得的离散方程再次左乘 $\boldsymbol{R}$，就可以获得 Roe 格式的表达式：

$$\boldsymbol{F}_{i+\frac{1}{2}}=\frac{1}{2}(\boldsymbol{F}_{\mathrm{L}}+\boldsymbol{F}_{\mathrm{R}})+\boldsymbol{F}_{d,i+\frac{1}{2}} \tag{3.26}$$

$$\widetilde{\boldsymbol{F}}_{d,i+\frac{1}{2}}^{\mathrm{Roe}}=-\frac{1}{2}\boldsymbol{R}_{i+\frac{1}{2}}|\boldsymbol{\Lambda}_{i+\frac{1}{2}}|\boldsymbol{R}_{i+\frac{1}{2}}^{-1}\Delta_{i+\frac{1}{2}}\bar{\boldsymbol{Q}} \tag{3.27}$$

式(3.26)可以视为格式的一种通用表达式。其中，$\boldsymbol{F}_d$ 代表数值黏性，而 Roe 格式的数值黏性则为式(3.27)。$\boldsymbol{R}^{-1}\Delta\bar{\boldsymbol{Q}}$ 可以简化为

$$\boldsymbol{\alpha}=\boldsymbol{R}^{-1}\Delta\boldsymbol{Q}=\begin{bmatrix} n_{ix}b_{T3}+n_{iz}b_{T4}+n_{iy}b_{T5} \\ n_{iy}b_{T3}+n_{iz}b_{T6}-n_{ix}b_{T5} \\ n_{iz}b_{T3}-n_{iy}b_{T6}-n_{ix}b_{T4} \\ \frac{1}{2}(b_{T1}+b_{T2}) \\ \frac{1}{2}(b_{T1}-b_{T2}) \end{bmatrix} \tag{3.28}$$

其中，

$$
\begin{cases}
b_{T1}=\dfrac{\bar{\gamma}}{c^2}\left(\dfrac{V_{\mathrm{M}}^2}{2}\Delta Q^{(1)}-u\Delta Q^{(2)}-v\Delta Q^{(3)}-w\Delta Q^{(4)}+\Delta Q^{(5)}\right)\\
b_{T2}=\dfrac{1}{c}(U_i\Delta Q^{(1)}-n_{ix}\Delta Q^{(2)}-n_{iy}\Delta Q^{(3)}-n_{iz}\Delta Q^{(4)})\\
b_{T3}=\Delta Q^{(1)}-b_{T1}\\
b_{T4}=-v\Delta Q^{(1)}+\Delta Q^{(3)}\\
b_{T5}=w\Delta Q^{(1)}-\Delta Q^{(4)}\\
b_{T6}=u\Delta Q^{(1)}-\Delta Q^{(2)}
\end{cases}
\tag{3.29}
$$

对于 $i+\dfrac{1}{2}$ 的值，可以采用算术平均：

$$
\phi_{i+\frac{1}{2}}=\frac{1}{2}(\phi_{i+\frac{1}{2},\mathrm{L}}+\phi_{i+\frac{1}{2},\mathrm{R}})
\tag{3.30}
$$

但为了满足特征相容条件式(3.24)，一般采用 Roe 平均，也就是密度加权平均更为合适，即

$$
\begin{gathered}
u_{i+\frac{1}{2}}=\frac{\bar{D}u_{i+\frac{1}{2},\mathrm{R}}+u_{i+\frac{1}{2},\mathrm{L}}}{\bar{D}+1},\quad v_{i+\frac{1}{2}}=\frac{\bar{D}v_{i+\frac{1}{2},\mathrm{R}}+v_{i+\frac{1}{2},\mathrm{L}}}{\bar{D}+1},\\
w_{i+\frac{1}{2}}=\frac{\bar{D}w_{i+\frac{1}{2},\mathrm{R}}+w_{i+\frac{1}{2},\mathrm{L}}}{\bar{D}+1},\quad H_{i+\frac{1}{2}}=\frac{\bar{D}H_{i+\frac{1}{2},\mathrm{R}}+H_{i+\frac{1}{2},\mathrm{L}}}{\bar{D}+1},\\
c_{i+\frac{1}{2}}^2=\bar{\gamma}\left(H_{i+\frac{1}{2},j,k}-\frac{1}{2}V_{\mathrm{M}\,i+\frac{1}{2}}^2\right)
\end{gathered}
\tag{3.31}
$$

其中的加权因子为

$$
\bar{D}=\sqrt{\frac{\rho_{i+\frac{1}{2},\mathrm{R}}}{\rho_{i+\frac{1}{2},\mathrm{L}}}}
\tag{3.32}
$$

Roe 格式以其良好的精度获得了广泛应用，但也存在近真空计算易发散、不满足熵条件产生非物理解(如膨胀激波)等问题，一般采用“熵修正”方法解决这些问题。经典的熵修正函数如下[9-10]：

$$
f(\lambda)=\begin{cases}\dfrac{1}{2}\left(\dfrac{\lambda^2}{\delta}+\delta\right), & |\lambda|<\delta\\ |\lambda|, & |\lambda|\geqslant\delta\end{cases}
\tag{3.33}
$$

这里的 λ 为系统特征值绝对值 $|U_i|$、$|U_i-c|$ 与 $|U_i+c|$，而 δ 为一小量，通常定义为

$$
\delta=\varepsilon\lambda_{\max}=\varepsilon(|U|+c)
\tag{3.34}
$$

其中，ε 为常数，其常见的取值范围为 0.05～0.2。

3.4.3 HLL 格式

HLL 格式[11-13]可视为近似黎曼问题的精确解，如图 3.7 所示，只考虑 HLL 格式双激波近似，也就是只考虑黎曼问题一般解图 3.4(a)这一种情况并忽略接触间断。根据守恒关系式，可获得 Δt 时间控制体总质量、总动量和总能量，对其取平均值后就可以获得该问题的精确解。

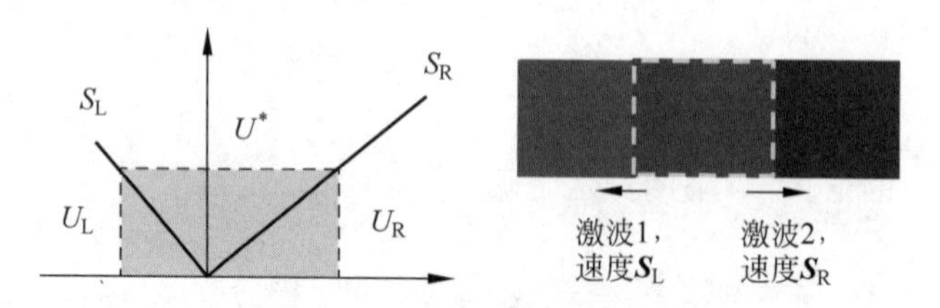

图 3.7 HLL 格式双激波近似

HLL 格式统一表达形式如下：

$$F^{\mathrm{HLL}}=\begin{cases}F_{\mathrm{L}}, & S_{\mathrm{L}}>0\\ F_{\mathrm{HLL}}, & S_{\mathrm{L}}\leqslant 0\leqslant S_{\mathrm{R}}\\ F_{\mathrm{R}}, & S_{\mathrm{R}}<0\end{cases}\tag{3.35}$$

可以看到，当信号速度 $S_L>0$ 或 $S_R<0$，也就是 $|U|>c$（c 为声速），即超声速时，通量采用完全迎风计算。而当信号速度为亚声速时：

$$\widetilde{\boldsymbol{F}}^{\mathrm{HLL}}_{\frac{1}{2}}=\frac{S_{\mathrm{R}}\overline{\boldsymbol{F}}_{\mathrm{L}}-S_{\mathrm{L}}\overline{\boldsymbol{F}}_{\mathrm{R}}}{S_{\mathrm{R}}-S_{\mathrm{L}}}+\frac{S_{\mathrm{R}}S_{\mathrm{L}}}{S_{\mathrm{R}}-S_{\mathrm{L}}}\Delta\boldsymbol{Q}-\delta\frac{S_{\mathrm{R}}S_{\mathrm{L}}}{S_{\mathrm{R}}-S_{\mathrm{L}}}\boldsymbol{B}\Delta\boldsymbol{Q}\tag{3.36}$$

其中，

$$\boldsymbol{B}\Delta\boldsymbol{Q}=\begin{bmatrix}\Delta\rho\\ \Delta\rho u\\ \Delta\rho v\\ \Delta\rho w\\ \Delta\rho E\end{bmatrix}-\frac{\Delta p}{c^2}\begin{bmatrix}1\\ u\\ v\\ w\\ H\end{bmatrix}-\rho\Delta U\begin{bmatrix}0\\ n_x\\ n_y\\ n_z\\ U\end{bmatrix}\tag{3.37}$$

考虑到信号速度超声速时具有不同马赫数等情况，HLL 格式也可以统一写为式(3.36)的形式，并定义信号速度 S_R 与 S_L 如下：

$$S_{\mathrm{R}}=\max(b^{+},0),\quad S_{\mathrm{L}}=\min(b^{-},0)\tag{3.38}$$

对于 HLL 格式：

$$b^{+}=\max(U_{\mathrm{L}}+c_{\mathrm{L}},U_{\mathrm{R}}+c_{\mathrm{R}}),\quad b^{-}=\min(U_{\mathrm{L}}-c_{\mathrm{L}},U_{\mathrm{R}}-c_{\mathrm{R}}),\quad \delta=0\tag{3.39}$$

对于早期的 Rusanov 格式[12]，可将其视为最简单的 HLL 格式：

$$b^{+}=|U|_{\frac{1}{2}}+c_{\frac{1}{2}},\quad b^{-}=-|U|_{\frac{1}{2}}-c_{\frac{1}{2}},\quad \delta=0\tag{3.40}$$

对比后期发展的 HLLEM 格式[13]：

$$b^{+}=\max(U_{\frac{1}{2}}+c_{\frac{1}{2}},U_{\mathrm{R}}+c_{\mathrm{R}}),\quad b^{-}=\min(U_{\frac{1}{2}}-c_{\frac{1}{2}},U_{\mathrm{L}}-c_{\mathrm{L}}),$$

$$\delta=\frac{c_{0.5}}{0.5\left|b^{+}+b^{-}\right|+c_{0.5}} \tag{3.41}$$

可以看到，HLL 家族不同格式的主要区别之一是信号速度 S_{L} 与 S_{R} 中的 b^{+} 与 b^{-} 定义不同，而 $\boldsymbol{B}\Delta\boldsymbol{Q}$ 项的引入，则是参考了 Roe 格式等其他黎曼求解器所做的改进。

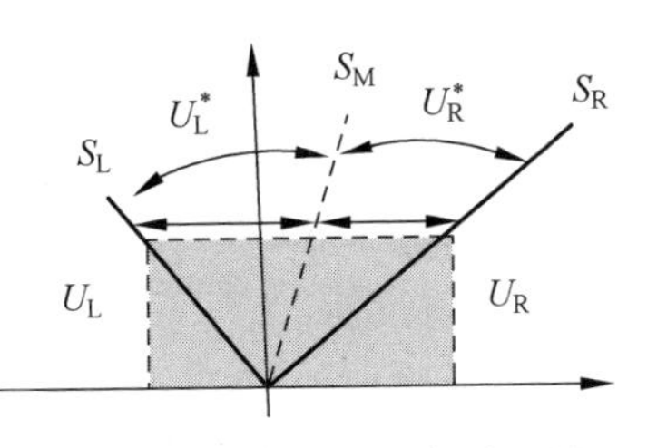

图 3.8　HLLC 格式的三波近似

HLL 格式以鲁棒性强著称，但精度较差，其中一个重要的原因是忽略了接触间断。为此，HLLC 格式[14]引入了接触间断，如图 3.8 所示，对于左右两道激波而中间接触间断的三波情况，采用 R-H 条件推导了精确解：

$$\boldsymbol{F}^{\mathrm{HLLC}}=\begin{cases}\boldsymbol{F}_{\mathrm{L}}, & S_{\mathrm{L}}>0\\ \boldsymbol{F}(\boldsymbol{Q}_{\mathrm{L}}^{*}), & S_{\mathrm{L}}\leqslant 0<S_{\mathrm{M}}\\ \boldsymbol{F}(\boldsymbol{Q}_{\mathrm{R}}^{*}), & S_{\mathrm{M}}\leqslant 0\leqslant S_{\mathrm{R}}\\ \boldsymbol{F}_{\mathrm{R}}, & S_{\mathrm{R}}<0\end{cases} \tag{3.42}$$

其中，接触间断的速度为

$$S_{\mathrm{M}}=\frac{\rho_{\mathrm{R}}v_{n\mathrm{R}}(S_{\mathrm{R}}-v_{n\mathrm{R}})-\rho_{\mathrm{L}}v_{n\mathrm{L}}(S_{\mathrm{L}}-v_{n\mathrm{L}})+p_{\mathrm{L}}-p_{\mathrm{R}}}{\rho_{\mathrm{R}}(S_{\mathrm{R}}-v_{n\mathrm{R}})-\rho_{\mathrm{L}}(S_{\mathrm{L}}-v_{n\mathrm{L}})} \tag{3.43}$$

而其他各量分别为

$$\boldsymbol{Q}_{\mathrm{L}}^{*}=\begin{pmatrix}\rho_{L}^{*}\\ (\rho\boldsymbol{v})_{\mathrm{L}}^{*}\\ (\rho E)_{\mathrm{L}}^{*}\end{pmatrix}=\frac{1}{S_{\mathrm{L}}-S_{\mathrm{M}}}\begin{pmatrix}(S_{\mathrm{L}}-v_{n\mathrm{L}})\rho_{\mathrm{L}}\\ (S_{\mathrm{L}}-v_{n\mathrm{L}})(\rho\boldsymbol{v})_{\mathrm{L}}+(p^{*}-p_{\mathrm{L}})\boldsymbol{n}\\ (S_{\mathrm{L}}-v_{n\mathrm{L}})(\rho E)_{\mathrm{L}}-p_{\mathrm{L}}v_{n\mathrm{L}}+p^{*}S_{\mathrm{M}}\end{pmatrix} \tag{3.44}$$

$$\boldsymbol{Q}_{\mathrm{R}}^{*}=\begin{pmatrix}\rho_{\mathrm{R}}^{*}\\ (\rho\boldsymbol{v})_{\mathrm{R}}^{*}\\ (\rho E)_{\mathrm{R}}^{*}\end{pmatrix}=\frac{1}{S_{\mathrm{R}}-S_{\mathrm{M}}}\begin{pmatrix}(S_{\mathrm{R}}-v_{n\mathrm{R}})\rho_{\mathrm{R}}\\ (S_{\mathrm{R}}-v_{n\mathrm{R}})(\rho\boldsymbol{v})_{\mathrm{R}}+(p^{*}-p_{\mathrm{R}})\boldsymbol{n}\\ (S_{\mathrm{R}}-v_{n\mathrm{R}})(\rho E)_{\mathrm{R}}-p_{\mathrm{R}}v_{n\mathrm{R}}+p^{*}S_{\mathrm{M}}\end{pmatrix} \tag{3.45}$$

$$\boldsymbol{F}_{\mathrm{L}}^{*}\equiv\boldsymbol{F}(\boldsymbol{Q}_{\mathrm{L}}^{*})=\begin{pmatrix}S_{\mathrm{M}}\rho_{\mathrm{L}}^{*}\\ S_{\mathrm{M}}(\rho\boldsymbol{v})_{\mathrm{L}}^{*}+p^{*}\boldsymbol{n}\\ S_{\mathrm{M}}((\rho E)_{\mathrm{L}}^{*}+p^{*})\end{pmatrix} \tag{3.46}$$

$$\boldsymbol{F}_{\mathrm{R}}^{*} \equiv \boldsymbol{F}(\boldsymbol{Q}_{\mathrm{R}}^{*})=\begin{pmatrix} S_{\mathrm{M}}\rho_{\mathrm{R}}^{*} \\ S_{\mathrm{M}}(\rho \boldsymbol{v})_{\mathrm{R}}^{*}+p^{*}\boldsymbol{n} \\ S_{\mathrm{M}}((\rho E)_{\mathrm{R}}^{*}+p^{*}) \end{pmatrix} \tag{3.47}$$

式中，

$$\begin{aligned} p^{*} &= \rho_{\mathrm{L}}(v_{n\mathrm{L}}-S_{\mathrm{L}})(v_{n\mathrm{L}}-S_{\mathrm{M}})+p_{\mathrm{L}} \\ &= \rho_{\mathrm{R}}(v_{n\mathrm{R}}-S_{\mathrm{R}})(v_{n\mathrm{R}}-S_{\mathrm{M}})+p_{\mathrm{R}} \end{aligned} \tag{3.48}$$

$$S_{\mathrm{R}}=\max(v_{n\mathrm{R}}+c_{\mathrm{R}}, v_{n}+c), \quad S_{\mathrm{L}}=\min(v_{n\mathrm{L}}-c_{\mathrm{L}}, v_{n}-c) \tag{3.49}$$

3.4.4 AUSM 格式

N-S 方程中的对流项可以分为速度项 $\boldsymbol{F}^{(c)}$ 与动量方程压力项 $\boldsymbol{F}^{(p)}$ 两部分：

$$\boldsymbol{F}(\boldsymbol{Q})=\begin{pmatrix} \rho u \\ \rho u^{2}+p \\ \rho u H \end{pmatrix}=\begin{pmatrix} \rho u \\ \rho u^{2} \\ \rho u H \end{pmatrix}+\begin{pmatrix} 0 \\ p \\ 0 \end{pmatrix}=\boldsymbol{F}^{(c)}+\boldsymbol{F}^{(p)} \tag{3.50}$$

如第 2 章所述，不可压缩格式对速度项采用迎风格式，而对压力项采用中心格式。而可压缩格式 Godunov、HLL、Roe 等格式统一处理速度项与压力项，并具有迎风的性质。本节所述 AUSM(advection upstream splitting method)格式[15-18]的核心思想之一是对速度项 $\boldsymbol{F}^{(c)}$ 与压力项 $\boldsymbol{F}^{(p)}$ 分别处理，都采用迎风离散，但两者的迎风程度不同；AUSM 格式的核心思想之二是迎风离散采用 Liou-Steffen 分裂方法。所谓分裂，就是将相关项分为正负两部分，即

$$\boldsymbol{F}=\boldsymbol{F}^{+}+\boldsymbol{F}^{-} \tag{3.51}$$

正负的定义为

$$\boldsymbol{F}^{\pm}=M_{c}^{\pm}\begin{pmatrix} \rho c \\ \rho c u \\ \rho c H \end{pmatrix}+M_{p}^{\pm}\begin{pmatrix} 0 \\ p \\ 0 \end{pmatrix} \tag{3.52}$$

这里引入本地马赫数 M 作为分裂的关键特征参数，需要注意的是，这里的 M 具有正负号，其符号与 u 的符号相同，即

$$M=\frac{u}{c} \tag{3.53}$$

早期 AUSM 格式对 $M_{c}^{\pm}$ 的定义如下：

$$M^{+}=\begin{cases} M, & M>1 \\ \dfrac{(M+1)^{2}}{4}, & |M| \leqslant 1 \\ 0, & M<-1 \end{cases} \tag{3.54}$$

$$M^- = \begin{cases} 0, & M > 1 \\ \dfrac{-(M-1)^2}{4}, & |M| \leqslant 1 \\ M, & M < -1 \end{cases} \tag{3.55}$$

图 3.9 图形化地表示了式(3.54)和式(3.55)，可以看到，在亚声速区与超声速区，两者光滑过渡。

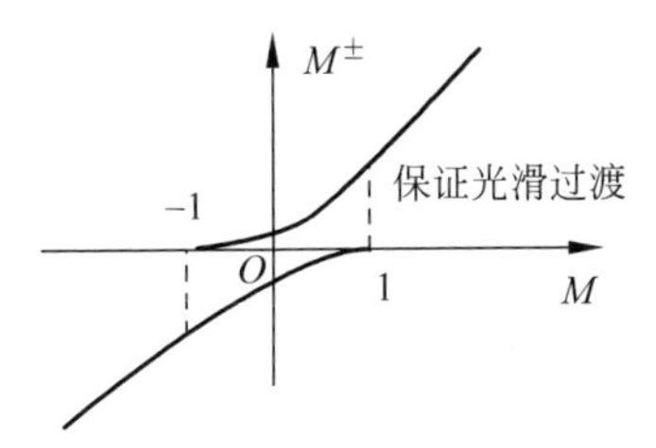

图 3.9　马赫数的正负分裂

对 $M_p^{\pm}$ 的定义与 $M_c^{\pm}$ 不同：

$$M_p^+ = \begin{cases} 1, & M > 1 \\ \dfrac{1+M}{2}, & |M| \leqslant 1 \\ 0, & M < -1 \end{cases} \tag{3.56}$$

$$M_p^- = \begin{cases} 0, & M > 1 \\ \dfrac{1-M}{2}, & |M| \leqslant 1 \\ 1, & M < -1 \end{cases} \tag{3.57}$$

当考虑了正负项之后，式(3.51)就可以引入迎风概念，变化为迎风格式：

$$\boldsymbol{F} = M_c^+ \begin{pmatrix} \rho c \\ \rho c u \\ \rho c H \end{pmatrix}_{\mathrm{L}} + M_c^- \begin{pmatrix} \rho c \\ \rho c u \\ \rho c H \end{pmatrix}_{\mathrm{R}} + M_p^+ \begin{pmatrix} 0 \\ p \\ 0 \end{pmatrix}_{\mathrm{L}} + M_p^- \begin{pmatrix} 0 \\ p \\ 0 \end{pmatrix}_{\mathrm{R}} \tag{3.58}$$

具体的分裂方式可以不同，由此衍生出 AUSM 家族系列格式。以下列举常用的 AUSM$^+$-up 格式[18]以说明可能的变化，并给出实用的三维形式：

$$\widetilde{\boldsymbol{F}}_{i+\frac{1}{2}}^{\mathrm{AUSM+}} = \frac{\dot{m}_{\frac{1}{2}} + |\dot{m}_{\frac{1}{2}}|}{2} \begin{bmatrix} 1 \\ u \\ v \\ w \\ H \end{bmatrix}_{\mathrm{L}} + \frac{\dot{m}_{\frac{1}{2}} - |\dot{m}_{\frac{1}{2}}|}{2} \begin{bmatrix} 1 \\ u \\ v \\ w \\ H \end{bmatrix}_{\mathrm{R}} + \dot{p} \begin{bmatrix} 0 \\ n_x \\ n_y \\ n_z \\ 0 \end{bmatrix}_{i+\frac{1}{2}} \tag{3.59}$$

其中，

$$\dot{m}_{\frac{1}{2}} = \Pi_{\frac{1}{2}} c_{\frac{1}{2}} \begin{cases} \rho_{\mathrm{L}}, & \Pi_{\frac{1}{2}} > 0 \\ \rho_{\mathrm{R}}, & \text{其他} \end{cases} \tag{3.60}$$

$$\Pi_{\frac{1}{2}} = f_{\Pi,\mathrm{L}}^{+} + f_{\Pi,\mathrm{R}}^{-} + \Pi_p \tag{3.61}$$

$$\dot{p} = f_{p,\mathrm{L}}^{+}|_{\alpha} p_{\mathrm{L}} + f_{p,\mathrm{R}}^{-}|_{\alpha} p_{\mathrm{R}} + p_u \tag{3.62}$$

$$f_{\Pi}^{\pm} = \begin{cases} \dfrac{1}{2}(\widetilde{M} \pm |\widetilde{M}|), & |\widetilde{M}| \geqslant 1 \\ \pm \dfrac{1}{4}(\widetilde{M} \pm 1)^2 \pm \dfrac{1}{8}(\widetilde{M}^2 - 1)^2, & \text{其他} \end{cases} \tag{3.63}$$

$$f_{p}^{\pm}|_{\alpha} = \begin{cases} \dfrac{1}{2}(1 \pm \mathrm{sign}(\widetilde{M})), & |\widetilde{M}| \geqslant 1 \\ \dfrac{1}{4}(\widetilde{M} \pm 1)^2 (2 \mp \widetilde{M}) \pm \alpha \widetilde{M}(\widetilde{M}^2 - 1)^2, & \text{其他} \end{cases} \tag{3.64}$$

$$\Pi_p = -0.25\max(1 - \overline{M}^2, 0)\frac{\Delta p}{\rho_{\frac{1}{2}} c_{\frac{1}{2}}^2} \tag{3.65}$$

$$p_u = -0.75 f_{p\mathrm{L}}^{+} f_{p\mathrm{R}}^{-} (\rho_{\mathrm{L}} + \rho_{\mathrm{R}}) c_{\frac{1}{2}} \Delta U \tag{3.66}$$

$$\alpha = \frac{3}{16} \tag{3.67}$$

$$\overline{M}^2 = \frac{1}{2}(\widetilde{M}_{\mathrm{L}}^2 + \widetilde{M}_{\mathrm{R}}^2), \quad \widetilde{M}_{\mathrm{L}} = \frac{U_{\mathrm{L}}}{c_{\frac{1}{2}}}, \quad \widetilde{M}_{\mathrm{R}} = \frac{U_{\mathrm{R}}}{c_{\frac{1}{2}}} \tag{3.68}$$

$$c_{\frac{1}{2}} = \min(\widetilde{c}_{\mathrm{L}}, \widetilde{c}_{\mathrm{R}}), \quad \widetilde{c}_{\mathrm{L}} = \frac{c^{*2}}{\max(c^{*}, U_{\mathrm{L}})}, \quad \widetilde{c}_{\mathrm{R}} = \frac{c^{*2}}{\max(c^{*}, -U_{\mathrm{R}})} \tag{3.69}$$

如果不考虑 Π_p 与 p_u，则有

$$\Pi_p = 0, \quad p_u = 0 \tag{3.70}$$

这就是 AUSM+格式[16-17]。

3.5 格式表达的统一框架

如 3.4 节所述，各类黎曼求解器的构造思想、表达形式与作用机制各有特色。如果能够有一个框架，统一表达各种求解器，至少是 Roe、HLL 与 AUSM 这三大格式家族的求解器，将有助于分析各种格式的性能与机理，理解其异同，发展新的方法。为此，文献[19]发展了格式的统一表达框架，本节将对此进行阐述。

对于格式的统一框架，可以写为中心项与数值黏性项之和，如式(3.3)所示；而中心项可以采用式(3.4)。由此，不同格式的区别就体现在数值黏性项中。

3.5.1 Roe 格式的标量统一表达式

Roe 格式的数值黏性表达式(式(3.27))为矩阵相乘形式，不利于分析与进一

步理解。文献[20]将 Roe 格式写为标量形式，参考这一做法并进一步发展，Roe 格式的数值黏性可以写为如下标量形式：

$$\widetilde{\boldsymbol{F}}_d=-\frac{1}{2}\left\{\xi\begin{bmatrix}\Delta\rho\\\Delta(\rho u)\\\Delta(\rho v)\\\Delta(\rho w)\\\Delta(\rho E)\end{bmatrix}+\delta p\begin{bmatrix}0\\n_x\\n_y\\n_z\\U\end{bmatrix}+\delta U\begin{bmatrix}\rho\\\rho u\\\rho v\\\rho w\\\rho H\end{bmatrix}\right\}\tag{3.71}$$

式中，

$$\delta p=\delta p_u+\delta p_p\tag{3.72}$$

$$\delta U=\delta U_u+\delta U_p\tag{3.73}$$

式(3.71)这一形式的物理意义清晰。等号右边的第 1 大项为基本守恒迎风耗散，与 2.2 节中不可压缩流动离散格式的迎风耗散含义基本一致，ξ 为基本迎风耗散系数。对照面上无黏通量通用表达式(1.75)可以看到，等号右边的第 2 大项为界面压力修正项。δp 为修正压力。等号右边的第 3 大项为界面速度修正项，δU 为修正速度；第 2 大项与第 3 大项又可以细分为压力梯度驱动的修正 δp_p 与修正 δU_p、速度梯度驱动的修正 δp_u 与修正 δU_u。Roe 格式的 5 项系数分别为

$$\xi=\lambda_1\tag{3.74}$$

$$\delta p_u=\left(\frac{\lambda_5+\lambda_4}{2}-\lambda_1\right)[\Delta(\rho U)-U\Delta\rho]\tag{3.75}$$

$$\delta p_p=\frac{\lambda_5-\lambda_4}{2}c\beta\tag{3.76}$$

$$\delta U_u=\frac{\lambda_5-\lambda_4}{2\rho c}[\Delta(\rho U)-U\Delta\rho]\tag{3.77}$$

$$\delta U_p=\left(\frac{\lambda_5+\lambda_4}{2}-\lambda_1\right)\frac{\beta}{\rho}\tag{3.78}$$

其中，

$$\beta=\frac{\gamma-1}{c^2}\left[\frac{V_{\mathrm{M}}^2}{2}\Delta\rho-u\Delta(\rho u)-v\Delta(\rho v)-w\Delta(\rho w)+\Delta(\rho E)\right]\tag{3.79}$$

标量式(3.74)～式(3.78)与矩阵形式式(3.27)完全一致，只是表达形式不同。考虑到采用 Roe 平均，可以认为

$$\Delta(\rho\phi)=\rho\Delta\phi+\phi\Delta\rho\tag{3.80}$$

其中，ϕ 为任意变量，则

$$\beta=\frac{\Delta p}{c^2}\tag{3.81}$$

并且式(3.75)～式(3.78)可以分别简化为

$$\delta p_u = \left(\frac{\lambda_5 + \lambda_4}{2} - \lambda_1\right)\rho \Delta U \tag{3.82}$$

$$\delta p_p = \frac{\lambda_5 - \lambda_4}{2}\frac{\Delta p}{c} \tag{3.83}$$

$$\delta U_u = \frac{\lambda_5 - \lambda_4}{2}\frac{\Delta U}{c} \tag{3.84}$$

$$\delta U_p = \left(\frac{\lambda_5 + \lambda_4}{2} - \lambda_1\right)\frac{\Delta p}{\rho c^2} \tag{3.85}$$

如果对特征值 λ 不采用熵修正等进行改变，而是直接使用原始形式，则 Roe 格式的数值耗散形式可以进一步简化为

$$\xi = |U| \tag{3.86}$$

$$\delta p_u = \max(0, c - |U|)\rho \Delta U \tag{3.87}$$

$$\delta p_p = \mathrm{sign}(U)\min(|U|, c)\frac{\Delta p}{c} \tag{3.88}$$

$$\delta U_u = \mathrm{sign}(U)\min(|U|, c)\frac{\Delta U}{c} \tag{3.89}$$

$$\delta U_p = \max(0, c - |U|)\frac{\Delta p}{\rho c^2} \tag{3.90}$$

由此得到了不同简化条件下的 Roe 格式的标量表达式，其物理意义清晰，形式简洁，便于分析与编程，计算量也小。

3.5.2 考虑 HLL 格式的统一表达式

代入式(3.80)，Roe 格式的标量形式(3.71)还可以进一步变化为

$$\widetilde{\boldsymbol{F}}_d = -\frac{1}{2}\left\{\xi \begin{bmatrix} 0 \\ \Delta u \\ \Delta v \\ \Delta w \\ \Delta E \end{bmatrix} + \delta p \begin{bmatrix} 0 \\ n_x \\ n_y \\ n_z \\ U \end{bmatrix} + \delta U \begin{bmatrix} \rho \\ \rho u \\ \rho v \\ \rho w \\ \rho H \end{bmatrix} + \delta U_\xi \begin{bmatrix} \rho \\ \rho u \\ \rho v \\ \rho w \\ \rho E \end{bmatrix}\right\} \tag{3.91}$$

式中，ξ 与 δU_ξ 这两项来自式(3.71)等号右边的第 1 大项，即基本守恒迎风耗散，ξ 代表基本原始变量的迎风耗散，而 δU_ξ 与界面速度修正项 δU 非常类似，仅在能量方程略有区别。这也说明，基本守恒迎风耗散同时包含迎风耗散与界面速度修正两方面的功能。

根据式(3.91)，3.4.3 节中的 HLL 格式可以重写为

$$\xi = \frac{(S_R + S_L)U - 2(1-\delta)S_R S_L}{S_R - S_L} \tag{3.92}$$

$$\delta p_u = -\delta \frac{S_R S_L}{S_R - S_L} \rho \Delta U \tag{3.93}$$

$$\delta p_p = \frac{S_R + S_L}{S_R - S_L} \Delta p \tag{3.94}$$

$$\delta U_u = \frac{S_R + S_L}{S_R - S_L} \Delta U \tag{3.95}$$

$$\delta U_p = -\delta \frac{S_R S_L}{S_R - S_L} \frac{\Delta p}{\rho c^2} \tag{3.96}$$

$$\delta U_\xi = \frac{(S_R + S_L) U - 2(1-\delta) S_R S_L}{S_R - S_L} \frac{\Delta p}{\rho c^2} \tag{3.97}$$

3.5.3　Roe、HLL 与 AUSM 格式的统一表达式

考虑将 Roe、HLL 与 AUSM 三大格式家族统一在一起，则框架公式(3.91)还需要进一步扩展为

$$\widetilde{\boldsymbol{F}}_{d,\frac{1}{2}} = -\frac{1}{2}\left\{\xi \begin{bmatrix} 0 \\ \Delta u \\ \Delta v \\ \Delta w \\ \Delta E \end{bmatrix}_{\frac{1}{2}} + \delta p_0 \begin{bmatrix} 0 \\ n_x \\ n_y \\ n_z \\ 0 \end{bmatrix}_{\frac{1}{2}} + \delta p_1 \begin{bmatrix} 0 \\ 0 \\ 0 \\ 0 \\ U \end{bmatrix}_{\frac{1}{2}} + \right.$$

$$\left. \delta U_0 \begin{bmatrix} \rho \\ \rho u \\ \rho v \\ \rho w \\ \rho H \end{bmatrix}_{\frac{1}{2}} + \delta U_1 \begin{bmatrix} \rho \\ \rho u \\ \rho v \\ \rho w \\ \rho H \end{bmatrix}_{R} + \delta U_2 \begin{bmatrix} \rho \\ \rho u \\ \rho v \\ \rho w \\ \rho H \end{bmatrix}_{L} + \delta U_\xi \begin{bmatrix} \rho \\ \rho u \\ \rho v \\ \rho w \\ \rho E \end{bmatrix}_{\frac{1}{2}} \right\} \tag{3.98}$$

对于 3.4.4 节的 AUSM+格式，式(3.98)相应的系数分别为

$$\xi = 0,\quad \delta U_0 = 0,\quad \delta p_1 = 0,\quad \delta U_\xi = 0 \tag{3.99}$$

$$\delta p_0 = \frac{3}{8}\Delta(\widetilde{M}^5 p) - \frac{5}{4}\Delta(\widetilde{M}^3 p) + \frac{15}{8}\Delta(\widetilde{M} p) \tag{3.100}$$

$$\delta U_1 = (\Pi c - |\Pi c|)_{\frac{1}{2}} - U_R \tag{3.101}$$

$$\delta U_2 = (\Pi c + |\Pi c|)_{\frac{1}{2}} - U_L \tag{3.102}$$

与式(3.72)、式(3.73)相似，界面修正压力 δp 与界面修正速度 δU 都可以分解为速度梯度驱动项与压力梯度驱动项。因此，对于 AUSM+格式：

$$\delta p_0 = \delta p_{0,p} + \delta p_{0,u} \tag{3.103}$$

$$\delta U_1 = \delta U_{1,p} + \delta U_{1,u} \tag{3.104}$$

$$\delta U_2 = \delta U_{2,p} + \delta U_{2,u} \tag{3.105}$$

具体的表达式为

$$\delta p_{0,u} = \frac{15}{8} p (\tilde{M}^4 - 2\tilde{M}^2 + 1) \Delta \tilde{M} \tag{3.106}$$

$$\delta p_{0,p} = \frac{1}{8} \tilde{M} (3\tilde{M}^4 - 10\tilde{M}^2 + 15) \Delta p \tag{3.107}$$

$$\delta U_{1,u} = (\sigma - |\sigma|) - U_R \tag{3.108}$$

$$\delta U_{1,p} = 0 \tag{3.109}$$

$$\delta U_{2,u} = (\sigma + |\sigma|) - U_L \tag{3.110}$$

$$\delta U_{2,p} = 0 \tag{3.111}$$

其中，

$$\sigma = \begin{cases} \frac{1}{2}(U_R + U_L) - \frac{1}{2}\Delta |U|, & |U| \geqslant c \\ \frac{1}{2}(U_R + U_L) - \frac{1}{2}\tilde{M}^3 \Delta U, & \text{其他} \end{cases} \tag{3.112}$$

可以看到，AUSM 格式对界面修正压力 δp 与界面修正速度 δU 做了更细致的考虑。对于 δp，能量方程的修正被独立出去；而对于 δU，主导方程的修正则被细分为界面左、中、右三部分考虑。

3.6 重构方法

如 3.3 节所述，为了获得二阶及以上精度的激波捕获格式，需要高阶重构网格面左右两侧的流体参数 $\boldsymbol{Q}_L$ 与 $\boldsymbol{Q}_R$。然而，虽然使用一阶重构的一阶激波捕获格式可以方便地计算激波，更高阶的重构则存在重大困难。为了解决这一问题，学术界经过大量研究，发展了一系列方法，下面将介绍主流的 TVD(total variation diminishing)重构及 ENO 与 WENO 类重构。其中，TVD 重构将基于 MUSCL(monotone upstream-centered schemes for conservation laws)重构介绍。

3.6.1 MUSCL 重构

MUSCL 重构[21]是获得高阶精度的常用方法，事实是将 2.2.2 节中的几个经典迎风格式组合为一般的线性插值公式，即

$$\phi_{j+\frac{1}{2},L} = \phi_j + \frac{1}{4}\left[(1-\omega)\Delta\phi_{j-\frac{1}{2}} + (1+\omega)\Delta\phi_{j+\frac{1}{2}}\right] \tag{3.113}$$

$$\phi_{j+\frac{1}{2},R} = \phi_{j+1} - \frac{1}{4}\left[(1-\omega)\Delta\phi_{j+\frac{3}{2}} + (1+\omega)\Delta\phi_{j+\frac{1}{2}}\right] \tag{3.114}$$

其中，$\Delta\phi_{j+\frac{1}{2}} = \phi_{j+1} - \phi_j$，$\omega$ 为插值系数。当 $\omega = -1$ 时，格式为二阶迎风格式；当

$\omega=0$ 时，格式为 Fromm 格式；当 $\omega=1$ 时，格式为三点中心差分格式；当 $\omega=\frac{1}{3}$ 时，格式为三阶迎风格式，具有三阶插值精度，是常用的选择[22]。

MUSCL 重构事实上与不可压缩流动计算的迎风格式相同，可以用于低速流动计算。然而，直接使用迎风高阶重构无法稳定计算激波，还需要更强的限制，如 TVD 条件。

3.6.2　TVD 与 MUSCL-TVD 重构

Harten 提出了总变差减小(total variation diminishing，TVD)的概念[23]：对于单个双曲型方程，总变差(total variation，TV)不增加可以保证间断计算的稳定。总变差反映了振荡的剧烈程度，其定义如下：

$$\mathrm{TV}=\sum_{j}|u_{j+1}-u_{j}| \tag{3.115}$$

TVD 的概念虽然只对单个双曲型方程有严格证明，但三维 N-S 方程的计算实践表明，满足 TVD 条件的重构方法，可以压制振荡，稳定激波计算。

重构满足 TVD 的充分条件是在极值点格式退化为一阶精度，即满足式(3.11)。由此可知，一阶精度激波捕获格式天然满足 TVD 条件，这是其能够直接激波的原因。而当前实用的高阶 TVD 重构，则是通过限制器[25]满足 TVD 的充分条件而获得的。

以 MUSCL 重构为例，为了获得单调保持 TVD 的性质，通过限制器对式(3.113)和式(3.114)进行某种限制。带限制器的 MUSCL 插值公式可以写为

$$\phi_{j+\frac{1}{2},\mathrm{L}}=\phi_{j}+\frac{1}{4}\left[(1-\omega)\bar{\bar{\Delta}}\phi_{j-\frac{1}{2}}+(1+\omega)\bar{\Delta}\phi_{j+\frac{1}{2}}\right] \tag{3.116}$$

$$\phi_{j+\frac{1}{2},\mathrm{R}}=\phi_{j+1}-\frac{1}{4}\left[(1-\omega)\bar{\Delta}\phi_{j+\frac{3}{2}}+(1+\omega)\bar{\bar{\Delta}}\phi_{j+\frac{1}{2}}\right] \tag{3.117}$$

其中，$\bar{\delta}u_{j+\frac{1}{2}}=\varphi(\delta u_{j+\frac{1}{2}},\bar{\bar{\omega}}\delta u_{j-\frac{1}{2}})$，$\bar{\bar{\delta}}u_{j+\frac{1}{2}}=\varphi(\delta u_{j+\frac{1}{2}},\bar{\bar{\omega}}\delta u_{j+\frac{3}{2}})$，$\varphi$ 为限制器，将在 3.6.3 节中讨论。对 $\bar{\bar{\omega}}$ 的要求为

$$1\leqslant\bar{\bar{\omega}}\leqslant\frac{3-\omega}{1-\omega} \tag{3.118}$$

$\bar{\bar{\omega}}$ 越大，格式的耗散越小。当 $\omega=\frac{1}{3}$ 时，$\bar{\bar{\omega}}$ 最大可以取到 4。

式(3.116)和式(3.117)即 MUSCL-TVD 重构。对于系统方程，MUSCL 重构可以针对不同的变量插值，即 ϕ 的选择可以是基本变量、守恒变量或特征变量等[24]。

3.6.3　限制器

式(3.116)和式(3.117)中的限制器 $\varphi(a,b)$ 在本质上是在比较当前梯度 a 与

相邻梯度 b 的大小并取值。限制器一方面要保证格式在极值点退化为一阶精度，即 $\varphi=0$；另一方面又要在非极值点保持至少二阶精度。大量文献提出了各种形式的限制器，或进行了其性质、功能的比较研究，可以参考 Toro 的专著[26]。本节将介绍限制器研究的主要成果。

通过定义正负号变量 S 与梯度比值 r：

$$S=\operatorname{sign}(a) \tag{3.119}$$

$$r=\frac{b}{a}=\frac{u_j-u_{j-1}}{u_{j+1}-u_j} \tag{3.120}$$

给出几种常见的限制器。

(1) MinMod(最小模值)限制器

$$\begin{aligned}\varphi(a,b)&=S\cdot\max[0,\min(|a|,S\cdot b)]\\&=\begin{cases}0, & ab<0\\ S\cdot\min(|a|,|b|), & ab>0\end{cases}\end{aligned} \tag{3.121}$$

当采用变量 r 时，MinMod 限制器又可以写为

$$\varphi(r)=\begin{cases}0, & r<0\\ r, & 0\leqslant r\leqslant 1\\ 1, & r>1\end{cases} \tag{3.122}$$

(2) van Albada 限制器

$$\varphi(a,b)=\begin{cases}0, & ab\leqslant 0\\ \dfrac{ab^2+a^2b}{a^2+b^2}, & ab>0\end{cases} \tag{3.123}$$

或

$$\varphi(r)=\begin{cases}0, & r\leqslant 0\\ \dfrac{r+r^2}{1+r^2}, & r>0\end{cases} \tag{3.124}$$

(3) van Leer 限制器

$$\varphi(a,b)=\frac{ab+|ab|}{a+b}=\begin{cases}0, & ab\leqslant 0\\ \dfrac{2S\cdot|ab|}{a+b}, & ab>0\end{cases} \tag{3.125}$$

或

$$\varphi(r)=\frac{|r|+r}{|r|+1}=\begin{cases}0, & r\leqslant 0\\ \dfrac{2r}{1+r}, & r>0\end{cases} \tag{3.126}$$

(4) SuperBee(巨峰)限制器

$$\varphi(a,b)=S\cdot\max[0,\min(2|a|,S\cdot b),\min(|a|,2S\cdot b)] \tag{3.127}$$

或

$$\varphi(r)=\begin{cases}0, & r \leqslant 0 \\ 2r, & 0 \leqslant r \leqslant 0.5 \\ 1, & 0.5 \leqslant r \leqslant 1 \\ r, & 1 \leqslant r \leqslant 2 \\ 2, & r \geqslant 2\end{cases} \tag{3.128}$$

当两个相邻梯度 a 与 b 异号时，当前点为极值点，上述限制器的共同点是不进行修正，取值为 0，重构精度退化为一阶，从而保证了 TVD 的性质。而对于 a 与 b 同号的非极值点，MinMod 限制器取绝对值小的梯度，使格式产生的耗散最大，计算稳定性最好但精度最低。其他限制器耗散依次降低。耗散越低，对激波的分辨率越高，但计算的稳定性也会下降，计算结果中可能出现一些异常现象，如 SuperBee 限制器可能将正弦波算成方波。

van Albada 限制器与 van Leer 限制器均为光滑限制器。对于定常流动，使用光滑限制器容易使计算收敛到较低的残差。

图 3.10 给出了基于变量 r 的限制器性质示意图。已有研究表明，MinMod 限制器为精度的下限，再低则无法保持格式二阶精度；而 SuperBee 限制器则为精度的上限，再高则计算无法稳定。因此，可用的限制器应位于图中阴影区域。

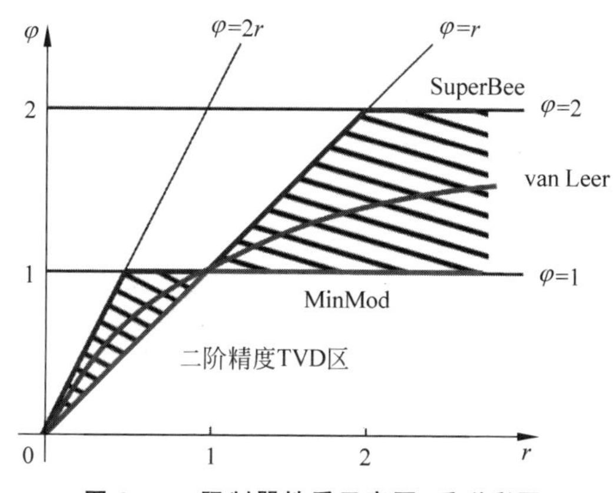

图 3.10　限制器性质示意图(后附彩图)

3.6.4　ENO 与 WENO 重构

TVD 格式的主要缺点是约束过多，无论重构本身精度多高，在极值点而不仅仅是激波处都会退化为一阶，这对于光滑流场也存在众多极值点的复杂流动(如分离流或高级湍流模拟如大涡模拟(large eddy simulation，LES))极为不利。为了改进这一缺陷，提出了 ENO 重构方法[27-29]。该类重构方法以可容忍的轻微振荡为代价，保证流场具有一致的计算精度。本节将简要介绍这一类重构思想。

当采用 MUSCL(式(3.113)和式(3.114))重构 $j-\dfrac{1}{2}$时，可以看到使用了基架

点组$(j-2,j-1,j,j+1)$4个点，最高可以获得三阶插值精度。这样的基架点组又称为模板。从图3.11可以看到，4点模板还可以有另外2种选择，即$(j-3,j-2,j-1,j)$与$(j-1,j,j+1,j+2)$。针对每一个模版，都可以构造插值方案。

ENO重构的思想，就是针对可能的模板，分别构造相同精度重构方案，并从中选择最优也就是最光滑的模板，而舍弃其余两个。基于如图3.11所示的3个模板，最高可以获得三阶精度的ENO重构。

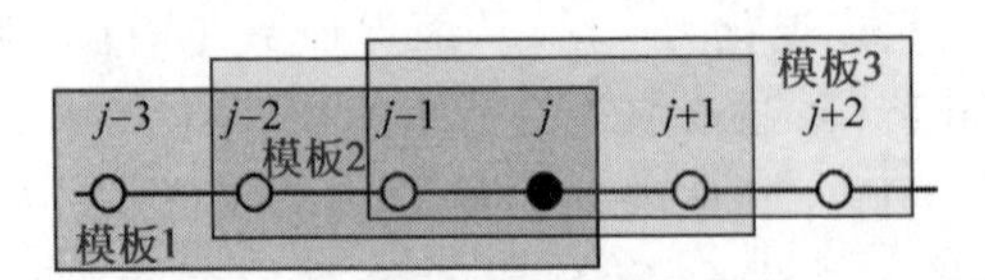

图3.11 ENO类重构模板方案(后附彩图)

ENO重构只选择一个而舍弃多数已经计算好的模板方案，过于浪费，因此又发展了加权ENO重构，也就是WENO重构[30-33]。WENO重构保留所有模板方案，通过加权平均获得最终的方案，从而在计算量基本相同的条件下大幅提高了精度。例如，基于图3.11的3个模板，可以获得五阶精度的WENO重构方案。

WENO重构的具体方法众多，以下给出Jiang和Shu提出的经典五阶WENO格式[31]作为参考：

$$\phi_{j+\frac{1}{2},\mathrm{L}}^{\mathrm{WENO}}=\omega_1\phi_{j+\frac{1}{2}}^{(1)}+\omega_2\phi_{j+\frac{1}{2}}^{(2)}+\omega_3\phi_{j+\frac{1}{2}}^{(3)} \tag{3.129}$$

模板的重构方案为

$$\phi_{j+\frac{1}{2}}^{(1)}=\frac{1}{3}\phi_{j-2}-\frac{7}{6}\phi_{j-1}+\frac{11}{6}\phi_j \tag{3.130}$$

$$\phi_{j+\frac{1}{2}}^{(2)}=-\frac{1}{6}\phi_{j-1}+\frac{5}{6}\phi_j+\frac{1}{3}\phi_{j+1} \tag{3.131}$$

$$\phi_{j+\frac{1}{2}}^{(3)}=\frac{1}{3}\phi_j+\frac{5}{6}\phi_{j+1}-\frac{1}{6}\phi_{j+2} \tag{3.132}$$

可以看到，$\phi_{j+\frac{1}{2}}^{(2)}$与$\phi_{j+\frac{1}{2}}^{(3)}$就是MUSCL重构式(3.113)～式(3.114)在$\omega=\frac{1}{3}$时的三阶插值方案。而关键是加权因子$\omega_k(k=1,2,3)$的构造：

$$\omega_k=\frac{\alpha_k}{\alpha_1+\alpha_2+\alpha_3} \tag{3.133}$$

$$\alpha_k=\frac{C_k}{(\varepsilon+IS_k)^p} \tag{3.134}$$

$$IS_1=\frac{1}{4}(\phi_{j+2}-4\phi_{j+1}+3\phi_j)^2+\frac{13}{12}(\phi_{j+2}-2\phi_{j+1}+\phi_j)^2 \tag{3.135}$$

$$IS_2=\frac{1}{4}(\phi_{j+1}-\phi_{j-1})^2+\frac{13}{12}(\phi_{j+1}-2\phi_j+\phi_{j-1})^2 \tag{3.136}$$

$$IS_3=\frac{1}{4}(3\phi_j-4\phi_{j-1}+\phi_{j-2})^2+\frac{13}{12}(\phi_j-2\phi_{j-1}+\phi_{j-2})^2 \tag{3.137}$$

$$p=2,\quad \varepsilon=10^{-6},\quad C_1=\frac{1}{10},\quad C_2=\frac{6}{10},\quad C_3=\frac{3}{10} \tag{3.138}$$

3.7 激波捕获格式的缺陷

激波捕获格式得到了广泛应用，并获得了巨大的成功。但是，激波捕获格式也存在一些明显的缺陷，尤其体现在低马赫数近不可压缩流动[34-35]与高超声速流动[36]的模拟中。

3.7.1 低马赫数近不可压缩流动非物理解问题

当流动马赫数低于 0.3 时，密度变化不大，可视为近不可压缩流动。激波捕获格式很早就被注意到对于低马赫数流动模拟存在数值耗散过大的问题，严重影响求解的准确性，甚至产生非物理解。

一个典型的案例是极低马赫数(如 0.001)下的圆柱无黏性绕流。当使用第 2 章所述不可压迎风格式数值方法时，所得到的解如图 3.12(a)所示，其与理论值基本一致；而使用本章所述激波捕获格式(如 Roe 格式)所得到的解如图 3.12(b)所示，其基本与蠕动流的理论解一致。也就是说，对于此时的极低马赫数流动，激波捕获格式的数值黏性已经完全“淹没”了对流项，扭曲了物理解。

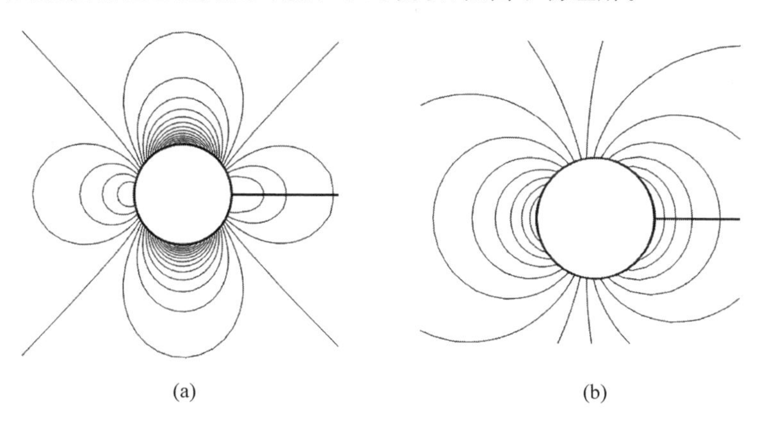

(a)　　(b)

图 3.12　圆柱无黏绕流使用不同格式的数值解

(a) 迎风格式；(b) 激波捕获 Roe 格式

Guillard 于 1999 年[35]在理论上证明了 Roe 格式在计算低马赫数流动时会产生非物理解。他通过渐进展开分析法(asymptotic analysis)，以零马赫数为原点对欧拉方程进行泰勒展开，证明了对于低马赫数真实流动，压力空间变化为马赫数的二阶量如下式所示：

$$p(x,t)=P_0(t)+M_*^2 p_2(x,t) \tag{3.139}$$

而采用 Roe 格式所获得的离散流场，压力空间变化为马赫数的一阶量：

$$p(x,t)=P_0(t)+M_* p_1(x,t) \tag{3.140}$$

因此，使用激波捕获格式所获得的流场，在本质上不同于真实流场。使用高阶重构，尽管可以减少数值黏性，使其耗散在数值上更接近真实流动，但也难以改变这一本质的不同。

3.7.2 高超声速激波计算不稳定问题

Quirk 于 1994 年[36]指出，激波捕获方法在模拟激波方面也存在普遍局限性，如红斑、马赫杆、膨胀激波、奇耦失联等典型现象，可统称为激波计算不稳定问题，不同激波捕获格式具体表现不完全一样。此外，产生非物理的膨胀激波也是另一类激波计算问题。第 6 章将进一步讨论这些问题，第 7 章将指出这些问题与低马赫数非物理解问题存在密切的内部联系。

第4章

经典可压缩与不可压缩流动的统一计算方法与预处理格式

可压缩流动计算方法以激波捕获格式与时间推进法为代表。然而，可压缩流动计算方法并不能直接应用于低马赫数近不可压缩流动计算。一方面，时间推进法的收敛速度随马赫数降低而急剧降低，计算时间过长；另一方面，也是更重要的即如第3章所述，激波捕获格式的耗散过大而产生了非物理解。这一问题的本质是低速流动流速与声速的差别过大，导致系统方程的刚性过大。而激波捕获格式的数值黏性是根据系统特征值建立的，包括声速项。这使得即使流动速度趋于0，声速仍将造成较大的数值耗散，与物理实际不符。

对于低马赫数问题，事实上可以采用第2章所述的方法求解，包括以SIMPLE系列方法为代表的压力校正方法，以及投影法、拟压缩性法等。然而，我们总是希望用一套程序解决所有问题。而且，实际流动中存在可压缩、不可压缩流动混合问题，包括主流在存在激波的同时需要精确计算边界层的问题。这些都要求能够有一种适用于所有流速的计算方法。

尽量应用更高阶的激波捕获格式，如五阶及以上阶数WENO格式，可以相对准确地模拟更低速的流动，从而部分地解决格式数值耗散过大的问题。然而，更巧妙的方法应该是从本质上解决问题。Weiss于1995年提出了预处理方法[20]，在很大程度上实现了这一目标。

4.1 预处理方法与方程

预处理技术就是在N-S方程组的时间项上乘以预处理矩阵，从而改变系统特征值，进而改变格式的数值耗散。此时，原方程式(1.49)变为预处理系统方程：

$$\boldsymbol{\Gamma}^{-1}\frac{\partial\bar{\boldsymbol{Q}}}{\partial t}+\frac{\partial\bar{\boldsymbol{F}}}{\partial\xi}+\frac{\partial\bar{\boldsymbol{G}}}{\partial\eta}+\frac{\partial\bar{\boldsymbol{H}}}{\partial\zeta}=\frac{\partial\bar{\boldsymbol{F}}^{v}}{\partial\xi}+\frac{\partial\bar{\boldsymbol{G}}^{v}}{\partial\eta}+\frac{\partial\bar{\boldsymbol{H}}^{v}}{\partial\zeta}+\bar{\boldsymbol{S}} \tag{4.1}$$

其中,$\boldsymbol{\Gamma}$ 为守恒形式下的预处理矩阵。

文献中提出了多种预处理矩阵的形式,但大多数在本质上是一致的[37]。这里取最常用的一种形式,在以压力、熵定义的基本变量 $\boldsymbol{W}=[p\quad u\quad v\quad w\quad S]^{\mathrm{T}}$ 下,该预处理矩阵为对角阵:

$$\boldsymbol{\Gamma}_0=\mathrm{diag}(\theta\quad 1\quad 1\quad 1\quad 1) \tag{4.2}$$

其中,关键的参数预处理因子 θ 有多种取值方式,这里先取理想状态下的一种定义方式:

$$\theta=\min(M^2,1) \tag{4.3}$$

其中,M 为当地马赫数。可以注意到,当马赫数大于1时,$\theta=1$,预处理实际上被取消了,也就是说,对于超声速流动,预处理方法不起任何作用。

预处理矩阵 $\boldsymbol{\Gamma}_0$ 是以基本变量定义的。考虑到程序应兼顾可压缩流动与不可压缩流动计算,可以使用守恒形式,这对于可压缩流动也是正确计算激波所必须的,也更有利于全局变量,如流量的守恒。而计算不可压缩流动虽然常用基本变量,但预处理后使用守恒变量也不会引起问题。使用守恒变量求解方程,预处理阵 $\boldsymbol{\Gamma}_0$ 也需变换到守恒变量下的形式[38],即式(4.1)中的 $\boldsymbol{\Gamma}$:

$$\boldsymbol{\Gamma}=\frac{\partial\bar{\boldsymbol{Q}}}{\partial\boldsymbol{W}}\boldsymbol{\Gamma}_0\frac{\partial\boldsymbol{W}}{\partial\bar{\boldsymbol{Q}}}=\begin{bmatrix}1+\frac{1}{2}\alpha_0 & -\frac{\bar{\gamma}\bar{\theta}}{c^2}u & -\frac{\bar{\gamma}\bar{\theta}}{c^2}v & -\frac{\bar{\gamma}\bar{\theta}}{c^2}w & \frac{\bar{\gamma}\bar{\theta}}{c^2}\\ \frac{1}{2}\alpha_0 u & 1-\frac{\bar{\gamma}\bar{\theta}}{c^2}u^2 & -\frac{\bar{\gamma}\bar{\theta}}{c^2}vu & -\frac{\bar{\gamma}\bar{\theta}}{c^2}wu & \frac{\bar{\gamma}\bar{\theta}}{c^2}u\\ \frac{1}{2}\alpha_0 v & -\frac{\bar{\gamma}\bar{\theta}}{c^2}uv & 1-\frac{\bar{\gamma}\bar{\theta}}{c^2}v^2 & -\frac{\bar{\gamma}\bar{\theta}}{c^2}wv & \frac{\bar{\gamma}\bar{\theta}}{c^2}v\\ \frac{1}{2}\alpha_0 w & -\frac{\bar{\gamma}\bar{\theta}}{c^2}uw & -\frac{\bar{\gamma}\bar{\theta}}{c^2}vw & 1-\frac{\bar{\gamma}\bar{\theta}}{c^2}w^2 & \frac{\bar{\gamma}\bar{\theta}}{c^2}w\\ \frac{1}{2}V_{\mathrm{M}}^2\alpha_1 & -u\alpha_1 & -v\alpha_1 & -w\alpha_1 & \alpha_1+1\end{bmatrix} \tag{4.4}$$

其中,$\alpha_0=\frac{1}{2}\frac{\bar{\gamma}\bar{\theta}}{c^2}V_{\mathrm{M}}^2$,$\alpha_1=\alpha_0+\bar{\theta}$,$\bar{\theta}=\theta-1$。

考虑了预处理,系统方程式(4.1)的雅可比矩阵为

$$\hat{\mathbf{A}}_i=\boldsymbol{\Gamma}\frac{\mathrm{d}\bar{\boldsymbol{F}}_i}{\mathrm{d}\bar{\boldsymbol{Q}}}=\boldsymbol{\Gamma}\mathbf{A}_i \tag{4.5}$$

其特征值为

$$\begin{cases}(\hat{\lambda}_{1,2,3})_i=U_i\\ \hat{\lambda}_{4i}=\hat{U}_i-\hat{c}_i\\ \hat{\lambda}_{5i}=\hat{U}_i+\hat{c}_i\end{cases} \tag{4.6}$$

其中，伪流速 $\hat{U}$ 和伪声速 $\hat{c}$ 分别定义为

$$\hat{U}_i = \frac{1}{2}(1+\theta)U_i \tag{4.7}$$

$$\hat{c} = \frac{1}{2}\sqrt{4c^2\theta + (1-\theta)^2 U_i^2} \tag{4.8}$$

预处理系统特征式(4.6)与原系统式(3.21)相比的主要差异是非线性特征值不同。可以看出，当马赫数趋于0时，最大、最小特征值之比的绝对值约为2.6。而在此条件下，原主导方程特征值式(3.21)的最大、最小绝对值之比趋于无穷。这就意味着预处理方程在任何情况下的谱半径都有限，系统刚性很小，从而有一个好的收敛速度。与此同时，特征值中的声速随马赫数降低而降低。当马赫数为0时，所有特征值都为0。这意味着，格式将有一个合适的低耗散，在低流速条件下大致与局部流速成正比。

通过推导，给出预处理系统相应的右特征矩阵：

$$\hat{\boldsymbol{R}}_i = \begin{bmatrix} n_{ix} & n_{iy} & n_{iz} & 1 & 1 \\ n_{ix}u & n_{iy}u - n_{iz} & n_{iz}u + n_{iy} & u' - n_{ix}c' & u' + n_{ix}c' \\ n_{ix}v + n_{iz} & n_{iy}v & n_{iz}v - n_{ix} & v' - n_{iy}c' & v' + n_{iy}c' \\ n_{ix}w - n_{iy} & n_{iy}w + n_{ix} & n_{iz}w & w' - n_{iz}c' & w' + n_{iz}c' \\ n_{iz}v - n_{iy}w + \frac{V_M^2}{2}n_{ix} & n_{ix}w - n_{iz}u + \frac{V_M^2}{2}n_{iy} & n_{iy}u - n_{ix}v + \frac{V_M^2}{2}n_{iz} & H' - c'U_{ig} & H' + c'U_{ig} \end{bmatrix} \tag{4.9}$$

其中，$u' = u - n_{ix}U_i'$、$v' = v - n_{iy}U_i'$、$w' = w - n_{iz}U_i'$、$c' = \frac{\hat{c}}{\theta}$、$H' = H - U_iU_i'$，而 $U_i' = \frac{1}{2}U_i\ \frac{\bar{\theta}}{\theta}$。

预处理方法的半离散方程为

$$\frac{\partial \bar{\boldsymbol{Q}}}{\partial t} = \boldsymbol{\Gamma}_{i,j,k}\mathfrak{R}_{i,j,k} \tag{4.10}$$

$\mathfrak{R}_{i,j,k}$ 的定义与普通半离散公式(3.2)一致。

预处理改变的是系统方程，而不是黎曼问题的提法。因此，用预处理技术修正激波捕获格式，实际上是将格式推广应用到预处理系统方程。由于不同的格式构建方法不同，考虑预处理修正的方式也不一样[20,39-43]。

4.2　预处理 Roe 格式

预处理 Roe 格式[20]是最早提出的著名的预处理激波捕获格式，其思路为在继承 Roe 格式雅可比矩阵分段线性化的基础上，将预处理矩阵也分段线性化。因此，

主导方程式(4.1)中的时间项与无黏性项可变形为

$$\frac{\partial \bar{\boldsymbol{Q}}}{\partial t}+\boldsymbol{\Gamma}\left(\frac{\partial \bar{\boldsymbol{F}}}{\partial \xi}+\frac{\partial \bar{\boldsymbol{G}}}{\partial \eta}+\frac{\partial \bar{\boldsymbol{H}}}{\partial \zeta}\right)=0 \tag{4.11}$$

按照与推导 Roe 格式同样的方式,可得:

$$\boldsymbol{F}'_{i+\frac{1}{2}}=\frac{1}{2}\left[(\boldsymbol{\Gamma F})_{\mathrm{L}}+(\boldsymbol{\Gamma F})_{\mathrm{R}}\right]-\frac{1}{2}\left|\boldsymbol{\Gamma A}\right|_{i+\frac{1}{2}}\Delta_{i+\frac{1}{2}}\bar{\boldsymbol{Q}} \tag{4.12}$$

再将式(4.11)左乘$\boldsymbol{\Gamma}^{-1}$,恢复为式(4.1)的形式,则网格面上的无黏通量也变化为

$$\widetilde{\boldsymbol{F}}_{d,i+\frac{1}{2}}=\frac{1}{2}(\boldsymbol{F}_{\mathrm{L}}+\boldsymbol{F}_{\mathrm{R}})-\frac{1}{2}\boldsymbol{\Gamma}^{-1}_{i+\frac{1}{2}}\left|\hat{\boldsymbol{A}}_{i+\frac{1}{2}}\right|\Delta_{i+\frac{1}{2}}\bar{\boldsymbol{Q}} \tag{4.13}$$

这就是预处理 Roe 格式。与 Roe 格式相比,其基本结构没有变化,与式(3.26)一致。其中,二阶中心差分 $\widetilde{\boldsymbol{F}}_c$ 的计算方式也不变,变化的是数值黏性项 $\widetilde{\boldsymbol{F}}_d$ 的计算方式:

$$\widetilde{\boldsymbol{F}}^{\text{P-Roe}}_{d,i+\frac{1}{2}}=-\frac{1}{2}\boldsymbol{\Gamma}^{-1}_{i+\frac{1}{2}}\hat{\boldsymbol{R}}_{i+\frac{1}{2}}\left|\hat{\boldsymbol{\Lambda}}_{i+\frac{1}{2}}\right|\hat{\boldsymbol{R}}^{-1}_{i+\frac{1}{2}}\Delta_{i+\frac{1}{2}}\bar{\boldsymbol{Q}} \tag{4.14}$$

其中,$\hat{\boldsymbol{\Lambda}}$ 为由式(4.6)所定义的特征值组成的对角特征值矩阵。

预处理方法并不影响重构,也就是说,可以直接应用 MUSCL 重构联合预处理 Roe 格式,得到预处理的 MUSCL 格式。

文献[35]通过渐进分析法,证明了使用预处理 Roe 格式获得的离散解,可以恢复真实低马赫数流动压力变化性质(式(3.139)),从理论上说明了预处理 Roe 格式具有合理的数值耗散,以及预处理方法的合理性。

在理想条件下,预处理是一种完美的方法,其能够使格式应用于任何流速的流动。然而,预处理方法无法在理想条件下工作。这是因为,预处理计算稳定性欠佳,为了使计算收敛,不得不对关键的预处理因子 θ(式(4.3))做截断处理,而不是取理想中的本地值,从而影响了计算的精度。此时,θ 的定义变化为

$$\theta=\min\left[\max(\theta_{\min},M^2),1\right] \tag{4.15}$$

为了保证适当的计算稳定性,参考 Turkel 提出的建议[37],$\theta_{\min}$ 通常取与全局变量相关的函数:

$$\theta_{\min}=KM^2_{\mathrm{ref}} \tag{4.16}$$

其中,M_{ref} 为参考马赫数,对于外流可取远场来流马赫数,对于内流可取流场内的平均或最大马赫数。式中的系数 K 非常依赖于具体问题,对于容易计算的问题,K 取 0.2 左右;在一般情况下,K 取 1 左右;而对于较难的问题,K 常见的取值范围为 3～5 且对黏性流动非常敏感。

无疑,用 $\theta_{\min}$ 对 θ 进行全局截断对计算精度有不利的影响。对于全高速流动或全低速流动及工程计算精度而言,采用式(4.16)已经足够。但是,当计算流场内的速度差异较大且计算要求较高时(如高低速混合的流动),式(4.16)只能照顾到

高速流动的计算精度，而对低速部分，无论是精度还是收敛速度，都无法保证。特别是当主流流场存在超声速流动时，$\theta_{\min}$ 将大于 1，此时流场中的低速部分将无法获得任何预处理修正。

同时，这一点对大涡模拟是特别不利的。因为大涡模拟的关键就是能否准确模拟边界层，包括分离与转捩。而边界层与分离区，其流速与主流通常有数量级上的差别。这就意味着，如式(4.16)的全局截断定义的预处理方法是不适用于大涡模拟的。

下面将以高负荷低压涡轮叶栅 T106 流动为例，讨论预处理 Roe 格式的作用[42]。考虑到低马赫数流动进出口处的压差较低，计算机截断误差的影响已不可忽略[44]，采用双精度计算，网格数流向为 98，周向为 40。

图 4.1(a)表示的工况是进口总压为 14 300 Pa，总温为 293 K，出口静压为 14 000 Pa，相应的进口马赫数 M_{in} 约为 0.1。计算格式采用未用预处理修正的 Roe 格式。可以看到，等压线在基本形状上符合经验，但不光滑。改变进口总压，计算更低马赫数流动的情况。图 4.1(b)工况的进口总压为 14 006 Pa，相应的进口马赫数约为 0.01。图 4.1(c)工况的进口总压为 14 000.1 Pa，相应的进口马赫数约为 0.001。能够看出，随进口马赫数的降低，计算结果也逐渐恶化。当 $M_{\text{in}}=0.01$ 时，等压线已经非常不光滑，只在大概形状上与图 4.1(a)有一些相似之处。当 $M_{\text{in}}=0.001$ 时，整个流场变得杂乱无章，已经失去计算的意义。

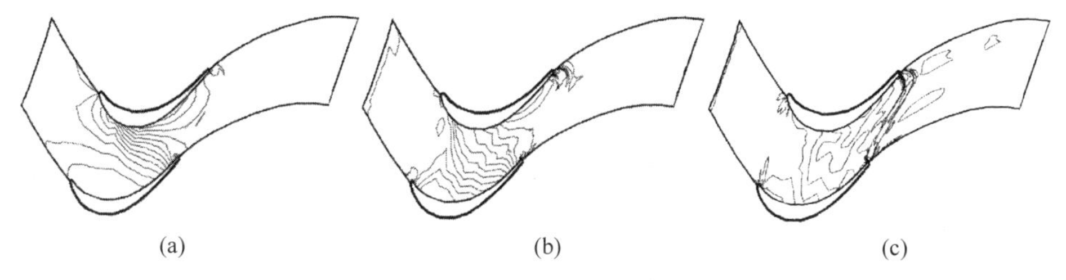

(a)　　(b)　　(c)

图 4.1　无预处理时流场等压线

(a) 进口马赫数为 0.1；(b) 进口马赫数为 0.01；(c) 进口马赫数为 0.001

图 4.2 的计算参数与图 4.1 一致，但计算格式是预处理 Roe 格式。可以看出，图中的等压线分布光滑正常，即使在 $M_{\text{in}}=0.001$ 这样的极低速流动条件下，计算结果也比图 4.1(a)好。同时可以注意到，图 4.2(b)与(c)工况的压力分布非常相似，而且与图 4.2(a)基本一致。这与文献[35]观察到的绕机翼外流的现象是一致的。

而表 4.1 表明，对于欧拉流而言，预处理 Roe 格式的计算稳定性并未随 K 的降低而有明显下降。然而，对于黏性流，当 K 降低时，其计算稳定性迅速降低；当 $K=0.01$ 时，计算精度并未有明显改善，而能够稳定计算的 CFL 已经降低到一个不可接受的水平。因此，对于黏性流动，使 K 取值在 1 左右对计算稳定性非常重要。

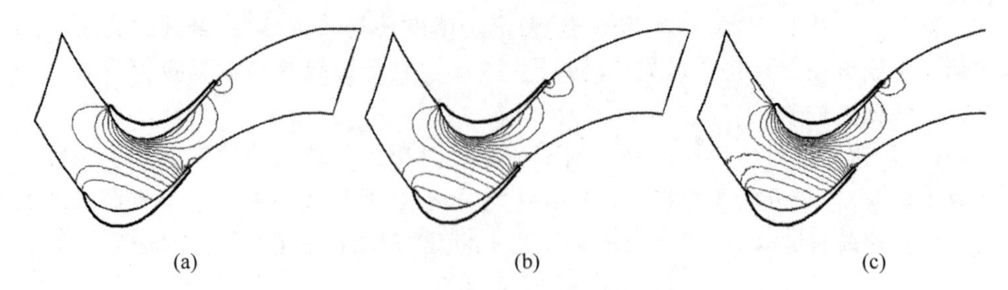

(a) (b) (c)

图 4.2 有预处理时流场等压线

(a) 进口马赫数为 0.1；(b) 进口马赫数为 0.01；(c) 进口马赫数为 0.001

表 4.1 计算稳定性的比较

可稳定计算的最大 CFL	预处理 Roe 格式（$K=1$）	预处理 Roe 格式（$K=0.1$）	预处理 Roe 格式（$K=0.01$）
欧拉流	0.2	0.18	0.15
黏性流	0.17	0.01	0.0003

由于预处理格式在黏性流动时对 K 非常敏感，文献[37]认为，截断处理中还需引入本地黏性比拟速度：

$$\theta=\min\left[\max\left(\theta_{\min},\frac{\mu^2}{\rho^2c^2\Delta x^2},M^2\right),1\right] \tag{4.17}$$

4.3 预处理 HLL 格式

借鉴预处理 Roe 格式，HLL 格式发展了对应的预处理版本[45-46]。例如，与 HLL 格式式(3.36)、式(3.39)对应的预处理 HLL 格式(P-HLL)[45]如下：

$$\widetilde{\boldsymbol{F}}_{\frac{1}{2}}^{\text{P-HLL}}=\frac{S_R'\overline{\boldsymbol{F}}_L-S_L'\overline{\boldsymbol{F}}_R}{S_R'-S_L'}+\frac{S_R'S_L'}{S_R'-S_L'}\Delta\boldsymbol{Q} \tag{4.18}$$

其中，

$$S_L'=\min(U_L'-c_L',U_R'-c_R') \tag{4.19}$$

$$S_R'=\min(U_L'+c_L',U_R'+c_R') \tag{4.20}$$

$$U'=\frac{1}{2}(1+\theta)U \tag{4.21}$$

$$c'=\frac{1}{2}\sqrt{4c^2\theta+(1-\theta)^2U^2} \tag{4.22}$$

$$\theta=\frac{U_r^2}{c^2} \tag{4.23}$$

$$U_r=\min\left[\max\left(|U|,KU_{\text{ref}},\varepsilon\sqrt{\frac{|\Delta p|}{\rho}}\right),c\right] \tag{4.24}$$

与预处理 Roe 格式相比，预处理 HLL 格式的全局截断问题更为严重，不仅有全局速度 U_{ref} 的截断，还有压力梯度 $|\Delta p|$ 的截断，其系数 ε 对计算稳定性非常敏感，需要针对特定问题仔细调整[45,47]。

4.4　预处理 AUSM 格式

主要的 AUSM 格式也都发展了对应的预处理版本[18,48-50]。例如，与 AUSM$^+$-up 格式式(3.59)相对应的预处理版本[18]，重新定义了式(3.65)的 Π_p、式(3.66)的 p_u 与式(3.67)的 α，分别如下：

$$\Pi_p=-\frac{0.25}{f_\alpha}\max(1-\overline{M}^2,0)\frac{\Delta p}{\rho_{\frac{1}{2}}c_{\frac{1}{2}}^2} \tag{4.25}$$

$$p_u=-0.75f_{p\mathrm{L}}^{+}f_{p\mathrm{R}}^{-}(\rho_\mathrm{L}+\rho_\mathrm{R})f_\alpha c_{\frac{1}{2}}\Delta U \tag{4.26}$$

$$\alpha=\frac{3}{16}(-4+5f_\alpha^2) \tag{4.27}$$

其中，

$$f_\alpha=M_o(2-M_o) \tag{4.28}$$

$$M_o^2=\min(1,\max(\overline{M}^2,M_\infty^2)) \tag{4.29}$$

可以看到，以预处理 AUSM$^+$-up 格式为代表的预处理 AUSM 格式仍然受困于全局马赫数 M_∞ 的限制，如式(4.29)所示。

第 5 章 兼容低马赫数的激波捕获格式

3.7.1 节阐述了激波捕获格式在低马赫数近不可压缩流动时遇到的非物理解问题,第 4 章则讨论了解决这一问题的经典方法,即预处理方法。然而,预处理方法也存在计算不稳定问题与全局截断问题等严重缺陷,需要发展新的改进方法。本章将总结与阐述激波捕获格式兼容低马赫数流动时所遇到的主要问题,以及解决原则与具体方法,并给出案例。

5.1 传统方法的 3 个主要缺陷

传统激波捕获方法与相应的预处理方法的主要缺陷可以总结为 3 个:非物理解问题、全局截断问题与压力速度失耦问题。

(1) 非物理解问题

这是传统激波捕获格式在计算低马赫数流动时所遇到的普遍问题,具体体现为格式数值黏性过大导致计算结果远远偏离物理解,理论上的解释可参见渐进分析法。当流动不可压缩时,压力空间变化为马赫数的二阶量(式(3.139)),而数值计算结果则是马赫数的一阶量(式(3.140))。

对于数值黏性过大,还可以进一步证明[51-52],主要是动量方程的数值黏性过大,并且其值为合理值的$\frac{1}{M}$倍,也就是流动马赫数 M 越小,数值黏性越不合理,当 M 过小时,数值黏性项将淹没其他项。

预处理方法一般都可以解决非物理解问题,将数值解的性质恢复为式(3.139)。然而,预处理方法的普遍问题是计算稳定性不足,通常需要进行全局截断处理。

(2) 全局截断问题

为了解决计算稳定性问题,各种预处理方法都有类似式(4.15)和式(4.16)所示的全局截断处理方法。但是,全局截断处理有很强的副作用,会导致流场相对低速的部分不能得到充分的修正，此即全局截断问题。

尽管预处理方法将计算稳定性问题统一用全局截断来处理，但事实上，不可压缩计算的稳定性问题来源于两个独立方面：一是计算公式中存在不稳定的结构，可以用全局截断保证稳定；二是压力速度失耦，全局截断并不能有效处理。

(3) 压力速度失耦问题

如 2.6 节所述，压力速度失耦是不可压缩经典计算遇到的核心问题之一。当使用激波捕获格式计算不可压缩流动时，这一问题也同样存在，只是可能会被过大的数值黏性或不恰当的全局截断所掩盖。而全局截断所真正针对的不稳定结构问题与压力速度失耦问题虽然在现象上都带来计算的不稳定，但在作用机理上完全不一样。若想发展较完美的能够用于不可压缩流动的激波捕获格式，就需要将全局截断问题与压力速度失耦问题分开研究。

5.2 低速 Roe 格式与全速度 Roe 格式

预处理方法的全局截断问题来自其计算的不稳定性。因此，若要克服这一限制，首先要清楚预处理计算不稳定的原因。文献[53]认为不稳定性来自特征矩阵，而文献[54]和文献[55]对此做了深入分析，进一步认为计算的不稳定性来自格式中的$\frac{1}{\theta}$或$\frac{1}{\hat{c}}$这样的结构。

容易证明，$\frac{1}{\theta}$实际上就是本地流速或马赫数的倒数$\left(\frac{1}{M}\right)$结构，在计算中不稳定，尤其是在如边界层这样流速本身小但速度梯度大的地方，该结构容易将小扰动放大而导致计算发散。预处理方法全局截断的作用实际上就是限制该结构的变化率，如使其在边界层中为一常数，从而不能放大扰动。清楚了预处理计算不稳定的原因，可以提出另外一种思路：消除格式中的$\frac{1}{\theta}$结构即可消除计算的不稳定性。基于该思路发展了下述低速与全速度 Roe 格式方法。

5.2.1 低速 Roe 格式

利用低速流条件，文献[54]考虑到预处理产生低耗散的原理在于降低声速流动的影响，如果在低速准不可压缩流动中直接去除声速的影响，即略去经典 Roe 格式特征值中的声速，特征矩阵就可化为单位矩阵，被自然地约去了。此时的格式如下所示：

$$\widetilde{\boldsymbol{F}}_{d,i+\frac{1}{2}}^{\text{L-Roe}} = -\frac{1}{2}\left|u_{i+\frac{1}{2}}\right|\Delta_{i+\frac{1}{2}}\bar{\boldsymbol{Q}} \tag{5.1}$$

上式的推导过程并不严格，可依据这一思路，给出更严格的推导。

对于专门的不可压缩流动的算法，如第 2 章所讨论的方法，在求解过程中通常会有以下两个假设：

(1) 系统方程是标量方程的组合，而不是可压缩流动算法中认为的耦合系统；

(2) 压力项的离散方法不再与对流速度项一致，单独采用中心差分。

将 Roe 格式向以上两个假设所定义的系统推广，并考虑到：

$$p=\bar{\gamma}\left[\rho E-\frac{1}{2}\rho(u^2+v^2+w^2)\right] \tag{5.2}$$

则容易得到所需的低速 Roe 格式：

$$\widetilde{\boldsymbol{F}}_{d,i+\frac{1}{2}}=-\frac{1}{2}\left|u_{i+\frac{1}{2}}\right|\begin{bmatrix}\Delta_{i+\frac{1}{2}}\rho\\ \Delta_{i+\frac{1}{2}}\rho u\\ \Delta_{i+\frac{1}{2}}\rho v\\ \Delta_{i+\frac{1}{2}}\rho w\\ \gamma\Delta_{i+\frac{1}{2}}\rho E\end{bmatrix} \tag{5.3}$$

可以看到，式(5.1)与式(5.48)的区别仅在于能量方程上多乘了绝热指数 γ。从数值计算的角度来看，这两者的差别很小，可以忽略不计。

这一格式的特点是耗散与当地速度成正比，适用于边界层等流动的模拟，不会因为与主流流速差别大而损失精度。同时，格式中没有流速倒数结构，计算低速流动也就不存在相关的不稳定问题。

但是，低速 Roe 格式也有两个缺点。①由于推导过程中用到了低速流的假设，从耗散构成上看也缺少声速的影响，因此只适用于主流为低速流的混合相对高低速流问题，而不能应用于主流为高速流的情形。②这一格式丢失了预处理对低速流的加速能力。

缺点②的一个解决办法是将预处理方法与隐式方法结合起来，可参见 8.2.4 节。由于隐式方法关心的是时间上的收敛速度，对空间上的精度要求不高，因此采用全局截断处理是可以接受的。

缺点①将在 5.2.2 节予以讨论修正。

5.2.2 全速度 Roe 格式

预处理方法的基本思路之一，在于使格式耗散随马赫数变化而变化。基于此，可知激波捕获格式适用于高马赫数的流动，而时间推进的不可压缩格式(如低速 Roe 格式)适用于低马赫数的流动，将两者通过一个与马赫数相关的结合函数 $f(M)$ 联合起来，就有可能获得所需的在各种流速条件下精度一致的格式——全速度 Roe(all-speed Roe)格式[55]：

$$\widetilde{\boldsymbol{F}}^{\text{A-1-Roe}}_{d,i+\frac{1}{2}}=f(M)\widetilde{\boldsymbol{F}}^{\text{Roe}}_{d,i+\frac{1}{2}}+[1-f(M)]\widetilde{\boldsymbol{F}}^{\text{L-Roe}}_{d,i+\frac{1}{2}} \tag{5.4}$$

将式(5.4)进行变形与简化，容易获得全速度 Roe 格式的第 2 种形式：

$$\widetilde{\boldsymbol{F}}^{\text{A-2-Roe}}_{d,i+\frac{1}{2}}=-\frac{1}{2}\boldsymbol{R}_{i+\frac{1}{2}}\left|\boldsymbol{\Lambda}^{\text{A-2}}_{i+\frac{1}{2}}\right|\boldsymbol{R}^{-1}_{i+\frac{1}{2}}\Delta_{i+\frac{1}{2}}\bar{\boldsymbol{Q}} \tag{5.5}$$

这里的 $\boldsymbol{R}$ 与标准 Roe 格式一样，为系统雅可比矩阵$\dfrac{\partial \boldsymbol{F}}{\partial \boldsymbol{Q}}$的右特征矩阵。然而，对角阵$\boldsymbol{\Lambda}^{\text{A-2}}$ 的构成元素产生了变化：

$$\begin{cases}(\lambda^{\text{A-2}}_{1,2,3})_i=U_i\\ \lambda^{\text{A-2}}_{4i}=U_i-f(M)c\\ \lambda^{\text{A-2}}_{5i}=U_i+f(M)c\end{cases} \tag{5.6}$$

也就是说，可以直接在 Roe 格式耗散的声速项上乘以一个函数，从而控制声速在不同流动条件下的影响。这一改动简单而直接，加深了对格式内在耗散性质的认识，而且便于编程。

函数 $f(M)$的取法不唯一，但至少应满足以下 3 个条件：

(1) 当 $0<M<1$ 时，$0<f(M)<1$；

(2) 当 $M\to 0$ 时，$f(M)\to 0$；

(3) 当 $M\geqslant 1$，$f(M)=1$。

也就是说，当来流马赫数趋于 0 时，格式耗散也应趋于 0。当流动速度为超声速时，使用标准 Roe 格式是符合物理实际的。

考虑预处理特征值中流速与声速的关系，即假设式(4.6)中的伪声速与伪流速，与全速度 Roe 格式伪特征值式(5.6)中的伪声速与伪流速的比例一致，那么可以推荐 $f(M)$取如下形式：

$$f(M)=\frac{\hat{c}}{\hat{u}}\frac{u}{c}=\min\left(M\frac{\sqrt{4+(1-M^2)^2}}{1+M^2},1\right) \tag{5.7}$$

图 5.1 给出了函数 $f(M)$随马赫数的变化。可以看到，当 $M\geqslant 1$ 时，$f(M)=1$，此时全速度 Roe 格式与标准 Roe 格式一致。而当 M 在 1 附近时，$f(M)$相当平缓地

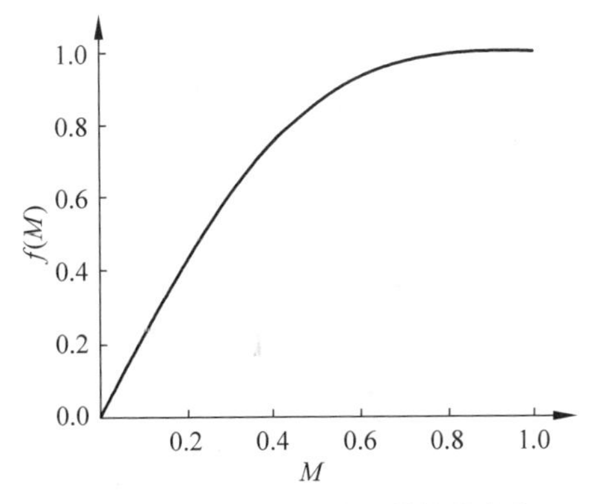

图 5.1　函数 $f(M)$随马赫数的变化

趋近于1，意味着在激波附近，全速度 Roe 格式与标准 Roe 格式有平缓的过渡，有利于保证激波计算的稳定性。而当 M 较小时，$f(M)$ 与 M 基本成线性关系，意味着格式耗散与流速基本成线性，满足低马赫数流动对耗散的要求。因此，式(5.7)所定义的函数 $f(M)$ 能够满足预期要求。

式(5.7)是根据预处理特征值式(4.6)导出的。如果直接使用式(4.6)，则可以得到全速度 Roe 格式的第 3 种形式：

$$\widetilde{\boldsymbol{F}}_{d,i+\frac{1}{2}}^{\text{A-3-Roe}} = -\frac{1}{2}\boldsymbol{R}_{i+\frac{1}{2}} \left| \boldsymbol{\Lambda}_{i+\frac{1}{2}}^{\text{A-3}} \right| \boldsymbol{R}_{i+\frac{1}{2}}^{-1} \Delta_{i+\frac{1}{2}} \bar{\boldsymbol{Q}} \tag{5.8}$$

这里右特征矩阵 $\boldsymbol{R}$ 与标准 Roe 格式一样，而对角阵 $\boldsymbol{\Lambda}^{\text{A-3}}$ 中的元素与预处理特征值式(4.6)一致，除了 θ 的定义：

$$\theta = \min[M^2, 1] \tag{5.9}$$

这里的 θ 由本地马赫数决定，而不需要由全局马赫数截断。与标准 Roe 格式相比，全速度 Roe 格式的第 3 种形式的区别在于与声速相关的特征值有变化。与预处理 Roe 格式相比，全速度 Roe 格式的第 3 种形式的特征值形式一致，但有一个重要区别在于右特征矩阵不同，此时的 $\boldsymbol{R}$ 不再包含不稳定的结构 $\frac{1}{\theta}$，从而使得 θ 即便由本地马赫数决定，也能保证计算的稳定性。对全速度 Roe 格式的第 1 种和第 2 种形式也有类似的分析，相关项只与本地马赫数有关。

事实上，对"全速度"的理解可以有两层，一是分别计算不同的可压缩流动问题与不可压缩流动问题，二是可以模拟可压缩、不可压缩混合流动问题或混合高低速流动问题。由于 θ 被截断，预处理方法所能解决的问题是前者，而后者是本研究的动机。当采用式(5.8)时，θ 由本地马赫数决定，这意味着全速度 Roe 格式也可以解决后者，即格式的耗散性质能够满足混合高低速流动计算的需要。

全速度 Roe 格式的第 2 种和第 3 种形式的理论意义更为明确，表明可以通过直接改变 Roe 格式的非线性特征值，解决可压缩、不可压缩流动统一计算精度的问题。特别是第 2 种形式表明，可以直接在 Roe 格式的声速项上乘以函数 $f(M)$ 以获得合适的耗散。这在实质上改变了传统预处理方法对统一算法的看法。

5.2.3 低速与全速度 Roe 格式的中心项

采用一般的中心项式(3.4)，以及 5.2.1 节的低速 Roe 格式数值黏性项或 5.2.2 节的全速度 Roe 格式数值黏性项，会遇到明显的压力速度失耦问题，对此 5.4 节给出了理论证明。失耦问题在计算中也容易被发现，如图 5.2(a)所示，对 4.2 节中的 T106 算例在进口马赫数为 0.01 时采用全速度 Roe 格式计算，如果采用一般中心项式(3.4)，则压力场会呈现典型的"棋盘"失耦，并且压力振荡将很快导致负绝对压力出现而使计算发散。

为了解决失耦问题，文献[54]和文献[55]在中心项中引入了动量插值方法，可以替代式(3.4)与低速 Roe 格式配合使用：

$$\widetilde{\boldsymbol{F}}^{\text{press}}_{c,i+\frac{1}{2}}=U_c\hat{\boldsymbol{Q}}_{i+\frac{1}{2}}+\hat{\boldsymbol{P}}_{i+\frac{1}{2}} \tag{5.10}$$

$$U_c=U_{i+\frac{1}{2}}-\frac{c_2}{\rho_0 u_0}(p_{i+1}-p_i) \tag{5.11}$$

其中，ρ_0 为参考密度；u_0 为参考速度；c_2 为一常数，典型的取值为 0.04。$\hat{\boldsymbol{Q}}=[\rho \quad \rho u \quad \rho v \quad \rho w \quad \rho E+p]^{\mathrm{T}}$，而 $\hat{\boldsymbol{P}}=[0 \quad n_x p \quad n_y p \quad n_z p \quad 0]^{\mathrm{T}}$。

式(5.10)和式(5.11)通过常数 c_2 在控制体界面速度 U_c 中引入压力差，本质上类似于动量插值式(2.61)，该方法也可以视为一种引入一阶压力梯度光滑项的方法，抹平可能的压力锯齿，从而可以在低速流条件下抑制不可压缩流动计算常见的压力速度失耦问题。这是一种满足时间推进要求的动量插值方法，但较为粗糙，因为 c_2 为一常数，其值越大，抑制压力速度失耦的效果越好，但计算精度也会下降，甚至导致计算发散。如图 5.2(b)所示，当采用动量插值中心项式(5.10)～式(5.11)时，如图 5.2(a)所示的失耦问题得到了极大改善，并且计算能够稳定收敛。但是，从图 5.2(b)中也能看出，上述方法在避免出现失耦解方面并非令人满意，压力场中仍然存在小的压力锯齿现象，表明对于更高精度要求的计算，需要发展更好的动量插值方法。

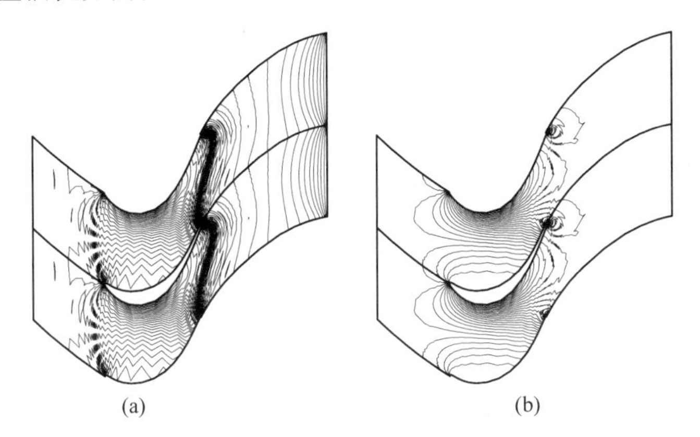

图 5.2 采用全速度 Roe 格式计算的进口马赫数为 0.01 的压力场

(a) 一般中心项式(3.4)完全失耦；(b) 动量插值中心项式(5.10)和式(5.11)部分失耦

对于引入动量插值的全速度 Roe 格式中心项，也可以采用与耗散项类似的方法得到：

$$\widetilde{\boldsymbol{F}}^{\text{A-Roe}}_{c,i+\frac{1}{2}}=f(M)\widetilde{\boldsymbol{F}}_{c,i+\frac{1}{2}}+[1-f(M)]\widetilde{\boldsymbol{F}}^{\text{press}}_{c,i+\frac{1}{2}} \tag{5.12}$$

也就是说，当来流马赫数较高时，采用的主要是式(3.4)，因为该公式精度较高，而可压缩流动又不需要考虑压力速度失耦问题。事实上，如第 6 章所述，当来流马赫数较高时，动量插值会带来抹平激波的负面问题。但当来流马赫数低时，式(5.11)中的压力差项将产生作用，以控制可能的压力速度失耦现象。

5.3 时间推进的高精度动量插值方法

如 5.2.3 节所述，式(5.10)和式(5.11)在界面速度中引入一阶压力梯度光滑项，是一种较为粗糙的动量插值方法。但对于高要求计算(如声场计算)，动量插值的精度也很重要[56]。为了改进这一缺陷，文献[57]依据动量插值方法的本意，在时间推进法下推导一种高精度的动量插值方法。

5.3.1 二维主导方程

简便起见，并突出界面速度的概念，将主导方程式(1.41)简化为二维无黏形式：

$$\frac{\partial \boldsymbol{Q}}{\partial t}+\frac{\partial \boldsymbol{F}^{\mathrm{MIM}}}{\partial x}+\frac{\partial \boldsymbol{G}^{\mathrm{MIM}}}{\partial y}=0 \tag{5.13}$$

$$\boldsymbol{F}^{\mathrm{MIM}}=u_f\begin{bmatrix}\rho\\ \rho u\\ \rho v\\ \rho E+p\end{bmatrix}+\begin{bmatrix}0\\ p\\ 0\\ 0\end{bmatrix} \tag{5.14}$$

$$\boldsymbol{G}^{\mathrm{MIM}}=v_f\begin{bmatrix}\rho\\ \rho u\\ \rho v\\ \rho E+p\end{bmatrix}+\begin{bmatrix}0\\ 0\\ p\\ 0\end{bmatrix} \tag{5.15}$$

其中，u_f 和 v_f 是直角坐标系下网格控制体交界面上的速度分量，也就是界面速度的分量。动量插值的关键就是如何计算界面速度。对于任意网格面，当 $u_f=U_c$ 并且考虑压力的分量时，式(5.14)即式(5.10)。

5.3.2 单时间步长的动量插值法

对于任意一个网格点(i,j)，式(5.13)的半离散形式如下：

$$\frac{\partial \boldsymbol{Q}_{i,j}}{\partial t}=\mathfrak{R}_{i,j}=\mathfrak{R}_{i,j}^{0}-\left(0\quad \frac{\partial p}{\partial x}\quad \frac{\partial p}{\partial y}\quad 0\right)_{i,j}^{\mathrm{T}} \tag{5.16}$$

其中，$\mathfrak{R}_{i,j}$ 为式(5.13)的空间离散残差，$\mathfrak{R}_{i,j}^{0}$ 为不考虑压力梯度的残差。因此，网格点(i,j)控制体中任意位置的速度可以用以下公式计算：

$$(\rho u)_{i,j}^{n}=(\rho u)_{i,j}^{n-1}+\Delta t\left[\mathfrak{R}_{\rho u}^{0}-\frac{\partial p}{\partial x}\right]_{i,j}^{n-1} \tag{5.17}$$

$$(\rho v)_{i,j}^{n}=(\rho v)_{i,j}^{n-1}+\Delta t\left[\mathfrak{R}_{\rho v}^{0}-\frac{\partial p}{\partial y}\right]_{i,j}^{n-1} \tag{5.18}$$

相应地，网格界面$\left(i+\frac{1}{2},j\right)$上的界面速度 u_f 与 v_f 的计算公式如下：

$$(\rho u_f)^n_{i+\frac{1}{2},j}=(\rho u)^{n-1}_{i+\frac{1}{2},j}+\Delta t\left[\Re^0_{\rho u}-\frac{\partial p}{\partial x}\right]^{n-1}_{i+\frac{1}{2},j} \tag{5.19}$$

$$(\rho v_f)^n_{i+\frac{1}{2},j}=(\rho v)^{n-1}_{i+\frac{1}{2},j}+\Delta t\left[\Re^0_{\rho v}-\frac{\partial p}{\partial y}\right]^{n-1}_{i+\frac{1}{2},j} \tag{5.20}$$

假如式(5.19)与式(5.20)等号右边项都通过界面相邻点插值获得，则界面速度实际上也是相邻点速度的插值。例如，当采用二阶中心插值时，有

$$(u_f)^n_{i+\frac{1}{2},j}=0.5(u^n_{i,j}+u^n_{i+1,j}) \tag{5.21}$$

$$(v_f)^n_{i+\frac{1}{2},j}=0.5(v^n_{i,j}+v^n_{i+1,j}) \tag{5.22}$$

当采用式(5.21)与式(5.22)计算界面通量式(5.14)与式(5.15)时，在低马赫数下与一般中心项式(3.4)几乎相同。

动量插值方法的关键思想：式(5.19)与式(5.20)等号右边项的压力梯度$\left(\frac{\partial p}{\partial x}\right)^{n-1}_{i+\frac{1}{2},j}$与$\left(\frac{\partial p}{\partial y}\right)^{n-1}_{i+\frac{1}{2},j}$通过计算获得，而其他项通过插值获得。基于这个思想，式(5.19)与式(5.20)即可以变化为时间推进的动量插值方法：

$$(u_f)^n_{i+\frac{1}{2},j}=\frac{1}{2}(u^{n-1}_{i,j}+u^{n-1}_{i+1,j})+\Delta t\left[\frac{(\Re^0_{\rho u})_{i,j}}{2\rho_{i,j}}+\frac{(\Re^0_{\rho u})_{i+1,j}}{2\rho_{i+1,j}}-\frac{\left(\frac{\partial p}{\partial x}\right)_{i+\frac{1}{2},j}}{\rho_{i+\frac{1}{2},j}}\right]^{n-1} \tag{5.23}$$

$$(v_f)^n_{i+\frac{1}{2},j}=\frac{1}{2}(v^{n-1}_{i,j}+v^{n-1}_{i+1,j})+\Delta t\left[\frac{(\Re^0_{\rho v})_{i,j}}{2\rho_{i,j}}+\frac{(\Re^0_{\rho v})_{i+1,j}}{2\rho_{i+1,j}}-\frac{\left(\frac{\partial p}{\partial y}\right)_{i+\frac{1}{2},j}}{\rho_{i+\frac{1}{2},j}}\right]^{n-1} \tag{5.24}$$

其中，除了压力梯度项，其他项都采用了二阶中心插值。

假设密度时间变化可忽略不计，如收敛的情况下 $\rho^n_{i,j}=\rho^{n-1}_{i,j}$，并考虑式(5.16)，式(5.23)与式(5.24)可以变化为

$$(u_f)^n_{i+\frac{1}{2},j}=0.5(u^n_{i,j}+u^n_{i+1,j})+\Delta t\left[\frac{\left(\frac{\partial p}{\partial x}\right)_{i,j}}{2\rho_{i,j}}+\frac{\left(\frac{\partial p}{\partial x}\right)_{i+1,j}}{2\rho_{i+1,j}}-\frac{\left(\frac{\partial p}{\partial x}\right)_{i+\frac{1}{2},j}}{\rho_{i+\frac{1}{2},j}}\right]^{n-1} \tag{5.25}$$

$$(v_f)^n_{i+\frac{1}{2},j}=0.5(v^n_{i,j}+v^n_{i+1,j})+\Delta t\left[\frac{\left(\frac{\partial p}{\partial y}\right)_{i,j}}{2\rho_{i,j}}+\frac{\left(\frac{\partial p}{\partial y}\right)_{i+1,j}}{2\rho_{i+1,j}}-\frac{\left(\frac{\partial p}{\partial y}\right)_{i+\frac{1}{2},j}}{\rho_{i+\frac{1}{2},j}}\right]^{n-1} \tag{5.26}$$

一般来说，式(5.25)与式(5.26)更易于分析与编程。对比式(5.21)和式(5.22)可以看到，式(5.25)和式(5.26)附加了一个基于压力梯度的光滑项。如果假设密度为常数，这一光滑项实际上就是三阶压力梯度项。

式(5.25)和式(5.26)依赖时间推进方程获得，并且只涉及一个时间推进步长 Δt，因此它又可以称为单时间步长动量插值法。式中的压力梯度 $\left(\frac{\partial p}{\partial x}\right)_{i+\frac{1}{2},j}^{n-1}$ 与 $\left(\frac{\partial p}{\partial y}\right)_{i+\frac{1}{2},j}^{n-1}$ 可以通过计算获得，最简单的方式是：

$$\left(\frac{\partial p}{\partial x}\right)_{i+\frac{1}{2},j}=\frac{p_{i+1,j}-p_{i,j}}{\Delta x} \tag{5.27}$$

$$\left(\frac{\partial p}{\partial y}\right)_{i+\frac{1}{2},j}=\frac{p_{i+\frac{1}{2},j+\frac{1}{2}}-p_{i+\frac{1}{2},j-\frac{1}{2}}}{\Delta y} \tag{5.28}$$

其中，

$$p_{i+\frac{1}{2},j+\frac{1}{2}}=0.25(p_{i,j}+p_{i+1,j}+p_{i,j+1}+p_{i+1,j+1}) \tag{5.29}$$

$$p_{i+\frac{1}{2},j-\frac{1}{2}}=0.25(p_{i,j}+p_{i+1,j}+p_{i,j-1}+p_{i+1,j-1}) \tag{5.30}$$

对于复杂网格，可以采用类似面上黏性项的高斯积分法计算：

$$\begin{aligned}\left(\frac{\partial p}{\partial x}\right)_{i+\frac{1}{2},j}&=\frac{1}{S_{i+\frac{1}{2},j}}\oint p\boldsymbol{i}\,\mathrm{d}\boldsymbol{l}\\&=\frac{p_{i+1,j}l_{x,2}-p_{i,j}l_{x,1}+p_{i+\frac{1}{2},j+\frac{1}{2}}l_{x,4}-p_{i+\frac{1}{2},j-\frac{1}{2}}l_{x,3}}{S_{i+\frac{1}{2},j}}\end{aligned} \tag{5.31}$$

$$\begin{aligned}\left(\frac{\partial p}{\partial y}\right)_{i+\frac{1}{2},j}&=\frac{1}{S_{i+\frac{1}{2},j}}\oint p\boldsymbol{j}\,\mathrm{d}\boldsymbol{l}\\&=\frac{p_{i+1,j}l_{y,2}-p_{i,j}l_{y,1}+p_{i+\frac{1}{2},j+\frac{1}{2}}l_{y,4}-p_{i+\frac{1}{2},j-\frac{1}{2}}l_{y,3}}{S_{i+\frac{1}{2},j}}\end{aligned} \tag{5.32}$$

其中，$l_x=\boldsymbol{l}\cdot\boldsymbol{i}$，$l_y=\boldsymbol{l}\cdot\boldsymbol{j}$，$S_{i+\frac{1}{2},j}$ 为由图 5.3 中虚线线段 $\boldsymbol{l}$ 封闭的面积。

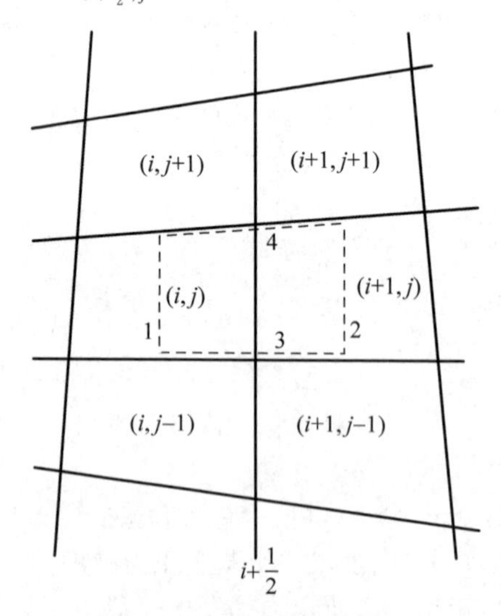

图 5.3 高斯积分法网格

5.3.3 时间步长的影响

对于原始动量插值法[5]，文献[58]和文献[59]指出，收敛解的精度依赖于松弛因子与时间步长，并提出了一些改进措施。文献[60]进一步指出，如果松弛因子或时间步长较小，锯齿压力场有可能重新出现。文献[61]和文献[62]也讨论了这个问题并给出了修正。

时间推进的动量插值法也同样有这些问题。这一点可以容易地从式(5.25)与式(5.26)看出。在方程中，压力梯度光滑项与时间步长 Δt 相乘，如果 Δt 减小，光滑项的作用将下降。因此，界面速度的收敛解依赖于 Δt 的大小，更严重的是，当 $\Delta t \to 0$，光滑项的作用趋近于消失，可能出现非物理的压力锯齿振荡。

为了克服这些缺陷，Choi[58] 提出一种方法，让界面速度的历史值由自身而非相邻点的值决定。按此方法尝试修改时间推进的动量插值，用 $(u_f)^{n-1}_{i+\frac{1}{2},j}$ 与 $(v_f)^{n-1}_{i+\frac{1}{2},j}$ 代替式(5.23)和式(5.24)中的 $0.5(u^{n-1}_{i,j}+u^{n-1}_{i+1,j})$ 与 $0.5(v^{n-1}_{i,j}+v^{n-1}_{i+1,j})$：

$$(u_f)^{n}_{i+\frac{1}{2},j}=(u_f)^{n-1}_{i+\frac{1}{2},j}+\Delta t\left[\frac{(\Re^0_{\rho u})_{i,j}}{2\rho_{i,j}}+\frac{(\Re^0_{\rho u})_{i+1,j}}{2\rho_{i+1,j}}-\frac{\left(\frac{\partial p}{\partial x}\right)_{i+\frac{1}{2},j}}{\rho_{i+\frac{1}{2},j}}\right]^{n-1},$$

$$(v_f)^{n}_{i+\frac{1}{2},j}=(v_f)^{n-1}_{i+\frac{1}{2},j}+\Delta t\left[\frac{(\Re^0_{\rho v})_{i,j}}{2\rho_{i,j}}+\frac{(\Re^0_{\rho v})_{i+1,j}}{2\rho_{i+1,j}}-\frac{\left(\frac{\partial p}{\partial y}\right)_{i+\frac{1}{2},j}}{\rho_{i+\frac{1}{2},j}}\right]^{n-1}$$

然而，以上两式在计算中并不收敛。通过以下数学分析可以解释这一现象。收敛解意味着：

$$\boldsymbol{\Re}_{i,j}=\boldsymbol{\Re}^0_{i,j}-\begin{pmatrix}0 & \frac{\partial p}{\partial x} & \frac{\partial p}{\partial y} & 0\end{pmatrix}^{\mathrm{T}}_{i,j}=0,$$

$$(u_f)^{n-1}_{i+\frac{1}{2},j}=(u_f)^{n}_{i+\frac{1}{2},j},\quad (v_f)^{n-1}_{i+\frac{1}{2},j}=(v_f)^{n}_{i+\frac{1}{2},j}$$

结合以上诸式可得

$$\frac{\left(\frac{\partial p}{\partial x}\right)_{i,j}}{2\rho_{i,j}}+\frac{\left(\frac{\partial p}{\partial x}\right)_{i+1,j}}{2\rho_{i+1,j}}-\frac{\left(\frac{\partial p}{\partial x}\right)_{i+\frac{1}{2},j}}{\rho_{i+\frac{1}{2},j}}=0,$$

$$\frac{\left(\frac{\partial p}{\partial y}\right)_{i,j}}{2\rho_{i,j}}+\frac{\left(\frac{\partial p}{\partial y}\right)_{i+1,j}}{2\rho_{i+1,j}}-\frac{\left(\frac{\partial p}{\partial y}\right)_{i+\frac{1}{2},j}}{\rho_{i+\frac{1}{2},j}}=0$$

很明显，这并不是所期待的压力场。因此，Choi 的方法不适用于时间推进的动量插值法。

幸运的是，大量的收敛加速方法都可以增加时间步长，如第 8 章的局部时间步长方法、隐式方法等，上述缺陷并不显著。

但时间步长太大也是一个问题，它会使压力梯度光滑项影响过强。一种解决方法是对压力梯度进行部分计算和部分插值：

$$\left(\frac{\partial p}{\partial x}\right)^{n-1}_{i+\frac{1}{2},j}=\beta\left[\left(\frac{\partial p}{\partial x}\right)^{n-1}_{i+\frac{1}{2},j}\right]_{\text{calculation}}+(1-\beta)\left[\left(\frac{\partial p}{\partial x}\right)^{n-1}_{i+\frac{1}{2},j}\right]_{\text{interpolation}} \tag{5.33}$$

$$\left(\frac{\partial p}{\partial y}\right)^{n-1}_{i+\frac{1}{2},j}=\beta\left[\left(\frac{\partial p}{\partial y}\right)^{n-1}_{i+\frac{1}{2},j}\right]_{\text{calculation}}+(1-\beta)\left[\left(\frac{\partial p}{\partial y}\right)^{n-1}_{i+\frac{1}{2},j}\right]_{\text{interpolation}} \tag{5.34}$$

其中，$0\leqslant\beta\leqslant 1$。式(5.25)与式(5.26)则相应地变为

$$(u_f)^n_{i+\frac{1}{2},j}=0.5(u^n_{i,j}+u^n_{i+1,j})+\beta\Delta t\left[\frac{\left(\frac{\partial p}{\partial x}\right)_{i,j}}{2\rho_{i,j}}+\frac{\left(\frac{\partial p}{\partial x}\right)_{i+1,j}}{2\rho_{i+1,j}}-\frac{\left(\frac{\partial p}{\partial x}\right)_{i+\frac{1}{2},j}}{\rho_{i+\frac{1}{2},j}}\right]^{n-1} \tag{5.35}$$

$$(v_f)^n_{i+\frac{1}{2},j}=0.5(v^n_{i,j}+v^n_{i+1,j})+\beta\Delta t\left[\frac{\left(\frac{\partial p}{\partial y}\right)_{i,j}}{2\rho_{i,j}}+\frac{\left(\frac{\partial p}{\partial y}\right)_{i+1,j}}{2\rho_{i+1,j}}-\frac{\left(\frac{\partial p}{\partial y}\right)_{i+\frac{1}{2},j}}{\rho_{i+\frac{1}{2},j}}\right]^{n-1} \tag{5.36}$$

更简便的方法是直接重新定义式(5.25)与式(5.26)中的 Δt：

$$\Delta t=\min(\text{CFL},\text{CFL}_{\min})\cdot\min\left(\frac{\Delta x}{u},\frac{\Delta y}{v}\right) \tag{5.37}$$

其中，$\text{CFL}_{\min}$ 能够压制锯齿解的 CFL，经验表明，$\text{CFL}_{\min}$ 在 1 左右。

5.3.4 双时间步长的动量插值法

双时间步长法通常用于工程非定常流动计算，特点是物理时间步长可以按需求选取，不受 CFL 的限制，具体可参考 8.3 节。本节讨论双时间步长对动量插值的要求。与主导方程式(5.13)对应的双时间步长主导方程为

$$\frac{\partial \boldsymbol{Q}}{\partial t}+\frac{\partial \boldsymbol{F}^{\text{MIM}}}{\partial x}+\frac{\partial \boldsymbol{G}^{\text{MIM}}}{\partial y}=-\frac{\partial \boldsymbol{Q}}{\partial \tau} \tag{5.38}$$

其中，t 为内层迭代虚拟时间，τ 为外层迭代物理时间。$\frac{\partial \boldsymbol{Q}}{\partial \tau}$ 按源项处理，并且一般采用二阶后向差分：

$$\frac{\partial \boldsymbol{Q}}{\partial \tau}=\frac{3\boldsymbol{Q}^k-4\boldsymbol{Q}^{k-1}+\boldsymbol{Q}^{k-2}}{2\Delta\tau}$$

由此，类似于单时间步长动量插值，可推导双时间动量插值法为

$$(u_f)^n_{i+\frac{1}{2},j}=0.5(u^n_{i,j}+u^n_{i+1,j})+\left(\frac{1}{\Delta t}+\frac{1.5}{\Delta\tau}\right)^{-1}\cdot\left[\frac{\left(\frac{\partial p}{\partial x}\right)_{i,j}}{2\rho_{i,j}}+\frac{\left(\frac{\partial p}{\partial x}\right)_{i+1,j}}{2\rho_{i+1,j}}-\frac{\left(\frac{\partial p}{\partial x}\right)_{i+\frac{1}{2},j}}{\rho_{i+\frac{1}{2},j}}\right]^{n-1} \tag{5.39}$$

$$(v_f)^n_{i+\frac{1}{2},j}=0.5(v^n_{i,j}+v^n_{i+1,j})+\left(\frac{1}{\Delta t}+\frac{1.5}{\Delta\tau}\right)^{-1}\cdot\left[\frac{\left(\frac{\partial p}{\partial y}\right)_{i,j}}{2\rho_{i,j}}+\frac{\left(\frac{\partial p}{\partial y}\right)_{i+1,j}}{2\rho_{i+1,j}}-\frac{\left(\frac{\partial p}{\partial y}\right)_{i+\frac{1}{2},j}}{\rho_{i+\frac{1}{2},j}}\right]^{n-1} \tag{5.40}$$

虚拟时间步长 Δt 与物理时间步长 $\Delta\tau$ 都对动量插值有影响，任何一个太小都会影响控制锯齿解的效果。如 5.3.3 节所述，虚拟时间步长 Δt 可以通过隐式等收敛加速方法保证，而物理时间步长 $\Delta\tau$ 由物理需求决定。幸运的是，虽然 Choi 方法的思路不能用于 Δt，但对 $\Delta\tau$ 是有效的，相应的改进方法如下：

$$\begin{aligned}(u_f)^n_{i+\frac{1}{2},j}=&0.5(u^n_{i,j}+u^n_{i+1,j})+\\&\left(\frac{1}{\Delta t}+\frac{1.5}{\Delta\tau}\right)^{-1}\left[\frac{\left(\frac{\partial p}{\partial x}\right)_{i,j}}{2\rho_{i,j}}+\frac{\left(\frac{\partial p}{\partial x}\right)_{i+1,j}}{2\rho_{i+1,j}}-\frac{\left(\frac{\partial p}{\partial x}\right)_{i+\frac{1}{2},j}}{\rho_{i+\frac{1}{2},j}}\right]^{n-1}+\\&\left(\frac{1}{\Delta t}+\frac{1.5}{\Delta\tau}\right)^{-1}\left[\frac{-4u^{k-1}_{i,j}+u^{k-2}_{i,j}-4u^{k-1}_{i+1,j}+u^{k-2}_{i+1,j}}{4\Delta\tau}-\right.\\&\left.\frac{-4(u_f)^{k-1}_{i+\frac{1}{2},j}+(u_f)^{k-2}_{i+\frac{1}{2},j}}{2\Delta\tau}\right]\end{aligned} \tag{5.41}$$

$$\begin{aligned}(v_f)^n_{i+\frac{1}{2},j}=&0.5(v^n_{i,j}+v^n_{i+1,j})+\\&\left(\frac{1}{\Delta t}+\frac{1.5}{\Delta\tau}\right)^{-1}\left[\frac{\left(\frac{\partial p}{\partial y}\right)_{i,j}}{2\rho_{i,j}}+\frac{\left(\frac{\partial p}{\partial y}\right)_{i+1,j}}{2\rho_{i+1,j}}-\frac{\left(\frac{\partial p}{\partial y}\right)_{i+\frac{1}{2},j}}{\rho_{i+\frac{1}{2},j}}\right]^{n-1}+\\&\left(\frac{1}{\Delta t}+\frac{1.5}{\Delta\tau}\right)^{-1}\left[\frac{-4v^{k-1}_{i,j}+v^{k-2}_{i,j}-4v^{k-1}_{i+1,j}+v^{k-2}_{i+1,j}}{4\Delta\tau}-\right.\\&\left.\frac{-4(v_f)^{k-1}_{i+\frac{1}{2},j}+(v_f)^{k-2}_{i+\frac{1}{2},j}}{2\Delta\tau}\right]\end{aligned} \tag{5.42}$$

其中，上标 k 与 n 分别是物理与虚拟迭代步数。当 n 足够大时，$\phi^n=\phi^k$。

因此，式(5.41)与式(5.42)适用于双时间步长的非定常流动计算，也能够用于定常流动计算，只要 $\Delta\tau$ 与 k 都足够大。

5.3.5 复杂网格下的时间推进动量插值法

对于复杂网格,时间推进的动量插值可以归入中心项计算:

$$\widetilde{\boldsymbol{F}}^{\mathrm{MIM}}_{c,i+\frac{1}{2}}=\frac{1}{2}(U_f)_{i+\frac{1}{2}}\begin{bmatrix}\rho_{\mathrm{L}}+\rho_{\mathrm{R}}\\(\rho u)_{\mathrm{L}}+(\rho u)_{\mathrm{R}}\\(\rho v)_{\mathrm{L}}+(\rho v)_{\mathrm{R}}\\(\rho E+p)_{\mathrm{L}}+(\rho E+p)_{\mathrm{R}}\end{bmatrix}+\frac{1}{2}(p_{\mathrm{L}}+p_{\mathrm{R}})\begin{bmatrix}0\\n_x\\n_y\\0\end{bmatrix}\tag{5.43}$$

$$U_f=n_x u_f+n_y v_f\tag{5.44}$$

其中,u_f 与 v_f 由式(5.25)与式(5.26)或式(5.41)与式(5.42)分别计算。

5.3.6 全速度的时间推进动量插值

考虑到高马赫数流动计算不需要动量插值,与式(5.12)类似,全速度格式的中心项可以写为

$$\widetilde{\boldsymbol{F}}_{c,i+\frac{1}{2}}=f(M)\widetilde{\boldsymbol{F}}^{\mathrm{Roe}}_{c,i+\frac{1}{2}}+[1-f(M)]\,\widetilde{\boldsymbol{F}}^{\mathrm{MIM}}_{c,i+\frac{1}{2}}\tag{5.45}$$

5.3.7 数值算例验证

对 5.2.3 节中的 T106 叶栅数值案例采用单时间步长动量插值式(5.25)和式(5.26),当 CFL 为 0.01 时,会产生与图 5.2(b)相似的部分失耦解;而当 CFL 为 2 时,就可以完全抑制锯齿压力,如图 5.4 所示。这表明尽管还存在一些小的缺憾,但单时间步长动量插值式(5.25)和式(5.26)是有效的,能够产生符合预期的结果。

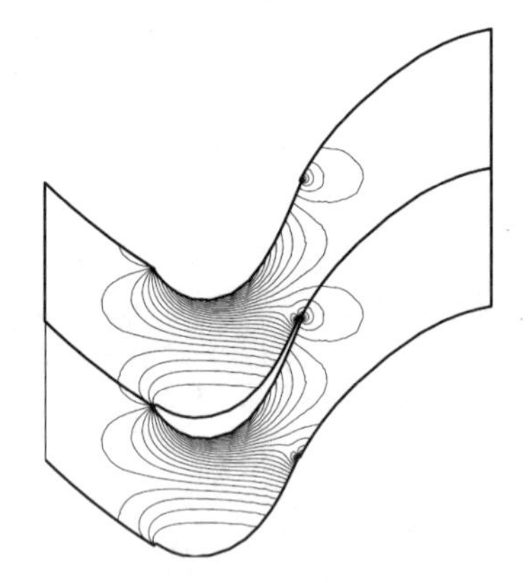

图 5.4 完全抑制锯齿的压力分布

而为了验证非定常流动计算式(5.41)与式(5.42)的必要性,对于 T106 叶栅开展了一个简单的二维大涡模拟计算,雷诺数为 5000,网格数为 128×680,虚拟时间步长的 CFL 为 2,并且物理时间步长 $\Delta\tau=3\times10^{-6}$。经过 50 000 个物理时间步获得了具有周期性的解。图 5.5 与图 5.6 给出了是否考虑 Choi 修正的双时间步长的动量插值,从相同初场计算了相同物理时间步后的瞬时压力场。可以看到,由于小的物理时间步长,式(5.39)和式(5.40)产生了小的锯齿压力,特别是在尾迹中;而式(5.41)和式(5.42)则没有问题。因此,对于一般的非定常流动计算,可以采用相对简单的式(5.39)和式(5.40);而对于高精度要求的非定常流动计算,式(5.41)和式(5.42)是有价值的。

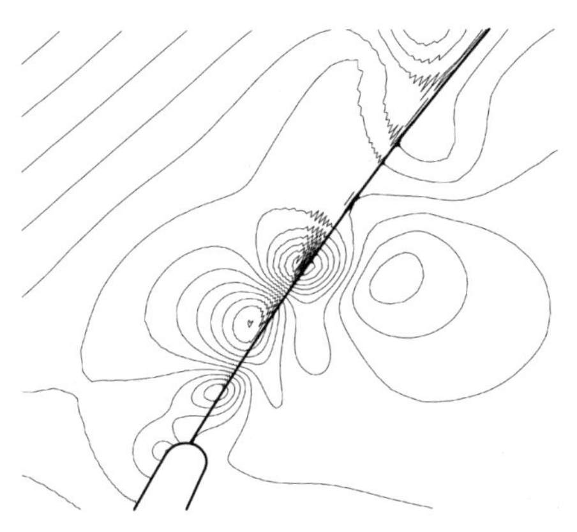

图 5.5 使用式(5.39)与式(5.40)的瞬时解

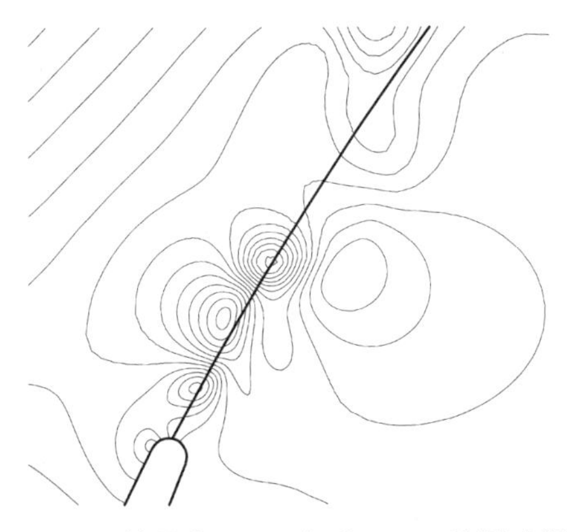

图 5.6 使用式(5.41)与式(5.42)的瞬时解

5.4 基于渐进展开法的理论证明

Guillard 使用渐进展开法分析了包括 Roe 格式在内的 Godunov 类格式的低马赫数性质[35,63]。本节也采用渐进展开法,从理论上证明所发展的全速度 Roe 格式的正确性。

5.4.1 连续系统的渐进性质

不考虑黏性项与源项,为了将主导方程式(1.37)渐近展开,首先对其进行无量纲化。选用如下参考变量:

$$\rho^* = \max(\rho), \quad u^* = \max(|\boldsymbol{u}|), \quad c^* = \sqrt{\frac{\gamma \max(p)}{\rho^*}} \tag{5.46}$$

则无量纲流动变量为

$$\tilde{\rho}=\frac{\rho}{\rho^*},\quad \tilde{p}=\frac{p}{\rho^*(c^*)^2},\quad \tilde{u}=\frac{u}{u^*},\quad \tilde{v}=\frac{v}{u^*},$$
$$\tilde{E}=\frac{E}{(c^*)^2},\quad \tilde{\boldsymbol{x}}=\frac{\boldsymbol{x}}{x^*},\quad \tilde{t}=\frac{tu^*}{x^*} \tag{5.47}$$

定义参考马赫数 $M^*=\dfrac{u^*}{c^*}$,则将流动参数按 M^* 渐近展开为

$$\tilde{\phi}=\tilde{\phi}_0+M_*\tilde{\phi}_1+M_*^2\tilde{\phi}_2+M_*^3\tilde{\phi}_3+\cdots \tag{5.48}$$

这里的 ϕ 代表任意流动变量。简便起见,下文将略去上标。

将式(5.47)与式(5.48)代入连续系统方程式(1.37),文献[35]证明了在连续流动条件下,低马赫数流动具有如下4条重要性质:

(1) 压力的渐近空间变化为二阶,即与参考马赫数的平方成正比,也就是式(3.139)。由于其重要性,重写如下:

$$p(x,t)=P_0(t)+M_*^2p_2(x,t) \tag{5.49}$$

这意味着,压力的零阶项 p_0 与一阶项 p_1 在空间上是常数。

(2) 零阶速度场的散度为零:

$$\mathrm{div}(\boldsymbol{u}_0)=0 \tag{5.50}$$

(3) 零阶密度为常数:

$$\rho_0=\mathrm{cte} \tag{5.51}$$

(4) 二阶压力波动满足泊松方程:

$$\nabla^2p_2=f(\boldsymbol{x},\boldsymbol{u}_0,\rho_0) \tag{5.52}$$

当性质(2)与性质(3)(式(5.50)与式(5.51))成立时,即可推导性质(4)(式(5.52))。

需要注意的是,如文献[35]所指出,对于低马赫数流动,性质(3)与性质(4)并不一定成立,如有大传热的流动。但是,如果假设初始条件熵为常数,则性质(3)与性质(4)成立。因此,以下对性质(3)与性质(4)的讨论,都是基于"初始条件熵为常数"这一假设进行的。

以上4个性质,以性质(1)(式(5.49))最为重要,其也很容易在数值计算中体现,几乎所有相关文献,都讨论了性质(1)。然而,对于性质(2)~性质(4)的研究还较少。文献[64]结合低速Roe与全速度Roe格式,对性质(2)~性质(4)做了深入研究。

5.4.2 低速Roe格式与预处理Roe格式的渐近分析

在证明全速度Roe格式的耗散性质之前,首先研究低速Roe格式的性质,因为低速Roe格式是全速度Roe格式的构成基础之一。简便起见,假设二维网格直角正交且均匀,网格距离为 δ,记网格点 i 的相邻点为

$$\nu(\boldsymbol{i})=\{(i-1,j),(i+1,j),(i,j-1),(i,j+1)\}$$

而网格点 i 所在的控制体为

$$C_i=\left[i-\frac{1}{2},i+\frac{1}{2}\right]\times\left[j-\frac{1}{2},j+\frac{1}{2}\right]$$

并记 $\boldsymbol{n}_{il}$ 为网格点 i 与相邻网格点 l 所在控制体交接面的单位法向向量。

应用一阶低速 Roe 格式(式(5.1)),在有限体积法的意义下离散主导方程式(1.37),可以获得以下半离散方程。

(1) 连续性方程:

$$\delta \frac{\partial \rho_i}{\partial t} + \frac{1}{2} \sum_{l \in v(i)} \rho_l \boldsymbol{u}_l \cdot \boldsymbol{n}_{il} + \frac{1}{2} \sum_{l \in v(i)} |U_{il}| \Delta_{il} \rho = 0 \tag{5.53}$$

(2) x 轴方向动量方程:

$$\delta \frac{\partial \rho_i u_i}{\partial t} + \frac{1}{2} \sum_{l \in v(i)} \rho_l u_l \boldsymbol{u}_l \cdot \boldsymbol{n}_{il} + p_l (n_x)_{il} + \frac{1}{2} \sum_{l \in v(i)} |U_{il}| (u_{il} \Delta_{il} \rho + \rho_{il} \Delta_{il} u) = 0 \tag{5.54}$$

(3) y 轴方向动量方程:

$$\delta \frac{\partial \rho_i v_i}{\partial t} + \frac{1}{2} \sum_{l \in v(i)} \rho_l v_l \boldsymbol{u}_l \cdot \boldsymbol{n}_{il} + p_l (n_y)_{il} + \frac{1}{2} \sum_{l \in v(i)} |U_{il}| (v_{il} \Delta_{il} \rho + \rho_{il} \Delta_{il} v) = 0 \tag{5.55}$$

(4) 能量方程:

$$\delta \frac{\partial \rho_i E_i}{\partial t} + \frac{1}{2} \sum_{l \in v(i)} (\rho_l E_l + p_l) \boldsymbol{u}_l \cdot \boldsymbol{n}_{il} + \frac{1}{2} \sum_{l \in v(i)} |U_{il}| (E_{il} \Delta_{il} \rho + \rho_{il} \Delta_{il} E) = 0 \tag{5.56}$$

(5) 完全气体状态方程:

$$p = RT\rho = (\gamma - 1) \left[\rho E - \frac{1}{2} \rho (u^2 + v^2 + w^2) \right] \tag{5.57}$$

在以上方程中,$U = un_x + vn_y$,$\Delta_{il} \phi = \phi_i - \phi_l$,并且 ϕ_{il} 代表 ϕ_i 与 ϕ_l 的 Roe 格式平均。

将无量纲变量式(5.47)代入式(5.53)～式(5.57),可以获得相应的无量纲离散方程:

$$\tilde{\delta} \frac{\partial \rho_i}{\partial t} + \frac{1}{2} \sum_{l \in v(i)} \rho_l \boldsymbol{u}_l \cdot \boldsymbol{n}_{il} + |U_{il}| \Delta_{il} \rho = 0 \tag{5.58}$$

$$\frac{1}{2M_*^2} \sum_{l \in v(i)} p_l (n_x)_{il} + \tilde{\delta} \frac{\partial \rho_i u_i}{\partial t} + \frac{1}{2} \sum_{l \in v(i)} \rho_l u_l \boldsymbol{u}_l \cdot \boldsymbol{n}_{il} + |U_{il}| (u_{il} \Delta_{il} \rho + \rho_{il} \Delta_{il} u) = 0 \tag{5.59}$$

$$\frac{1}{2M_*^2}\sum_{l\in v(i)} p_l (n_y)_{il} + \tilde{\delta}\frac{\partial \rho_i v_i}{\partial t} +$$

$$\frac{1}{2}\sum_{l\in v(i)} \rho_l v_l \boldsymbol{u}_l \cdot \boldsymbol{n}_{il} + |U_{il}|(v_{il}\Delta_{il}\rho + \rho_{il}\Delta_{il} v) = 0 \tag{5.60}$$

$$\tilde{\delta}\frac{\partial \rho_i E_i}{\partial t} + \frac{1}{2}\sum_{l\in v(i)} (\rho_l E_l + p_l)\boldsymbol{u}_l \cdot \boldsymbol{n}_{il} +$$

$$|U_{il}|(E_{il}\Delta_{il}\rho + \rho_{il}\Delta_{il} E) = 0 \tag{5.61}$$

$$p = (\gamma - 1)\left[\rho E - \frac{M_*^2}{2}\rho(u^2 + v^2 + w^2)\right] \tag{5.62}$$

为了研究连续系统渐近性质式(5.49)～式(5.52)，将式(5.58)～式(5.62)的所有变量按式(5.48)以参考马赫数 M_* 渐近展开，并将具有 M_* 相同次幂的展开项收集如下：

(1) $\dfrac{1}{M_*^2}$阶项：

$$p_{i-1,j}^0 - p_{i+1,j}^0 = 0 \tag{5.63}$$

$$p_{i,j-1}^0 - p_{i,j+1}^0 = 0 \tag{5.64}$$

(2) $\dfrac{1}{M_*}$阶项：

$$p_{i-1,j}^1 - p_{i+1,j}^1 = 0 \tag{5.65}$$

$$p_{i,j-1}^1 - p_{i,j+1}^1 = 0 \tag{5.66}$$

(3) 一阶项：

$$\tilde{\delta}\frac{\partial \rho_i^0}{\partial t} + \frac{1}{2}\sum_{l\in v(i)} \rho_l^0 \boldsymbol{u}_l^0 \cdot \boldsymbol{n}_{il} + |U_{il}^0|\Delta_{il}\rho^0 = 0 \tag{5.67}$$

$$p_{i-1,j}^2 - p_{i+1,j}^2 = 2\tilde{\delta}\frac{\partial \rho_i^0 u_i^0}{\partial t} + \sum_{l\in v(i)} \rho_l^0 u_l^0 \boldsymbol{u}_l^0 \cdot \boldsymbol{n}_{il} +$$

$$|U_{il}^0|(u_{il}^0\Delta_{il}\rho^0 + \rho_{il}^0\Delta_{il} u^0) \tag{5.68}$$

$$p_{i,j-1}^2 - p_{i,j+1}^2 = 2\tilde{\delta}\frac{\partial \rho_i^0 v_i^0}{\partial t} + \sum_{l\in v(i)} \rho_l^0 v_l^0 \boldsymbol{u}_l^0 \cdot \boldsymbol{n}_{il} +$$

$$|U_{il}^0|(v_{il}^0\Delta_{il}\rho^0 + \rho_{il}^0\Delta_{il} v^0) \tag{5.69}$$

$$\tilde{\delta}\frac{\partial \rho_i^0 E_i^0}{\partial t} + \frac{1}{2}\sum_{l\in v(i)} (\rho_l^0 E_l^0 + p_l^0)\boldsymbol{u}_l^0 \cdot \boldsymbol{n}_{il} +$$

$$|U_{il}^0|(E_{il}^0\Delta_{il}\rho^0 + \rho_{il}^0\Delta_{il} E^0) = 0 \tag{5.70}$$

首先研究如式(5.49)所示的压力性质。

式(5.63)和式(5.64)隐含了如图2.5所示的“棋盘”解，又称“锯齿”解，也就是压力速度失耦问题。从物理的角度看，A、B、C、D 应相等，即 $p_i^0=\text{cte}\,\forall\boldsymbol{i}$，表明 p^0 对于所有网格点都是常数。

然而，从数值计算的角度来看，如图2.5所示的“棋盘”解是有可能发生的。事实上，这就是不可压流动计算中经典的速度压力失耦问题。这就是为什么在不可压缩流动计算中常常需要引入其他方法，如交错网格法或同位网格动量插值法，才能获得物理解的原因。一般来说，交错网格法更有效，但动量插值法被更广泛地使用，因为动量插值法的实施远比交错网格法简单，对网格的适用性也更好。

应用同样的分析，式(5.65)和式(5.66)意味着在物理上 $p_i^1=\text{cte}\,\forall\boldsymbol{i}$，但在数值上存在“棋盘”解的可能。

式(5.68)和式(5.69)表明，M^* 的二阶项 p^2 不是常数。也就是说，使用低速Roe格式得到的离散解，压力波动为 M_*^2 阶，即满足连续系统渐近性质式(5.49)：$p(x,t)=P_0(t)+M_*^2\,p_2(x,t)$。

下面研究速度场性质式(5.50)。

状态方程式(5.62)的一阶项为

$$P_0=(\gamma-1)\rho^0E^0 \tag{5.71}$$

根据文献[35]，压力 P_0 可以假设为在空间时间上都是常数：

$$\frac{\mathrm{d}P_0}{\mathrm{d}t}=0 \tag{5.72}$$

于是，根据式(5.71)，ρ^0E^0 在时空上也是常数：

$$\frac{\partial\rho^0E^0}{\partial t}=\nabla\rho^0E^0=0 \tag{5.73}$$

而根据文献[35]，算子 Δ_{il} 在Roe格式平均下有以下规律：

$$\Delta_{il}(\rho\phi)=\rho\Delta_{il}\phi+\phi\Delta_{il}\rho \tag{5.74}$$

于是，一阶能量方程式(5.70)可以变为

$$\tilde{\delta}\frac{\partial\rho_i^0E_i^0}{\partial t}+\frac{1}{2}\sum_{l\in v(i)}(\rho_l^0E_l^0+p_l^0)\boldsymbol{u}_l^0\cdot\boldsymbol{n}_{il}+|U_{il}^0|\Delta_{il}\rho^0E^0=0 \tag{5.75}$$

将其代入式(5.73)并考虑到 $p_i^0=\text{cte}\,\forall\boldsymbol{i}$，容易得到：

$$u_{i+1,j}^0-u_{i-1,j}^0+v_{i,j+1}^0-v_{i,j-1}^0=0 \tag{5.76}$$

式(5.76)是式(5.50)的离散形式。也就是说，低速Roe格式的离散解支持式(5.50)所表示的“零阶速度场的散度为零”这一性质。

一阶连续性方程式(5.67)可以展开为

$$\tilde{\delta}\frac{\partial\rho_i^0}{\partial t}+\frac{1}{2}(\rho_{i+1,j}^0u_{i+1,j}^0-\rho_{i-1,j}^0u_{i-1,j}^0+\rho_{i,j+1}^0v_{i,j+1}^0-\rho_{i,j-1}^0v_{i,j-1}^0)+$$

$$\frac{1}{2}\sum_{l\in v(i)}|U_{il}^0|\Delta_{il}\rho^0=0 \tag{5.77}$$

在式(5.76)成立的条件下，容易得到式(5.77)的一个解为

$$\rho^0 = \text{cte} \tag{5.78}$$

但是很难证明式(5.78)的解是式(5.77)的唯一解。事实上，如文献[35]所述，当初始条件中的熵不为常数时，ρ^0 也不是常数。幸运的是，经验表明，如果假设初始条件中的熵为常数，并且不考虑压力速度失耦问题，数值解是支持式(5.78)成立的。

最后，将一阶动量方程式(5.68)与式(5.69)矢量相加，并代入式(5.78)，可以得到

$$\boldsymbol{i}\,\frac{1}{2}\sum_{l\in v(i)} p_l^2 (n_x)_{il} + \boldsymbol{j}\,\frac{1}{2}\sum_{l\in v(i)} p_l^2 (n_y)_{il} + \tilde{\delta}\,\frac{\rho_i^0 \partial \boldsymbol{u}_i^0}{\partial t} + \frac{1}{2}\rho_l^0 \sum_{l\in v(i)} \boldsymbol{u}_l^0 \boldsymbol{u}_l^0 \cdot \boldsymbol{n}_{il} + |U_{il}^0|\,\Delta_{il}\boldsymbol{u}^0 = 0 \tag{5.79}$$

将式(5.79)除以 ρ_i^0 后求散度，根据式(5.76)，时间项将为0。于是，在零阶密度为0，即在式(5.78)成立的条件下，式(5.79)可写为

$$p_{i+2,j}^2 + p_{i-2,j}^2 + p_{i,j+2}^2 + p_{i,j-2}^2 - 4p_{i,j}^2 = f(\boldsymbol{x}, \boldsymbol{u}^0, \rho^0) \tag{5.80}$$

式(5.80)即离散泊松方程，表明离散 p^2 具有与泊松方程式(5.52)类似的性质。这说明离散系统的空间压力波动不仅是参考马赫数 M^* 的二阶项，而且满足正确的泊松约束方程。

注意式(5.80)的下标为 $i-2$、i 与 $i+2$ 等，表明可能会出现奇偶失联的现象，也就是压力速度失耦现象，也表明 p^2 会遇到“棋盘”解问题。

以上即证明了低速 Roe 格式可以满足如式(5.50)～式(5.52)所示的低马赫数流动性质。

现在，注意使用传统预处理 Roe 格式的一阶能量方程，这一方程已在文献[35]给出，在 $p_i^0 = \text{cte}\,\forall \boldsymbol{i}$ 与 $p_i^1 = \text{cte}\,\forall \boldsymbol{i}$ 条件下，可以重写为

$$\tilde{\delta}\,\frac{\partial \rho_i^0 E_i^0}{\partial t} + \frac{1}{2}\sum_{l\in v(i)} (\rho_l^0 E_l^0 + p_l^0)\boldsymbol{u}_l^0 \cdot \boldsymbol{n}_{il} + \frac{h_{il}^0}{\sqrt{Y_{il}^0}} U_{il}^0 \rho_{il}^0 \Delta_{il} U^0 + \frac{2h_{il}^0}{\sqrt{Y_{il}^0}} \Delta_{il} p^2 = 0 \tag{5.81}$$

根据式(5.68)与式(5.69)可知，$\Delta_{il} p^2$ 随时间变化。将式(5.73)代入式(5.81)，可得

$$u_{i+1,j}^0 - u_{i-1,j}^0 + v_{i,j+1}^0 - v_{i,j-1}^0 = -\frac{1}{\rho_l^0 E_l^0 + p_l^0} \sum_{l\in v(i)} \frac{h_{il}^0}{2\sqrt{Y_{il}^0}} U_{il}^0 \rho_{il}^0 \Delta_{il} U^0 + \frac{h_{il}^0}{\sqrt{Y_{il}^0}} \Delta_{il} p^2 \neq 0 \tag{5.82}$$

式(5.82)表明，使用传统预处理 Roe 格式获得的离散解并不满足“零阶速度场散度为零”这一约束条件。因为这一约束是获得性质“零阶密度为常数”与“二阶压力波

动满足泊松方程”的必要条件，因此这两个性质也不能成立。这是一个出乎意料的结果。从这个意义上来说，低速 Roe 格式比传统预处理 Roe 格式更具备合理性。

通过上述讨论可以得到如下结论：假如压力速度失耦能够被控制，使用低速 Roe 格式的离散系统就能够正确复现连续系统的性质；而一个出乎预期的结果是，传统预处理 Roe 格式违反了零阶速度场散度的约束条件。

5.4.3　全速度 Roe 格式的渐近分析——一个近似方法

本节给出一个简单的证明全速度 Roe 格式性质的方法。如图 5.1 所示，当 $M<0.3$ 时，可以认为由式(5.7)所定义的函数 $f(M)$ 与 M 近似成正比，即

$$f(M) \approx \sqrt{5}M \tag{5.83}$$

进一步将问题简化到一维坐标下，此时 $M=\dfrac{|u|}{c}$，则全速度 Roe 格式耗散项式(5.5)可以变形为

$$\widetilde{\boldsymbol{F}}^{\text{A-Roe}}_{d,i+\frac{1}{2}} \approx -\frac{1}{2}\boldsymbol{R}_{i+\frac{1}{2}}\begin{bmatrix} |u| & & \\ & (\sqrt{5}-1)|u| & \\ & & (\sqrt{5}+1)|u| \end{bmatrix}_{i+\frac{1}{2}} \boldsymbol{R}^{-1}_{i+\frac{1}{2}}(\boldsymbol{Q}_{i+1}-\boldsymbol{Q}_i) \leqslant (\sqrt{5}+1)\widetilde{\boldsymbol{F}}^{\text{L-Roe}}_{d,i+\frac{1}{2}} \tag{5.84}$$

式(5.84)意味着在低马赫数流动条件下，全速度 Roe 格式的耗散是低速 Roe 格式的有限倍放大，因此自然与低速 Roe 格式一致，满足连续系统的性质。这一证明虽然有所简化，但表明了全速度 Roe 格式的本质。

这一证明也暗示，如果所构造的结合函数 $f(M)$ 在图 5.1 中低马赫数区的斜率有限，则符合要求，斜率大小仅意味着格式耗散量的大小。若在低马赫数区 $f(M)\rightarrow 0$，则全速度 Roe 格式的耗散与低速 Roe 格式一致。作为反例，对于标准 Roe 格式，$f(M)$ 恒为 1，与图 5.1 中马赫数对应的斜率趋于无穷，因此导致格式耗散性质出现质变，如式(3.140)所示。

5.4.4　全速度 Roe 格式的渐近分析——一个普适方法

5.4.3 节的分析揭示了全速度 Roe 格式的本质。为了进一步理解全速度 Roe 格式，本节给出普适的分析方法。

首先，将伪特征值分别表示为

$$\begin{cases} \lambda^{\text{A-Roe}}_{1,2} = U \\ \lambda^{\text{A-Roe}}_{3} = f_1(M)c \\ \lambda^{\text{A-Roe}}_{4} = f_2(M)c \end{cases} \tag{5.85}$$

将这些伪特征值分别代入全速度 Roe 格式(5.5)，可以获得相应的无量纲离散主导方程。

(1) 连续性方程：

$$\tilde{\delta}\frac{\partial\rho_i}{\partial t}+\frac{1}{2}\sum_{l\in v(i)}\rho_l\boldsymbol{u}_l\cdot\boldsymbol{n}_{il}+|U_{il}|\left(\Delta_{il}\rho-\frac{1}{c_{il}^2}\Delta_{il}p\right)+$$
$$\frac{1}{2M_*}\sum_{l\in v(i)}\bar{d}_1\frac{1}{2c_{il}}\Delta_{il}p+\frac{1}{2}\sum_{l\in v(i)}\bar{d}_2\rho_{il}\Delta_{il}U=0\tag{5.86}$$

(2) x 轴方向动量方程：

$$\frac{1}{2M_*^2}\sum_{l\in v(i)}p_l(n_x)_{il}+\tilde{\delta}\frac{\partial\rho_iu_i}{\partial t}+\frac{1}{2}\sum_{l\in v(i)}\rho_lu_l\boldsymbol{u}_l\cdot\boldsymbol{n}_{il}+$$
$$|U_{il}|u_{il}\left(\Delta_{il}\rho-\frac{\Delta_{il}p}{c_{il}^2}\right)-(n_y)_{il}\rho_{il}|U_{il}|\Delta_{il}V+$$
$$\frac{1}{2M_*}\sum_{l\in v(i)}\bar{d}_1\frac{u_{il}}{2c_{il}}\Delta_{il}p+\frac{1}{2M_*}\sum_{l\in v(i)}\bar{d}_1(n_x)_{il}\rho_{il}c_{il}\Delta_{il}U+$$
$$\frac{1}{2}\sum_{l\in v(i)}\bar{d}_2\rho_{il}u_{il}\Delta_{il}U+\frac{1}{2M_*^2}\sum_{l\in v(i)}\bar{d}_2(n_x)_{il}\Delta_{il}p=0\tag{5.87}$$

(3) y 轴方向动量方程：

$$\frac{1}{2M_*^2}\sum_{l\in v(i)}p_l(n_y)_{il}+\tilde{\delta}\frac{\partial\rho_iv_i}{\partial t}+\frac{1}{2}\sum_{l\in v(i)}\rho_lv_l\boldsymbol{u}_l\cdot\boldsymbol{n}_{il}+$$
$$|U_{il}|v_{il}\left(\Delta_{il}\rho-\frac{\Delta_{il}p}{c_{il}^2}\right)+(n_x)_{il}\rho_{il}|U_{il}|\Delta_{il}V+$$
$$\frac{1}{2M_*}\sum_{l\in v(i)}\bar{d}_1\frac{v_{il}}{2c_{il}}\Delta_{il}p+\frac{1}{2M_*}\sum_{l\in v(i)}\bar{d}_1(n_y)_{il}\rho_{il}c_{il}\Delta_{il}U+$$
$$\frac{1}{2}\sum_{l\in v(i)}\bar{d}_2\rho_{il}v_{il}\Delta_{il}U+\frac{1}{2M_*^2}\sum_{l\in v(i)}\bar{d}_2(n_y)_{il}\Delta_{il}p=0\tag{5.88}$$

(4) 能量方程：

$$\tilde{\delta}\frac{\partial\rho_iE_i}{\partial t}+\frac{1}{2}\sum_{l\in v(i)}(\rho_lE_l+p_l)\boldsymbol{u}_l\cdot\boldsymbol{n}_{il}+$$
$$\frac{M_*^2}{2}\sum_{l\in v(i)}|U_{il}|\frac{u_{il}^2+v_{il}^2}{2}\left(\Delta_{il}\rho-\frac{\Delta_{il}p}{c_{il}^2}\right)+\rho_{il}|U_{il}|V_{il}\Delta_{il}V+$$
$$\frac{1}{2M_*}\sum_{l\in v(i)}\bar{d}_1\frac{H_{il}}{2c_{il}}\Delta_{il}p+\frac{M_*}{2}\sum_{l\in v(i)}\bar{d}_1U_{il}\rho_{il}c_{il}\Delta_{il}U+$$
$$\frac{1}{2}\sum_{l\in v(i)}\bar{d}_2(\rho_{il}H_{il}\Delta_{il}U+U_{il}\Delta_{il}p)=0\tag{5.89}$$

其中，$\bar{d}_1=|f_2(M)|+|f_1(M)|$，$\bar{d}_2=|f_2(M)|-|f_1(M)|$，$V=-un_y+vn_x$。

选择适当形式的 $f_1(M)$ 与 $f_2(M)$，代入式(5.86)～式(5.89)，就可以分析特定格式的性质。举例如下：

(1) 对于经典 Roe 格式,可知 $f_1=\frac{U}{c}-1$ 并且 $f_2=\frac{U}{c}+1$,于是有

$$\bar{d}_1=2\ ,\quad \bar{d}_2=2\frac{U}{c}=2M_*\frac{\widetilde{U}}{\widetilde{c}}$$

将其代入式(5.86)～式(5.89)就可得

$$\sum_{l\in v(i)}\frac{\Delta_{il}p^0}{c_{il}^0}=0 \tag{5.90}$$

$$p_{i-1,j}^0-p_{i+1,j}^0=0 \tag{5.91}$$

$$p_{i,j-1}^0-p_{i,j+1}^0=0 \tag{5.92}$$

$$\sum_{l\in v(i)}\frac{u_{il}^0+(n_x)_{il}U_{il}^0}{c_{il}^0}\Delta_{il}p^0+(n_x)_{il}c_{il}^0\rho_{il}^0\Delta_{il}U^0+\sum_{l\in v(i)}p_l^1(n_x)_{il}=0 \tag{5.93}$$

$$\sum_{l\in v(i)}\frac{v_{il}^0+(n_y)_{il}U_{il}^0}{c_{il}^0}\Delta_{il}p^0+(n_y)_{il}c_{il}^0\rho_{il}^0\Delta_{il}U^0+\sum_{l\in v(i)}p_l^1(n_y)_{il}=0 \tag{5.94}$$

如文献[35]所示,式(5.90)～式(5.92)表明 $p_i^0=\text{cte}\ \forall\boldsymbol{i}$,并且不会出现压力速度失耦问题;同时式(5.93)和式(5.94)表明 p_i^1 在空间上不是常数。也就是说,采用经典 Roe 格式所获得的离散解,其压力波动为 M_* 阶,即式(3.140):$p(x,t)=P_0(t)+M_*p_1(x,t)$。这与连续系统的性质不符。

(2) 对于低速 Roe 格式,可知 $f_1=f_2=\frac{U}{c}$,于是有

$$\bar{d}_1=2M_*\left|\frac{\widetilde{U}}{\widetilde{c}}\right|,\quad \bar{d}_2=0$$

相应地,容易获得 5.4.2 节的公式与结论。

(3) 对于由式(5.5)～式(5.7)定义的全速度 Roe 格式,有

$$f_1=\frac{U}{c}-M\frac{\sqrt{4+(1-M^2)^2}}{1+M^2},\quad f_2=\frac{U}{c}+M\frac{\sqrt{4+(1-M^2)^2}}{1+M^2}$$

从而有

$$\bar{d}_1=2M_*\widetilde{M}\frac{\sqrt{4+(1-M_*^2\widetilde{M}^2)^2}}{1+M_*^2\widetilde{M}^2},\quad \bar{d}_2=2\frac{U}{c}=2M_*\frac{\widetilde{U}}{\widetilde{c}}$$

为了研究如式(5.49)所示的压力性质,收集了离散主导方程中相关的 M_* 同阶项:

$$p_{i-1,j}^0-p_{i+1,j}^0=0 \tag{5.95}$$

$$p_{i,j-1}^0-p_{i,j+1}^0=0 \tag{5.96}$$

$$p_{i+1,j}^{1} - p_{i-1,j}^{1} + 2\sum_{l\in v(i)} \frac{(n_x)_{il} U_{il}^{0}}{c_{il}^{0}} \Delta_{il} p^{0} = 0 \tag{5.97}$$

$$p_{i,j+1}^{1} - p_{i,j-1}^{1} + 2\sum_{l\in v(i)} \frac{(n_y)_{il} U_{il}^{0}}{c_{il}^{0}} \Delta_{il} p^{0} = 0 \tag{5.98}$$

式(5.95)和式(5.96)与式(5.63)和式(5.64)完全一样，因此结论也一样，即在物理上 $p_i^0 = \mathrm{cte}\,\forall \boldsymbol{i}$，但在数值上 p^0 受困于“棋盘”解问题。

当 p^0 在空间上是常数时，关于 p^1 的式(5.97)和式(5.98)在形式上与关于 p^0 的式(5.95)和式(5.96)一致，因此，如果排除“棋盘”解的可能，$p_i^1 = \mathrm{cte}\,\forall \boldsymbol{i}$。

因此，全速度 Roe 格式式(5.5)～式(5.7)所获得的离散解支持连续系统压力波动为 M_*^2 阶的结论，即满足

$$p(x,t) = P_0(t) + M_*^2 p_2(x,t)$$

在 $p_i^0 = \mathrm{cte}\,\forall \boldsymbol{i}$ 与 $p_i^1 = \mathrm{cte}\,\forall \boldsymbol{i}$ 的条件下，收集离散能量方程式(5.89)、连续性方程式(5.86)、动量分量方程式(5.87)与式(5.88)的矢量和的一阶相关项，可得

$$\tilde{\delta}\frac{\partial \rho_i^0 E_i^0}{\partial t} + \frac{1}{2}\sum_{l\in v(i)} (\rho_l^0 E_l^0 + p_l^0)\boldsymbol{u}_l^0 \cdot \boldsymbol{n}_{il} = 0 \tag{5.99}$$

$$\tilde{\delta}\frac{\partial \rho_i^0}{\partial t} + \frac{1}{2}\sum_{l\in v(i)} \rho_l^0 \boldsymbol{u}_l^0 \cdot \boldsymbol{n}_{il} + |U_{il}^0|\Delta_{il}\rho^0 = 0 \tag{5.100}$$

$$\boldsymbol{i}\,\frac{1}{2}\sum_{l\in v(i)} p_l^2 (n_x)_{il} + \boldsymbol{j}\,\frac{1}{2}\sum_{l\in v(i)} p_l^2 (n_y)_{il} + \tilde{\delta}\frac{\rho_i^0 \partial \boldsymbol{u}_i^0}{\partial t} + f(\boldsymbol{x}, \boldsymbol{u}^0, \rho^0) = 0 \tag{5.101}$$

使用与 5.4.2 节相同的方法，在定常熵条件下可以得到相同的结论：

$$u_{i+1,j}^0 - u_{i-1,j}^0 + v_{i,j+1}^0 - v_{i,j-1}^0 = 0$$

$$\rho^0 = \mathrm{cte}$$

$$p_{i+2,j}^2 + p_{i-2,j}^2 + p_{i,j+2}^2 + p_{i,j-2}^2 - 4p_{i,j}^2 = f(\boldsymbol{x}, \boldsymbol{u}^0, \rho^0)$$

这意味着如式(5.5)～式(5.7)所示的全速度 Roe 格式所离散的系统，具有与连续系统和低速 Roe 格式离散系统相同的渐近性质。

(4) 研究一般形式的全速度 Roe 格式。

全速度 Roe 格式表明，可以直接在经典 Roe 格式的声速项上乘以结合函数 $f(M)$，从而克服精度问题。式(5.7)所定义的 $f(M)$ 并非唯一选择。5.2.2 节给出了选取 $f(M)$ 具体形式的 3 条经验规则，下面将通过数学方法，给出在低马赫数流动条件下构造 $f(M)$ 更具体的准则。

函数 $f(M)$ 可以表示为马赫数 M 的多项式：

$$f_1(M) = \frac{U}{c} - \sum_{k=0}^{\infty} b_{1,k} M^k, \quad f_2(M) = \frac{U}{c} + \sum_{k=0}^{\infty} b_{2,k} M^k$$

其中，$b_{1,k}$ 与 $b_{2,k}$ 是任意整数。

为了一般性，可将其进一步写为

$$\bar{d}_1=\sum_{k=0}^{\infty}a_{1,k}M_*^k\widetilde{M}^k,\quad \bar{d}_2=\sum_{k=0}^{\infty}a_{2,k}M_*^k\widetilde{M}^k$$

为了研究压力性质式(5.49),收集离散方程相关的等 M_* 阶项:

$$p_{i+1,j}^0-p_{i-1,j}^0+\sum_{l\in v(i)}a_{2,0}(n_x)_{il}\Delta_{il}p^0=0 \tag{5.102}$$

$$p_{i,j+1}^0-p_{i,j-1}^0+\sum_{l\in v(i)}a_{2,0}(n_y)_{il}\Delta_{il}p^0=0 \tag{5.103}$$

$$\sum_{l\in v(i)}a_{1,0}\frac{\Delta_{il}p^0}{c_{il}^0}=0 \tag{5.104}$$

$$p_{i+1,j}^1-p_{i-1,j}^1+\frac{1}{2}\sum_{l\in v(i)}a_{1,0}\frac{u_{il}^0}{c_{il}^0}\Delta_{il}p^0+\sum_{l\in v(i)}a_{1,0}(n_x)_{il}\rho_{il}^0c_{il}^0\Delta_{il}U^0+\sum_{l\in v(i)}a_{2,0}(n_x)_{il}\Delta_{il}p^1+\sum_{l\in v(i)}a_{2,1}(n_x)_{il}\Delta_{il}p^0=0 \tag{5.105}$$

$$p_{i,j+1}^1-p_{i,j-1}^1+\frac{1}{2}\sum_{l\in v(i)}a_{1,0}\frac{v_{il}^0}{c_{il}^0}\Delta_{il}p^0+\sum_{l\in v(i)}a_{1,0}(n_y)_{il}\rho_{il}^0c_{il}^0\Delta_{il}U^0+\sum_{l\in v(i)}a_{2,0}(n_y)_{il}\Delta_{il}p^1+\sum_{l\in v(i)}a_{2,1}(n_y)_{il}\Delta_{il}p^0=0 \tag{5.106}$$

式(5.102)～式(5.106)与文献[35]中预处理 Roe 格式渐近分析得到的相关项在形式上是类似的,因此可以得到 $p_i^0=\text{cte}\,\forall\boldsymbol{i}$ 的结论。类似地,如果能够保证 $a_{1,0}=0$,则式(5.105)和式(5.106)表明 $p_i^1=\text{cte}\,\forall\boldsymbol{i}$。

事实上,由于

$$\sum_{k=0}^{\infty}|a_{1,k}|M_*^k\widetilde{M}^k=|\bar{d}_1|=||f_2(M)|+|f_1(M)||$$

$$\geqslant||f_2(M)|-|f_1(M)||=|\bar{d}_2|=\sum_{k=0}^{\infty}|a_{2,k}|M_*^k\widetilde{M}^k \tag{5.107}$$

所以 $a_{1,0}\geqslant a_{2,0}$,也就是说:$a_{1,0}=0$ 使得 $a_{2,0}=0$。

在 $p_i^0=\text{cte}\,\forall\boldsymbol{i}$、$p_i^1=\text{cte}\,\forall\boldsymbol{i}$、$a_{1,0}=0$ 及 $a_{2,0}=0$ 的条件下,相关的等 M_* 阶项具有与式(5.99)～式(5.101)相同的形式,这表明此时全速度 Roe 格式满足式(5.50)～式(5.52)所代表的渐近性质。

由此可得,使全速度 Roe 格式在低马赫数区具有符合物理要求的渐近性质的充分必要条件为,非线性伪特征值应满足 $a_{1,0}=0$ 的准则:

$$|\lambda_3^{\text{A-Roe}}|+|\lambda_4^{\text{A-Roe}}|=|f_1(M)|c+|f_2(M)|c=c\sum_{k=1}^{\infty}a_kM^k \tag{5.108}$$

其中，a_k 为任意整数。

可以将全速度 Roe 格式的第(3)种形式，即式(5.8)看作满足以上准则的一个示例。

简便起见，设 $f(M)=f_1(M)=f_2(M)$，容易知道，当采用如下形式时：

$$f(M)=\sum_{k=1}^{\infty}a_kM^k \tag{5.109}$$

充分必要条件式(5.108)可以得到满足。

式(5.7)可看作式(5.109)的一个特例。事实上，式(5.109)给出了结合函数 $f(M)$的一般构造准则。使用这一准则，可以根据不同的目的，方便地构造与优化所需要的结合函数 $f(M)$。

5.4.5 对压力速度失耦问题的进一步讨论

上述讨论显示，对于低速 Roe 格式与全速度 Roe 格式，p^0、p^1、p^2 都受制于"棋盘"解失耦问题。而对于经典 Roe 格式，尽管不能满足正确的压力波动尺度要求，但能够避免失耦。

注意式(5.102)～式(5.104)，如果 $a_{1,0}\neq 0$ 且 $a_{2,0}\neq 0$，那么 p^0 将满足齐次泊松方程，有抑制失耦问题的功能。而文献[35]对传统预处理分析所得到的表达式，也为这一类型的齐次泊松方程：

$$p_{i+1,j}^0-p_{i-1,j}^0+\sum_{l\in v(i)}\frac{(U^0n_x+2u^0)_{il}}{\sqrt{Y_{il}^0}}\Delta_{il}p^0=0 \tag{5.110}$$

$$p_{i,j+1}^0-p_{i,j-1}^0+\sum_{l\in v(i)}\frac{(U^0n_y+2v^0)_{il}}{\sqrt{Y_{il}^0}}\Delta_{il}p^0=0 \tag{5.111}$$

$$\sum_{l\in v(i)}\frac{\Delta_{il}p^0}{\sqrt{Y_{il}^0}}=0 \tag{5.112}$$

这表明，预处理 Roe 格式具有某种内在的动量插值机制。

需要注意的是，式(5.110)～式(5.112)并不能完全抑制失耦，但与式(5.63)和式(5.64)相比，其抑制失耦的能力强得多。

但是，如 5.4.4 节所述，对于低速 Roe 格式与全速度 Roe 格式，$a_{1,0}$ 与 $a_{2,0}$ 都必须为 0。作为结果，式(5.102)～式(5.104)退化为式(5.63)和式(5.64)，从而使离散解遭受失耦问题的困扰。这就是需要采用动量插值在中心项引入压力差光滑稳定项的原因，如式(5.10)和式(5.11)所示。事实上，式(5.10)和式(5.11)能够提供类似于 $a_{1,0}\neq 0$ 与 $a_{2,0}\neq 0$ 的机制，压制失耦问题的出现。当使用式(5.10)和式(5.11)作为格式的中心项时，相应的 p^0 离散齐次项分别为

$$p_{i+1,j}^0-p_{i-1,j}^0+\sum_{l\in v(i)}2c_2\rho^0u^0\Delta_{il}p^0=0 \tag{5.113}$$

$$p_{i,j+1}^{0}-p_{i,j-1}^{0}+\sum_{l\in v(i)}2c_{2}\rho^{0}v^{0}\Delta_{il}p^{0}=0 \tag{5.114}$$

$$\sum_{l\in v(i)}c_{2}\rho^{0}\Delta_{il}p^{0}=0 \tag{5.115}$$

对于 p^1 与 p^2，也有类似的分析。

于是，低速 Roe 格式与全速度 Roe 格式如果采用时间推进动量插值法，如式(5.10)和式(5.11)或式(5.25)和式(5.26)或式(5.41)和式(5.42)，作为格式的中心项，就能够具有与传统预处理 Roe 格式类似的抑制失耦的能力。

5.4.6　对时间推进动量插值法的进一步讨论

式(5.10)和式(5.11)的中心项与一阶压力梯度光滑项提供了抑制失耦的机制，但也会导致结果与传统预处理 Roe 格式一样，不满足“零阶速度场散度为零”这一约束条件。

$$\begin{aligned}&u_{i+1,j}^{0}-u_{i-1,j}^{0}+v_{i,j+1}^{0}-v_{i,j-1}^{0}\\&=c_{2}(p_{i+1,j}^{2}+p_{i-1,j}^{2}+p_{i,j+1}^{2}+p_{i,j-1}^{2}-4p_{i,j}^{2})\\&=c_{2}(\Delta x)^{2}\nabla^{2}p^{2}\end{aligned} \tag{5.116}$$

而采用式(5.25)和式(5.26)引入三阶压力梯度光滑项，并考虑到：

$$\frac{1}{2}\left(\frac{\partial p}{\partial x}\right)_{i,j}+\frac{1}{2}\left(\frac{\partial p}{\partial x}\right)_{i+1,j}-\left(\frac{\partial p}{\partial x}\right)_{i+\frac{1}{2},j}=\frac{1}{4}(\Delta x)^{2}\left(\frac{\partial^{3}p}{\partial x^{3}}\right)_{i+\frac{1}{2},j} \tag{5.117}$$

$$\frac{1}{2}\left(\frac{\partial p}{\partial y}\right)_{i,j}+\frac{1}{2}\left(\frac{\partial p}{\partial y}\right)_{i,j+1}-\left(\frac{\partial p}{\partial y}\right)_{i,j+\frac{1}{2}}=\frac{1}{4}(\Delta x)^{2}\left(\frac{\partial^{3}p}{\partial y^{3}}\right)_{i,j+\frac{1}{2}} \tag{5.118}$$

$$\Delta t=\mathrm{CFL}\cdot\min\left(\frac{\Delta x}{u},\frac{\Delta y}{v}\right)=\mathrm{CFL}\cdot\frac{\Delta x}{u},\quad u\geqslant v \tag{5.119}$$

则可以获得：

$$u_{i+1,j}^{0}-u_{i-1,j}^{0}+v_{i,j+1}^{0}-v_{i,j-1}^{0}=\frac{\mathrm{CFL}}{\rho^{0}u^{0}}(\Delta x)^{4}\nabla^{4}p^{2} \tag{5.120}$$

可以看到，式(5.10)和式(5.11)在界面速度中引入一阶压力梯度光滑项，对离散主导方程产生全局二阶压力梯度光滑效果，如式(5.116)所示。而式(5.25)和式(5.26)在界面速度中引入三阶压力梯度光滑项，则对离散主导方程产生全局四阶压力梯度光滑效果，如式(5.120)所示。

作为抑制压力锯齿解的代价，式(5.116)与式(5.120)都表明连续性方程的“零阶速度场散度为零”的条件不能满足。但是，式(5.116)显示 $\mathrm{div}(\boldsymbol{u}^0)$ 引入的是空间一阶数值误差，与 Δx 成正比；而式(5.120)的误差是空间三阶的，与 Δx^3 成正比。因此，从数值的角度看，当使用二阶精度格式时，时间推进的高精度动量插值法式(5.25)和式(5.26)产生的三阶误差能够忽略，从而在实际上满足速度散度为零的条件。相反地，粗糙版本的动量插值式(5.10)和式(5.11)所引起的一阶误差不可忽略。

5.5 构造低马赫数激波捕获格式的3个普适规则

5.5.1 格式构造的3个普适规则

通过对经典Roe格式[7-8]、预处理Roe格式[20]、全速度Roe格式[55]及其他众多Roe型格式[65-71]和动量插值法[57,64]的分析,文献[51]针对5.1节所分析的传统方法的3个主要问题提出了构造低马赫数激波捕获格式的3个普适规则。

具体而言,可以将格式的数值黏性表达为压力梯度与速度梯度之和,即

$$F_d = c_u \Delta u + c_p \Delta p \tag{5.121}$$

其中,c_u与c_p为系数。对于5.1节的3个主要问题而言,上述3个普适规则如下。

(1) 非物理解问题解决规则

对于激波捕获格式,在低马赫数流动条件下:

$$c_u = O(c) \tag{5.122}$$

也就是说,c_u与声速c成正比,这是非物理解问题的根源。要解决这个问题,需要保证:

$$c_u \leqslant O(c^0) = O(u) \tag{5.123}$$

也就是说,c_u的大小应与流速u(又表达为声速的0次方,即c^0)成正比,也可以更小甚至为0,才能彻底解决非物理解问题。

更准确地说,这条规则主要适用于动量方程。对于连续性方程,c_u通常为0;而对于能量方程,这一项在数值黏性中是小量,不起决定性作用。

(2) 压力速度失耦问题解决规则

解决压力速度失耦的关键是系数c_p的大小。当

$$c_p = O(c^{-1}) \sim O(c^0) \tag{5.124}$$

也就是c_p的量级介于$c^{-1} \sim c^0$时,可以起到动量插值的作用,类似于式(2.61),从而抑制压力速度失耦问题。当c_p过小时,压力锯齿波无法被压制,计算容易发散;而当c_p过大时,连续性方程又不能满足,同样会导致计算发散。

当然,一阶压力梯度Δp也可以替换为三阶的压力梯度$\Delta^3 p$。事实上,一阶压力梯度相当于一种较为粗糙的动量插值方法。

但需要注意的是,本规则具有半经验性,机理并不完全清楚,尤其是对p^3阶微小振幅的锯齿压力振荡。

(3) 全局截断问题解决规则

当采用预处理后,在数值黏性项中会产生如5.2节所述的不稳定结构$\dfrac{1}{\theta}$。更准确地说,这样的不稳定结构是$\dfrac{u'}{c'}$,其中c'为伪声速,低马赫数流动下与流速成正

比。该结构的分母项是不稳定的，尤其是在边界层这样流速小而梯度大的区域，容易将小扰动放大，而使计算不稳定。预处理的全局截断处理思路是使该结构变为 $\frac{\tilde{u}}{\tilde{c}}$，其中 $\tilde{c}$ 为全局截断的伪声速，极限的情况即恢复为声速 c。因此 $\tilde{c}$ 在边界层保持为常数，从而避免扰动放大而使计算稳定。

而彻底解决全局截断问题的思路是构造这样的结构：$\frac{u'}{\tilde{c}}$，也就是将方程的分子与分母分别对待，分子不截断而分母截断。这样就既能保证稳定，又能保证数值黏性与本地流速相关、足够小且不影响计算精度。

上述 3 个普适规则揭示了格式深层次的机理，并能够直接指导构造更令人满意的新方法，如适合大涡模拟的数值格式[72]。下面对这 3 个普适规则进行深入分析，从理论、应用推广与数值等方面多角度证明其正确性。

5.5.2　普适规则的理论证明

式(5.121)对于连续性方程与动量方程，可以进一步细化为

$$\widetilde{F}_{d,\rho}=-\frac{1}{2}\left[|U|\Delta\rho+g_{\rho}\Delta U+h_{\rho}\Delta p\right] \tag{5.125}$$

$$\widetilde{\boldsymbol{F}}_{d,\rho u}=-\frac{1}{2}\left[|U|\Delta(\rho\boldsymbol{u})+g_{\rho u}\Delta\boldsymbol{u}+h_{\rho u}\Delta p\right] \tag{5.126}$$

对于经典 Roe 格式，系数 g_{ρ}、h_{ρ}、$h_{\rho u}$ 的阶数为 $O(c^{-1})$，而 $g_{\rho u}$ 的阶数为 $O(c^{1})$。

需要注意的是，式(5.126)中的速度梯度不一定是法向速度梯度 ΔU，而可以是任意的速度梯度，不同的动量分量方程也可以不一样。

采用 5.4 节的渐进分析法，将式(5.125)、式(5.126)和无量纲变量式(5.47)代入离散主导方程式(1.37)，并将所有变量按式(5.48)以参考马赫数 M_* 渐近展开，收集具有 M_* 相同次幂的展开项，即可开展理论分析。

(1) 非物理解问题

容易证明，如果 $g_{\rho u}$ 的阶数为 $O(c^{1})$，则齐次项式(5.63)与式(5.64)成立，而式(5.65)与式(5.66)不成立，从而导致非物理解问题，如式(3.140)所示。而如果 $g_{\rho u}$ 的阶数恢复为 $O(c^{0})$，则式(5.63)～式(5.66)都成立，意味着在不考虑压力锯齿问题时，$p_i^0=\text{cte}\,\forall\boldsymbol{i}$ 且 $p_i^1=\text{cte}\,\forall\boldsymbol{i}$，这里 cte 为一个常数。也就是说，此时的数值解满足低马赫数流动物理解的性质式(3.139)。

虽然以上证明非常简洁，但反映了渐进分析法与格式构造的本质，并证明了非物理问题的根源是动量方程数值黏性中的速度梯度项的系数，这对所有激波捕获格式都成立，或者说至少对所有动量方程数值黏性项能够表达为式(5.126)的激波捕获格式都成立。而 5.4 节渐近分析中的公式复杂性仅来自系数的复杂性本身。

(2) 压力速度失耦问题

当 h_ρ 的阶数为$O(c^0)$时,将连续性方程渐近展开,可以分别获得以下公式:

$$\sum_{l \in v(i)} h_\rho^0 \Delta_{il} p^0 = 0 \tag{5.127}$$

$$\sum_{l \in v(i)} h_\rho^0 \Delta_{il} p^1 = 0 \tag{5.128}$$

式(5.127)与式(5.128)可以抑制 p^0 与 p^1 可能的锯齿压力振荡。

如果 h_ρ 的阶数为$O(c^{-1})$,式(5.128)就不再成立,可能导致 p^1 出现锯齿振荡,如图 5.2(b)所示的部分失耦解。但是,这些小的振荡有可能被数值黏性或物理黏性抹平。

而如果 h_ρ 的阶数为$O(c^{-2})$,则式(5.127)与式(5.128)都不成立,p^0 也会出现锯齿振荡。由于 p^0 的值较大,一旦出现锯齿就极为严重,会形成如图 5.2(a)所示的完全失耦解,并且容易使计算发散。

可以看到,系数 h_ρ 对声速 c 的阶数越高,对失耦的抑制作用就越强。但需要注意,即使 h_ρ 的阶数达到$O(c^0)$,对 p^2 可能的失耦也缺少约束,流场中仍然可能产生 p^2 级别的微小锯齿振荡。不过经验表明,如果不仅是连续性方程的系数 h_ρ,而是所有主导方程与压力梯度对应的系数如 $h_{\rho u}$ 阶数都达到$O(c^0)$,失耦能够完全被抑制。

另外需要注意的是,当 h_ρ 阶数达到$O(c^{-1})$或$O(c^0)$量级时,会对连续性方程"零阶速度场散度为零"这一物理性质造成影响,如预处理 Roe 格式产生的式(5.82)、时间推进动量插值法产生的式(5.116)与式(5.120)所示。这也解释了为什么 h_ρ 的阶数不能进一步升高到$O(c^1)$的量级。此时尽管对 p^2 可能出现的锯齿振荡也提供了约束,但完全破坏了连续性方程,一样会导致计算失败。

5.5.3 普适规则在 Roe 类格式中的应用与推广

本节将使用所提的 3 个普适规则,分析 Roe 格式、预处理 Roe 格式、全速度 Roe 格式在低马赫数流动条件下的性质及其机理,并据此构造更合适的兼容低马赫数流动的新格式,以验证普适规则的正确性与有效性。

(1) Roe 格式

基于 3.5.1 节的统一框架式(3.71)~式(3.73),Roe 格式在低马赫数流动下的数值黏性可以进一步简化为[52]

$$\xi = |U| \tag{5.129}$$

$$\delta p_u = \rho(c - |U|)\Delta U \tag{5.130}$$

$$\delta p_p = \frac{U}{c}\Delta p \tag{5.131}$$

$$\delta U_u = \frac{U}{c}\Delta U \tag{5.132}$$

$$\delta U_p=(c-|U|)\frac{\Delta p}{\rho c^2} \tag{5.133}$$

可以看到，Roe 格式的 δp_u 项的阶数为 $O(c)$，根据普适规则(1)，这会导致非物理问题。需要注意的是，δU_p 项的阶数为 $O(c^{-1})$，表明 Roe 格式具备内在的动量插值机制，能够抑制压力锯齿振荡。

(2) 预处理 Roe 格式

预处理 Roe 格式按照统一框架重写为[52]

$$\xi=|U| \tag{5.134}$$

$$\delta p_u=\left\{\lambda_1-\frac{\widetilde{\lambda}_5}{2}-(\theta-1)\frac{\widetilde{\lambda}_4}{4\widetilde{c}}U\right\}[U\Delta\rho-\Delta(\rho U)] \tag{5.135}$$

$$\delta p_p=-\frac{\widetilde{\lambda}_4}{2\widetilde{c}}c^2\beta \tag{5.136}$$

$$\delta U_u=\frac{\widetilde{\lambda}_4}{2\rho\widetilde{c}}[U\Delta\rho-\Delta(\rho U)] \tag{5.137}$$

$$\delta U_p=\frac{1}{\rho\theta}\left[\frac{\widetilde{\lambda}_5}{2}-\theta\lambda_1-(\theta-1)\frac{\widetilde{\lambda}_4}{4\widetilde{c}}U\right]\beta \tag{5.138}$$

其中，β 的定义可见式(3.79)或式(3.81)，λ_1、$\widetilde{\lambda}_4$、$\widetilde{\lambda}_5$、$\widetilde{c}$ 的定义可分别见式(4.6)～式(4.8)，考虑全局截断的 θ 的定义可见式(4.15)。

在低马赫数流动条件下，式(5.135)～式(5.138)可分别简化为

$$\delta p_u=\left(\widetilde{c}-|U|+\frac{1-\theta}{2}U\frac{\widetilde{U}}{\widetilde{c}}\right)\rho\Delta U \tag{5.139}$$

$$\delta p_p=\frac{\widetilde{U}}{\widetilde{c}}\Delta p \tag{5.140}$$

$$\delta U_u=\frac{\widetilde{U}}{\widetilde{c}}\Delta U \tag{5.141}$$

$$\delta U_p=\left[\widetilde{c}-\frac{1-\theta}{2}U\frac{\widetilde{U}}{\widetilde{c}}-\theta|U|\right]\frac{\Delta p}{\rho\theta c^2} \tag{5.142}$$

可以看到，预处理 Roe 格式的 δp_u 项的阶数为 $O(c^0)$，根据普适规则(1)，它能够解决非物理解问题；δU_p 项的阶数为 $O(c^0)$，根据普适规则(2)，它能够较好地抑制压力锯齿振荡；同时，格式中存在不稳定的结构 $\frac{1}{\theta}$，根据普适规则(3)，这是预处理需要采用全局截断的原因。

(3) 全速度 Roe 格式

全速度 Roe 格式中心项式(5.10)中的压力梯度事实上可以转移到数值黏性项

中，因此全速度 Roe 格式也可以按照统一框架式(3.71)～式(3.73)分别重写为

$$\delta p_u = [f(M)c - |U|]\rho\Delta U \tag{5.143}$$

$$\delta p_p = \frac{U}{c}\Delta p \tag{5.144}$$

$$\delta U_u = \frac{U}{c}\Delta U \tag{5.145}$$

$$\delta U_p = [f(M)c - |U|]\frac{\Delta p}{\rho c^2} - 2\delta U_f \tag{5.146}$$

$f(M)$的定义可以参见式(5.7)。

对于原始全速度 Roe 格式：

$$\delta U_f = 0 \tag{5.147}$$

对于引入一阶压力梯度的全速度 Roe 格式：

$$\delta U_f = -\frac{c_2}{\rho^* u^*}(p_{i+1}^n - p_i^n) \tag{5.148}$$

对于引入三阶压力梯度的全速度 Roe 格式，其二维单时间步长的形式为

$$\delta U_f = n_x \Delta t\left[\frac{\left(\dfrac{\partial p}{\partial x}\right)_i}{2\rho_i} + \frac{\left(\dfrac{\partial p}{\partial x}\right)_{i+1}}{2\rho_{i+1}} - \frac{\left(\dfrac{\partial p}{\partial x}\right)_{i+\frac{1}{2}}}{\rho_{i+\frac{1}{2}}}\right]^{n-1} + n_y \Delta t\left[\frac{\left(\dfrac{\partial p}{\partial y}\right)_i}{2\rho_i} + \frac{\left(\dfrac{\partial p}{\partial y}\right)_{i+1}}{2\rho_{i+1}} - \frac{\left(\dfrac{\partial p}{\partial y}\right)_{i+\frac{1}{2}}}{\rho_{i+\frac{1}{2}}}\right]^{n-1} \tag{5.149}$$

可以看到，全速度 Roe 格式的 δp_u 项的阶数为$O(c^0)$，根据普适规则(1)可知，这是其能够解决非物理解问题的原因；对于原始全速度 Roe 格式，δU_p 项的阶数为$O(c^{-2})$，根据普适规则(2)可知，其不能抑制压力锯齿振荡；而对于引入一阶与三阶压力梯度的全速度 Roe 格式，则能够抑制压力锯齿振荡；而公式分母中没有本地速度项，根据普适规则(3)，不需要全局截断处理，数值黏性与本地流场成正比。

(4) 新构造的兼容低马赫数的 Roe 格式

针对 Roe 格式，发展一个良好兼容低马赫数流动的改进版本，使其同时满足 3 个普适规则，事实上只需要改变 Roe 格式的 δp_u 项：

$$\delta p_u = \rho(c - |U|)f(M)\Delta U \tag{5.150}$$

其中，函数 $f(M)$可以采用式(5.7)的形式。

(5) 新构造的兼容低马赫数流动的预处理 Roe 格式

对于预处理 Roe 格式，若使其继续保持良好的普适规则(1)与规则(2)，且同时满足普适规则(3)，避免全局截断影响精度，则只需作如下修改：

$$\delta p_u = \left(c' - |U| + \frac{1-\theta'}{2}U\frac{U'}{\tilde{c}}\right)\rho\Delta U \tag{5.151}$$

$$\delta p_p = \frac{U'}{\tilde{c}} \Delta p \tag{5.152}$$

$$\delta U_u = \frac{U'}{\tilde{c}} \Delta U \tag{5.153}$$

$$\delta U_p = \left[\tilde{c} - \frac{1-\theta}{2} U \frac{\tilde{U}}{\tilde{c}} - \theta \mid U \mid \right] \frac{\Delta p}{\rho \theta c^2} \tag{5.154}$$

其中，

$$\theta' = \min\left[M^2, 1\right] \tag{5.155}$$

$$U' = \frac{1}{2}(1+\theta')U \tag{5.156}$$

$$c' = \frac{1}{2}\sqrt{4c^2\theta' + (1-\theta')^2 U^2} \tag{5.157}$$

可以看到，新改进的预处理 Roe 格式与原始预处理 Roe 格式相比，分子上的量取消了全局截断，形式不变但其值由本地参数决定。虽然分母保持不变，但这不影响精度，因为分母越大，数值耗散越小，事实上对精度有利。δU_p 项是唯一的例外，尽管也可以与其他项一样取消全局截断，但考虑到更好地控制压力锯齿振荡，以及正常流场中 δU_p 本身耗散很小，式(5.154)与原始预处理 Roe 格式一致。

5.5.4 普适规则在 HLL 类格式中的应用与推广

在低马赫数流动下 HLL 格式区别于 Roe 格式的一个重要特点是其过大的数值黏性体现在迎风耗散中，对其的预处理修正导致了深层次的压力速度失耦问题。以下做详细分析。

1) Rusanov 格式及其预处理修正

Rusanov 格式可视为最简单的 HLL 类格式，尽管因为精度较差而目前实际应用较少，但其直观地表现出了 HLL 类格式的特点，且有利于分析。这里将通过对 Rusanov 格式及其预处理及进一步改进的讨论，获得对普适规则更清晰、简洁的认识[52]。

3.4.3 节中的 Rusanov 格式可以重写为如下直观形式：

$$\tilde{\boldsymbol{F}}_d^{\text{Rusanov}} = -\frac{1}{2}(c + |U|) \begin{bmatrix} \Delta\rho \\ \Delta(\rho u) \\ \Delta(\rho v) \\ \Delta(\rho w) \\ \Delta(\rho E) \end{bmatrix} \tag{5.158}$$

对于如图 5.7 所示的壁面边界，理论上数值黏性应该为 0，也就是 $\tilde{\boldsymbol{F}}_d = 0$。但是，式(5.158)明显不合理，因为壁面边界上的速度梯度很大，并且声速近似为一个大的常数。事实上，数值黏性应该与本地流速成正比，这样其在壁面边界上的值就为 0。因此，式(5.158)的数值黏性，是合理值的$\frac{1}{M}$。也就是说，激波捕获格式的数值黏性反比于本地马赫数，由此引起低马赫数流动非物理解问题也就不奇怪了。

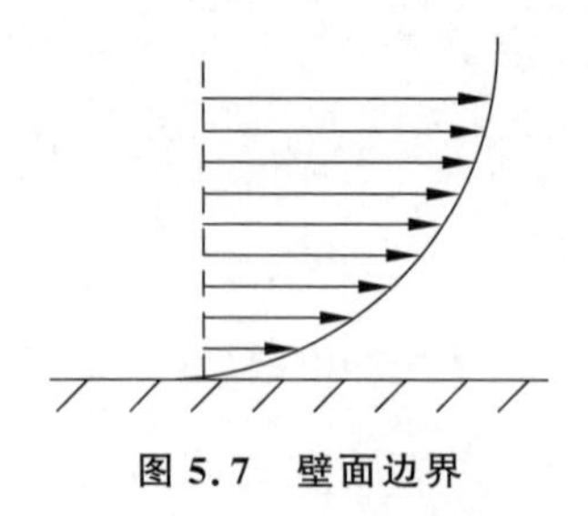

图 5.7　壁面边界

传统预处理修正 HLL 格式的思路是改变速度梯度前的系数，即

$$\widetilde{\boldsymbol{F}}_d^{\text{P-Rusanov}} = -\frac{1}{2}(c' + |U|)\begin{bmatrix} \Delta\rho \\ \Delta(\rho u) \\ \Delta(\rho v) \\ \Delta(\rho w) \\ \Delta(\rho E) \end{bmatrix} \tag{5.159}$$

这里定义 c' 最简单的方式为

$$c' = \min(V, c) \tag{5.160}$$

其中，V 为本地速度幅值：

$$V = \sqrt{u^2 + v^2 + w^2} \tag{5.161}$$

于是，预处理 Rusanov 格式式(5.159)就能够满足壁面边界数值黏性为 0 的要求。以上关于 Rusanov 格式及其预处理的分析，也都符合普适规则(1)。

然而，预处理 Rusanov 格式也一样需要全局截断才能稳定计算，也就是 c' 需要重新定义如下：

$$c' = \min(\max(V, V_{\text{ref}}), c) \tag{5.162}$$

这里的 V_{ref} 为全局参数。因此，此时边界上的数值黏性仍然不为 0，并且为合理值的$\frac{M_{\text{ref}}}{M}$。很明显，对于不同区域马赫数差异大的流场，全局截断是不能令人满意的。

为了分析这一问题，预处理 Rusanov 格式式(5.159)可以按照统一框架式(3.91)重写如下：

$$\delta p = 0, \quad \delta U = 0 \tag{5.163}$$

$$\xi = \rho[\min(V, c) + |U|] \tag{5.164}$$

$$\delta U_\xi = (c' + |U|)\frac{\Delta\rho}{\rho} = [\min(V, c) + |U|]\frac{\Delta p}{\rho c^2} \tag{5.165}$$

进行全局截断处理后，可以写为

$$\xi=\rho\left[\min(\max(V,V_{\text{ref}}),c)+|U|\right] \tag{5.166}$$

$$\delta U_{\xi}=\left[\min(\max(V,V_{\text{ref}}),c)+|U|\right]\frac{\Delta p}{\rho c^{2}} \tag{5.167}$$

根据普适规则(2)容易知道，预处理 Rusanov 格式的压力速度失耦问题归咎于 δU_{ξ}，即式(5.165)。其压力梯度 Δp 的系数阶数为 $O(c^{-2})$，该值过小而不能抑制压力锯齿振荡。全局截断式(5.167)增大了该系数，提供了更好的振荡抑制能力；但同时也增大了式(5.166)的 ξ，带来精度显著下降的不利后果。

需要注意的是，关于需要全局截断的原因，预处理 Rusanov 格式与预处理 Roe 格式是不同的，前者归因于压力速度失耦问题，而后者归因于分母上出现本地速度的不稳定结构。

2）新构造的兼容低马赫数流动的 Rusanov 格式

根据以上分析，一种改进 Rusanov 格式的思路是将 ξ 与 δU_{ξ} 分别对待，低马赫数流动下的 ξ 只与本地流速相关，而 δU_{ξ} 可以直接将 V_{ref} 增加到声速：

$$\xi=\rho\left[\min(V,c)+|U|\right] \tag{5.168}$$

$$\delta U_{\xi}=\left[c+|U|\right]\frac{\Delta p}{\rho c^{2}} \tag{5.169}$$

可以看到，当马赫数趋于 0 时，ξ 趋于 0；而由于压力的空间变化与马赫数的平方成正比，压力梯度也趋于 0，意味着 δU_{ξ} 趋于 0。

据此分析，新思路修改的格式，不再需要全局截断，并且能够同时满足 3 个普适规则。

3）HLL 格式及其预处理修正

相较于 Rusanov 格式，HLL 格式更为经典。3.4.3 节中的 HLL 格式可以重写为如下直接形式：

$$\widetilde{\boldsymbol{F}}_{c}^{\text{HLL}}=\frac{S_{\text{R}}\bar{\boldsymbol{F}}_{\text{L}}-S_{\text{L}}\bar{\boldsymbol{F}}_{\text{R}}}{S_{\text{R}}-S_{\text{L}}} \tag{5.170}$$

$$\widetilde{\boldsymbol{F}}_{d}^{\text{HLL}}=\frac{S_{\text{R}}S_{\text{L}}}{S_{\text{R}}-S_{\text{L}}}\Delta\boldsymbol{Q} \tag{5.171}$$

其中，信号速度定义为

$$S_{\text{R}}=\max(U_{\text{L}}+c_{\text{L}},U_{\text{R}}+c_{\text{R}}) \tag{5.172}$$

$$S_{\text{L}}=\min(U_{\text{L}}-c_{\text{L}},U_{\text{R}}-c_{\text{R}}) \tag{5.173}$$

式(5.171)能够进一步写为

$$\widetilde{\boldsymbol{F}}_{d}^{\text{HLL}}=\frac{S_{\text{R}}S_{\text{L}}}{S_{\text{R}}-S_{\text{L}}}\begin{bmatrix}c^{-2}\Delta p\\\Delta(\rho u)\\\Delta(\rho v)\\\Delta(\rho E)\end{bmatrix} \tag{5.174}$$

与其他激波捕获格式类似，HLL 格式也存在非物理解问题。4.3 节给出了对

应的预处理 HLL 格式，可以重写为

$$\widetilde{\boldsymbol{F}}_c^{\text{P-HLL}}=\frac{S'_{\mathrm{R}}\bar{\boldsymbol{F}}_{\mathrm{L}}-S'_{\mathrm{L}}\bar{\boldsymbol{F}}_{\mathrm{R}}}{S'_{\mathrm{R}}-S'_{\mathrm{L}}} \tag{5.175}$$

$$\widetilde{\boldsymbol{F}}_d^{\text{P-HLL}}=\frac{S'_{\mathrm{R}}S'_{\mathrm{L}}}{S'_{\mathrm{R}}-S'_{\mathrm{L}}}\begin{bmatrix}c^{-2}\Delta p\\ \Delta(\rho u)\\ \Delta(\rho v)\\ \Delta(\rho E)\end{bmatrix} \tag{5.176}$$

其中，变量的定义可参见式(4.19)～式(4.24)。

对于 HLL 格式，可知 $S_{\mathrm{R}}=O(c)$ 且 $S_{\mathrm{L}}=O(c)$；而对于预处理 HLL 格式，$S'_{\mathrm{R}}=O(c^0)$ 且 $S'_{\mathrm{L}}=O(c^0)$。于是：

$$\frac{S_{\mathrm{R}}S_{\mathrm{L}}}{S_{\mathrm{R}}-S_{\mathrm{L}}}=O(c) \tag{5.177}$$

$$\frac{S'_{\mathrm{R}}S'_{\mathrm{L}}}{S'_{\mathrm{R}}-S'_{\mathrm{L}}}=O(c^0) \tag{5.178}$$

HLL 与预处理 HLL 格式的性质可以根据普适规则分析。

(1) 根据普适规则(1)，式(5.177)与式(5.178)表明了为什么 HLL 格式有非物理解问题，而预处理 HLL 格式能够矫正这个问题。

(2) 根据普适规则(2)可以发现，预处理 HLL 格式连续性方程上的压力梯度 Δp 系数阶数降至 $O(c^{-2})$。因此预处理 HLL 格式受制于压力锯齿振荡问题，需要 Δp 类型的修正，这也是式(4.24)在全局截断里中引入 $|\Delta p|$ 截断的原因。

(3) 根据普适规则(3)，预处理 HLL 格式需要全局截断的另一个原因，是将分子分母上的伪声速同等对待，从而产生了不稳定的结构。

4) 新构造的兼容低马赫数流动的 HLL 格式

根据 3 个普适规则，一种解决思路是类似于改进 Rusanov 格式那样对 ξ 与 δU_ξ 分别处理。这里讨论另一种解决思路：由于非物理解问题发生于动量方程，而压力速度失耦问题主要发生于连续性方程，由此提出一种新的兼容低马赫数流动的 HLL 格式：

$$\boldsymbol{F}^{\text{A-HLL}}=\frac{S_{\mathrm{R}}\boldsymbol{F}_{\mathrm{L}}-S_{\mathrm{L}}\boldsymbol{F}_{\mathrm{R}}}{S_{\mathrm{R}}-S_{\mathrm{L}}}+\frac{S_{\mathrm{R}}S_{\mathrm{L}}}{S_{\mathrm{R}}-S_{\mathrm{L}}}\begin{bmatrix}\Delta\rho\\ f(M)\Delta(\rho u)\\ f(M)\Delta(\rho v)\\ \Delta(\rho E)\end{bmatrix} \tag{5.179}$$

其中，函数 $f(M)$ 只与本地马赫数 M 相关，并可以采用式(5.7)。

新的格式只在原始 HLL 格式动量方程的数值黏性项上乘以函数 $f(M)$，而不需要做其他改动，就可以同时满足 3 个普适规则：

(1) 动量方程上的速度梯度系数阶数为 $O(c^0)$，解决了非物理解问题；

(2) 连续性方程上的压力梯度系数阶数为 $O(c^{-1})$，解决了压力速度失耦问题；

(3) 公式中不存在本地速度被除的不稳定结构,解决了全局截断问题。

5.5.5 普适规则在 AUSM 类格式中的应用与推广

AUSM 类格式也是广泛应用的最重要的激波捕获格式之一。本节将基于3.4.4节所述的 AUSM$^+$-up 格式,进一步讨论普适规则在 AUSM 类格式中的应用与推广。

(1) AUSM$^+$-up 格式及其预处理修正

3.4.4节的 AUSM$^+$-up 格式主方程式(3.59)可以重写为

$$\widetilde{\boldsymbol{F}}_{\frac{1}{2}}=\frac{(\Pi_{\frac{1}{2}}+|\Pi_{\frac{1}{2}}|)c_{\frac{1}{2}}}{2}\rho_{\mathrm{L}}\begin{bmatrix}1\\u\\v\\H\end{bmatrix}_{\mathrm{L}}+\frac{(\Pi_{\frac{1}{2}}-|\Pi_{\frac{1}{2}}|)c_{\frac{1}{2}}}{2}\rho_{\mathrm{R}}\begin{bmatrix}1\\u\\v\\H\end{bmatrix}_{\mathrm{R}}+\dot{p}\begin{bmatrix}0\\n_x\\n_y\\0\end{bmatrix}\tag{5.180}$$

当 $\widetilde{M}\to 0$ 时,忽略马赫数 M 的高阶项,则

$$f_{\Pi}^{\pm}\approx\pm\frac{3}{8}+\frac{1}{2}\widetilde{M}\tag{5.181}$$

$$f_{p}^{\pm}|_{\alpha}\approx\frac{1}{2}\pm\frac{15}{16}\widetilde{M}\tag{5.182}$$

于是可以得到

$$\Pi_{\frac{1}{2}}=\frac{1}{2}(\widetilde{M}_{\mathrm{L}}+\widetilde{M}_{\mathrm{R}})+\Pi_{p}\tag{5.183}$$

$$\dot{p}\approx\frac{1}{2}(p_{\mathrm{L}}+p_{\mathrm{R}})-\frac{15}{32}\left[\frac{p_{\mathrm{R}}+p_{\mathrm{L}}}{c_{\frac{1}{2}}}\Delta U+\frac{U_{\mathrm{L}}+U_{\mathrm{R}}}{c_{\frac{1}{2}}}\Delta p\right]+p_{u}\tag{5.184}$$

$$p_{u}=-0.75f_{p\mathrm{L}}^{+}f_{p\mathrm{R}}^{-}(\rho_{\mathrm{L}}+\rho_{\mathrm{R}})c_{\frac{1}{2}}\Delta U\tag{5.185}$$

根据普适规则(1),AUSM$^+$-up 格式的非物理解问题归咎于式(5.184)的 $\frac{p_{\mathrm{R}}+p_{\mathrm{L}}}{c_{\frac{1}{2}}}\Delta U$ 项,因为压力本身为声速平方的量级,即 $p=O(c^2)$;以及式(5.185)的 p_u,因为它的量级为 $O(c^1)\Delta U$。

4.4节的预处理 AUSM$^+$-up 格式重新定义了 Π_p、p_u 与 α。当 $M_\infty\to 0$ 且 $\widetilde{M}\to 0$ 时,忽略马赫数 M_* 的高阶项,则重新定义后,值的量级为

$$f_{p}^{\pm}|_{\alpha}\approx\frac{1}{2}\pm\frac{15}{16}\widetilde{M}f_{\alpha}^{2}\tag{5.186}$$

其中,$f_\alpha=O(c^{-1})$。考虑到 $p_u=-O(c^0)\Delta U$,于是:

$$\dot{p}\approx\frac{1}{2}(p_{\mathrm{L}}+p_{\mathrm{R}})-\frac{15}{32}f_{\alpha}^{2}[(p_{\mathrm{R}}+p_{\mathrm{L}})\Delta\widetilde{M}+(\widetilde{M}_{\mathrm{L}}+\widetilde{M}_{\mathrm{R}})\Delta p]-O(c^0)\Delta U$$

$$=\frac{1}{2}(p_{\mathrm{L}}+p_{\mathrm{R}})-O(c^{0})\Delta M-O(c^{0})\Delta U-O(c^{-3})\Delta p \tag{5.187}$$

根据普适规则(1)可知,式(5.187)解决了非物理解问题。

另外可知,在预处理修正后:

$$\Pi_{p}=-\frac{0.25}{f_{\alpha}}\max(1-\overline{M}^{2},0)\frac{\Delta p}{\rho_{\frac{1}{2}}c_{\frac{1}{2}}^{2}} \tag{5.188}$$

根据普适规则(2),式(5.188)中压力梯度系数的阶数达到了 $O(c^{-1})$,这提供了一个强抑制机制,用于解决压力速度失耦问题。在主方程式(5.180)中,这一系数量级实际上达到了 $O(c^{0})$,比原始格式 $O(c^{-1})$的量级更大。因此,预处理的 Π_{p} 抑制压力锯齿振荡效果更好,但并不是必须的。

根据普适规则(3),式(5.184)的 $\dot{p}$ 并不需要全局截断处理,但式(5.188)的 Π_{p} 需要,因为其中存在$\frac{1}{f_{\alpha}}$结构。

(2) 新构造的兼容低马赫数流动的 AUSM^{+}-up 格式

如前所述,根据普适规则(3),$\dot{p}$ 没有必要进行全局截断处理,而 Π_{p} 中对压力梯度的强化并不是必须的,由此引入的全局截断也是可以接受或取消的。因此,可以提出如下新构造的兼容低马赫数流动的 AUSM^{+}-up 格式:

$$\Pi_{p}=-0.25\max(1-\overline{M}^{2},0)\frac{\Delta p}{\rho_{\frac{1}{2}}c_{\frac{1}{2}}^{2}} \tag{5.189}$$

$$p_{u}=-0.75f_{p\mathrm{L}}^{+}f_{p\mathrm{R}}^{-}(\rho_{\mathrm{L}}+\rho_{\mathrm{R}})f_{\alpha}'c_{\frac{1}{2}}\Delta U \tag{5.190}$$

$$\alpha'=\frac{3}{16}(-4+5f_{\alpha}'^{2}) \tag{5.191}$$

$$f_{\alpha}'=M_{o}'(2-M_{o}') \tag{5.192}$$

$$M_{o}'=\min[1,f(M)] \tag{5.193}$$

其中,函数 $f(M)$可以采用式(5.7)。容易分析,新构造的格式能够同时满足 3 个普适规则。

5.5.6 经典算例验证

为了进一步验证普适规则的正确性,本节针对 5.5.3 节~5.5.5 节所论述的各种格式,用无黏圆柱绕流、无黏 T106 叶栅流动及顶盖驱动的方腔层流这 3 个经典案例进行验证。为节省篇幅,此处仅给出部分有代表性的结果。所有格式可以分为 4 类:第 1 类为传统激波捕获格式,如 Roe 格式等;第 2 类为没有锯齿压力抑制机制的格式,即压力梯度系数 $c_{p}\leqslant O(c^{-2})$,如预处理 HLL 格式并且设 $\varepsilon=0$(记为 P-HLL)等;第 3 类压力梯度系数为 $O(c^{-1})$阶,如新构造的兼容低马赫数流动的 HLL 格式式(5.179)(记为 A-HLL-new)、新构造的兼容低马赫数流动的

$AUSM^{+}$-up 格式式(5.189)～式(5.193)(记为 A-AUSM-up-new)等；第 4 类压力梯度系数为 $O(c^0)$阶，如全局截断系数 $K=1$ 的预处理 Roe 格式(记为 P-Roe)、新构造的兼容低马赫数流动的预处理 Roe 格式式(5.151)～式(5.157)(记为 A-P-Roe-new)等。

作为经典的预处理格式，P-Roe 格式被用作一种基准解。为了验证格式本身的性质，各种格式都采用一阶精度，除了 P-Roe 格式采用了 MUSCL 重构(记为 P-Roe-MUSCL)，用作另一种基准解。在本节的算例中，只有 P-Roe-MUSCL 达到了网格无关性，其他采用一阶精度的格式并不一定与网格无关，以便比较相同网格下的格式本身的性质与精度。

在算例中，定义了一个无量纲压力 $\bar{p}=\dfrac{p-p_{\min}}{p_{\max}-p_{\min}}$，用于比较极低马赫数流动下的压力变化。

(1) 二维无黏圆柱绕流

计算统一采用 O 形网格，周向与径向网格数分别为 72 与 100，远场马赫数为 0.01。

第 1 类经典激波捕获格式(如 Roe 格式)产生了 p^1 阶的数值结果，如图 5.8(a)所示，这一结果与纯黏性斯托克斯流的解析解非常类似，说明格式的数值黏性已经完全主导了所求解。对于没有锯齿压力抑制机制的第 2 类格式(如 P-HLL 格式)，即便给出一个正确的流场作为初场，也很快会产生如图 5.8(b)所示的完全失耦解，并随之计算发散。压力梯度系数为 $O(c^{-1})$阶的第 3 类格式则产生弱失耦解，如图 5.8(c)所示，在壁面附近存在小的压力锯齿。由于低马赫数流动压力场本身为 p^2 阶，振荡压力的幅值应该为 p^3 阶或更小。而对于压力梯度系数为 $O(c^0)$阶的第 4 类格式，则完全消除了流场中的锯齿压力，如图 5.8(d)所示。

图 5.9 给出了圆柱表面无量纲压力分布，以对格式进行经典的定量比较。可以看到，没有全局截断的 A-P-Roe-new、A-HLL-new 与 A-AUSM-up-new 格式，其精度都明显优于需要全局截断的 P-Roe 格式，介于 P-Roe 与 P-Roe-MUSCL 之间。从图中还可以看到，对于压力梯度系数阶数为 $O(c^{-1})$的格式，压力在部分区域如圆柱顶部 90°附近出现周向锯齿波动。

采用文献[35]的方法，定义无量纲压力波动函数：

$$\mathrm{Ind}(p)=\frac{p_{\max}-p_{\min}}{p_{\max}} \tag{5.194}$$

图 5.10 显示了压力波动与进口马赫数的关系。可以看到，各种改进格式都完美符合理论渐进性质，满足式(3.139)，即压力波动为马赫数平方 M_*^2 的二阶量 p^2。

收敛速度也是格式最重要的性质之一。对于预处理方法，预处理格式的纯显式空间残差可以乘以预处理矩阵，如式(4.10)所示，从而加速收敛，如图 5.11 所示。这一方法事实上也对其他格式有效。在图 5.11 中，A-P-Roe-new 格式就从这一方法中

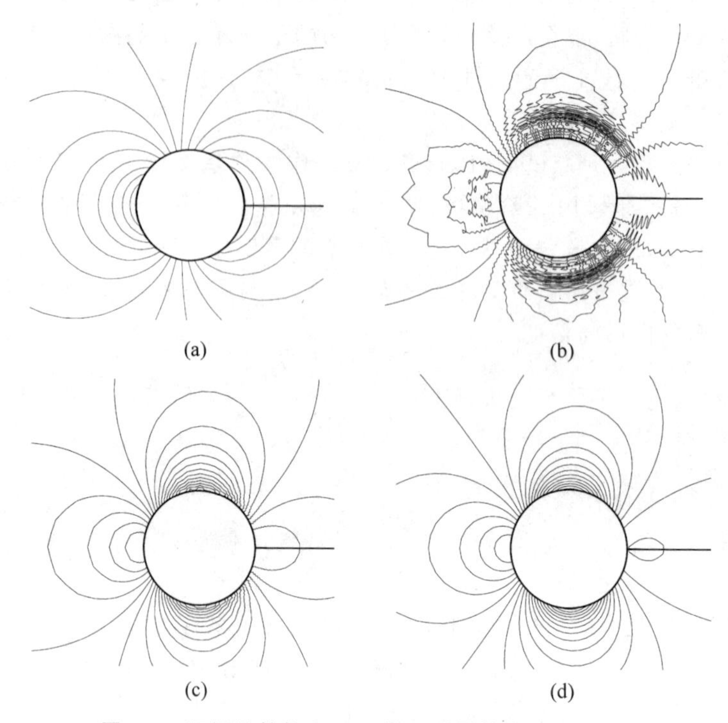

图 5.8 远场马赫数为 0.01 的无黏圆柱绕流压力云图

(a) 类似于斯托克斯流的 Roe 格式解；(b) P-HLL 格式的完全失耦解；
(c) A-HLL-new 格式的弱失耦解；(d) A-P-Roe-new 的耦合解

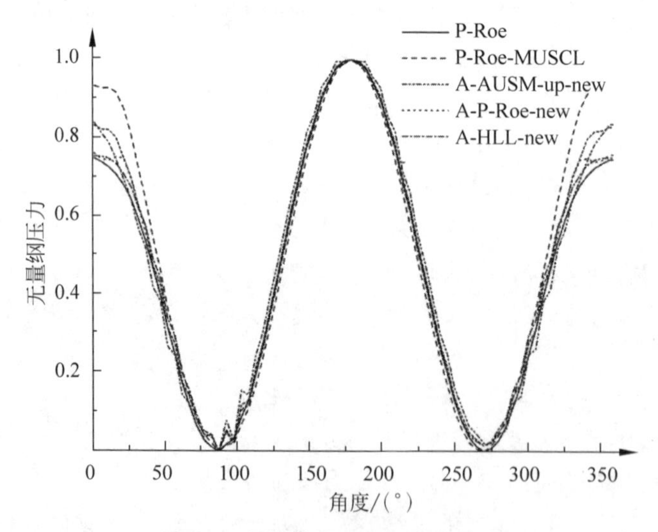

图 5.9 圆柱表面无量纲压力分布

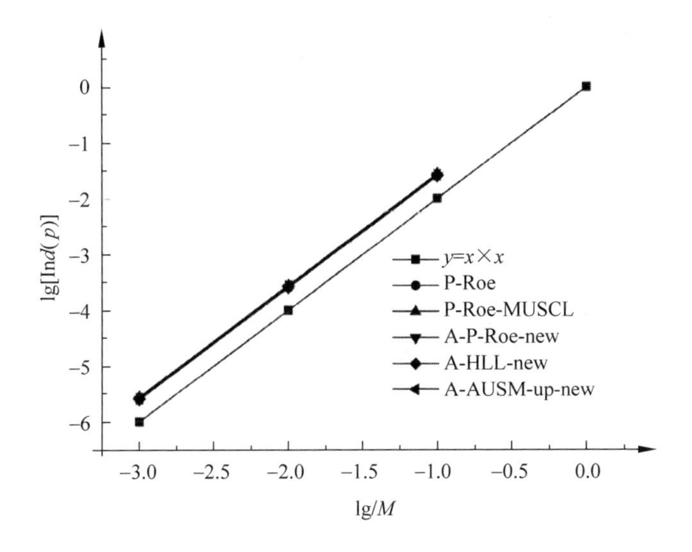

图 5.10　压力波动与远场马赫数

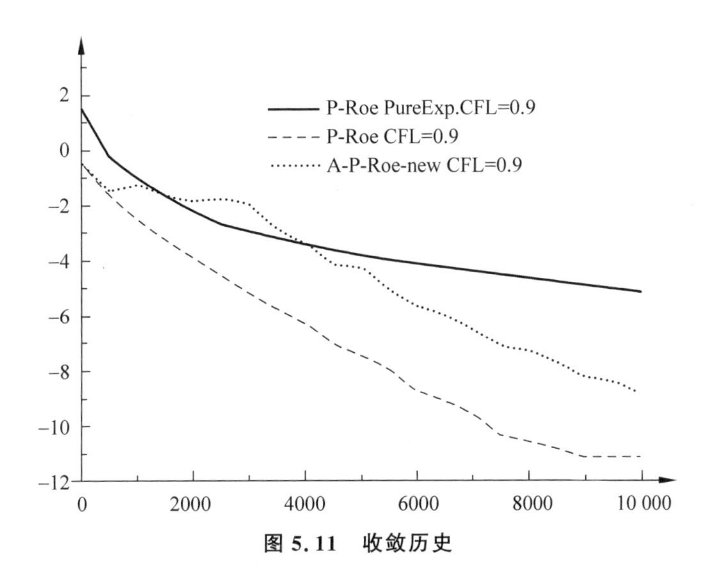

图 5.11　收敛历史

获益，尽管收敛速度慢于 P-Roe，但考虑到 A-P-Roe-new 格式的精度更高，这也是合理的。但是，这一方法对有些格式来说有些复杂。例如，乘以预处理矩阵后，最大可稳定计算的 CFL 对于 A-AUSM-up-new 格式为 0.3，尚属合理；但对于 A-HLL-new 格式，则变为了 0.01；这表明预处理收敛加速问题还需进一步研究。

(2) T106 涡轮叶栅无黏流动

与 4.2 节一致，对进口马赫数为 0.001 的 T106 涡轮叶栅无黏流进行模拟，网格为 H 形，周向与流向的网格数分别为 40 和 98。

与无黏圆柱绕流类似，第 1 类传统激波捕获格式产生非物理解，如图 5.12(a)所示。第2类格式则遭受严重的压力锯齿振荡问题,如图5.12(b)所示。第3类格式存在 p^3 阶轻微的压力锯齿振荡,能够保持计算稳定,如图5.12(c)所示。第4类格式能够完全抑制压力锯齿振荡,如图5.12(d)所示。而定量的分析也表明,A-P-Roe-new、A-HLL-new与A-AUSM-up-new格式都表现良好,如图5.13与图5.14所示。

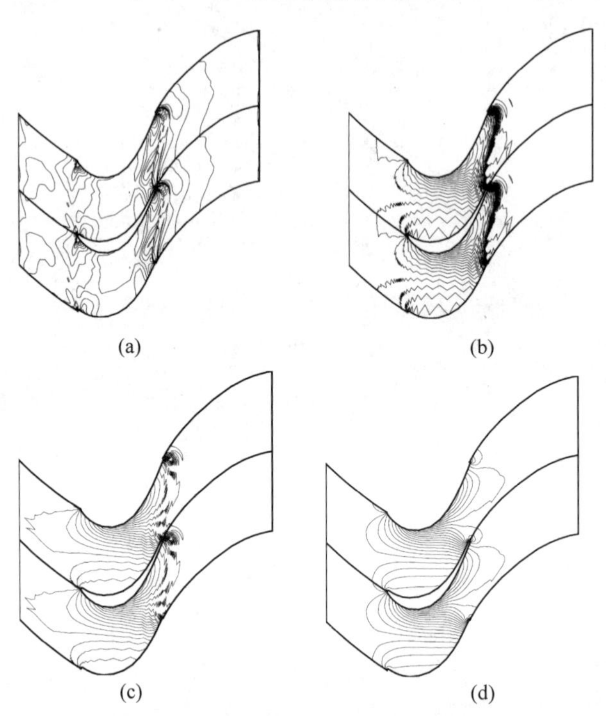

图5.12 进口马赫数为0.001的无黏叶片流动压力云图

(a) Roe格式的非物理解;(b) P-HLL格式的完全失耦解;
(c) A-HLL-new格式的弱失耦解;(d) A-P-Roe-new的耦合解

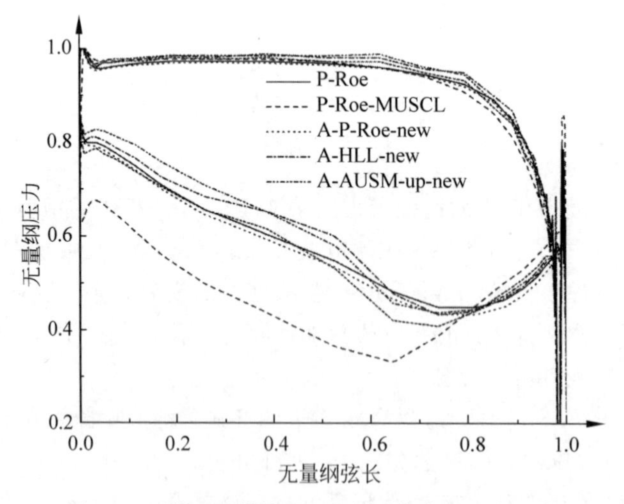

图5.13 进口马赫数0.001的叶片表面压力分布

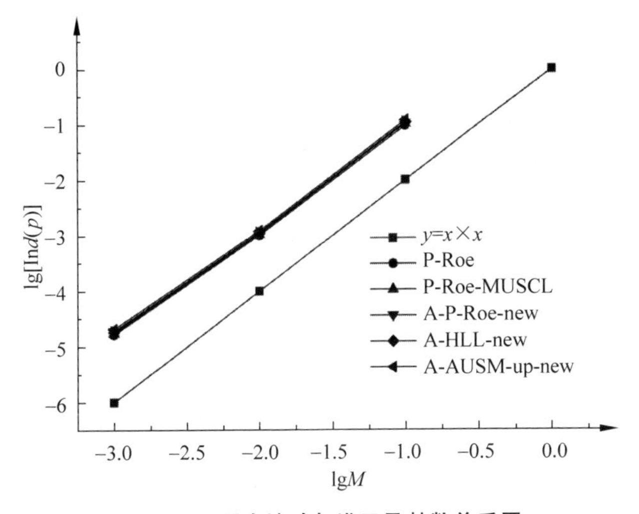

图 5.14　压力波动与进口马赫数关系图

（3）顶盖驱动方腔流

二维顶盖驱动方腔流是另一个典型低马赫数数值测试案例。本计算网格数为160×160，顶盖移动马赫数为0.005，雷诺数为400。

图5.15(a)表明，第1类传统激波捕获格式数值黏性过大，不能获得物理解。

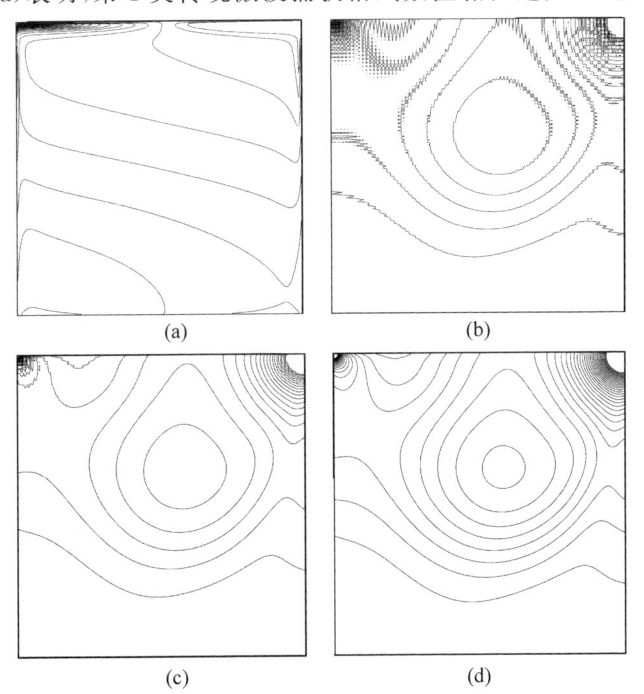

图 5.15　顶盖移动马赫数为 0.005、雷诺数为 400 时的方腔压力云图

(a) Roe 格式的非物理解；(b) P-HLL 格式的明显失耦解；
(c) A-HLL-new 格式的弱失耦解；(d) A-P-Roe-new 的物理解

图 5.15(b)表明,第 2 类格式缺乏压力速度耦合机制,导致明显的压力锯齿振荡。但需要注意的是,方腔流的压力振荡明显小于无黏圆柱绕流与无黏叶片流,并且计算能够保持稳定收敛。原因是该方腔流雷诺数小,物理黏性大,对压力振荡有明显的物理阻尼作用,从而削弱振荡程度。类似地,图 5.15(c)的第 3 类格式产生了非常弱的失耦。而图 5.15(d)表明,第 4 类格式能够获得物理解,避免了任何模式的压力锯齿振荡。

图 5.16 显示了格式计算精度。Ghia 等在文献[73]中给出了方腔流的基准解,二阶精度解 P-Roe-MUSCL 与此吻合得很好。A-P-Roe-new 格式的精度明显比 P-Roe 格式更高,因为在方程分子上采用本地速度代替了截断速度。事实上,所有避免了全局截断的格式都比 P-Roe 格式精度高,即使众所周知 HLL 数值黏性远大于 Roe 格式,A-HLL-new 格式也强于 P-Roe 格式。这也进一步证实了克服了全局截断问题的格式的优越性。

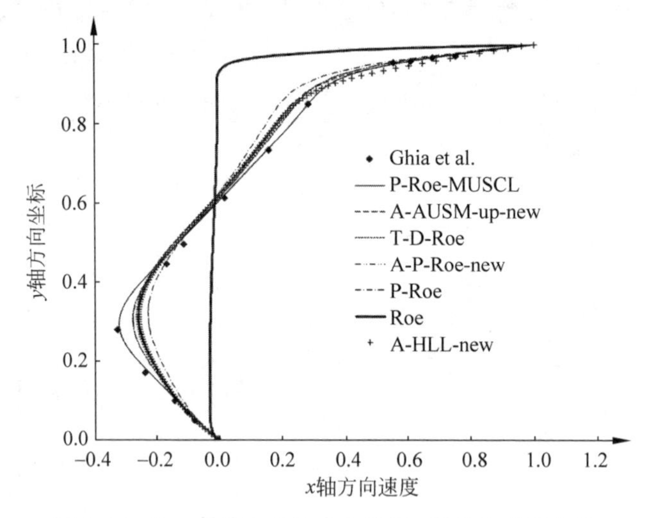

图 5.16 沿 y 轴方向几何中心线的 x 轴方向速度分布

5.6 适用于大涡模拟格式的讨论

大涡模拟对格式提出了更高的要求。对于经典的低马赫数各向同性衰减湍流(homogeneous decaying turbulence,HDT)而言,采用 Roe 格式进行 LES 计算,即使精度高达 5 阶[22]乃至 9 阶[74],都难以复现湍流的重要特性,如著名的惯性子区 $k^{-\frac{5}{3}}$ 能谱特性。这意味着,此时的数值黏性完全"淹没"了物理亚格子(subgrid scale,SGS)黏性。事实上,一个正确的 LES 计算的格式黏性需要满足以下 2 个条件之一[22]:

(1) 数值黏性显著低于物理 SGS 黏性(条件 C1);

(2) 数值黏性具有 SGS 黏性的重要特征，在一定程度上能够代替 SGS 模型(条件 C2)，也就是隐式大涡模拟(integrated large eddy simulation，ILES)[74-75]。

本章所发展的低马赫数激波捕获格式对于低马赫数流动的无黏欧拉流动、层流与湍流 RANS 计算都有足够的精准度，然而，对于 LES 计算是否需要更高的要求，还需进行进一步探讨。本节将针对 HDT 的 LES 计算，以 Roe 格式为例，讨论格式中各项成分在 LES 中的作用与改进方向。

5.6.1　数值测试方法

为了理解 Roe 格式的 5 部分(式(5.129)～式(5.133))在 LES 中的影响机制，表 5.1 设计了 9 个测试案例。表中的数字代表 Roe 格式的 5 部分及 SGS 经典模型斯马戈林斯基模型(Smagorinsky model，SMA)的系数。斯马戈林斯基模型的表达式如下：

$$\mu_{\mathrm{SMA}}=\rho C_{\mathrm{S}}^{2}\Delta^{2}\sqrt{2S_{ij}S_{ij}} \tag{5.195}$$

其中，$S_{ij}=\dfrac{1}{2}\left(\dfrac{\partial u_i}{\partial x_j}+\dfrac{\partial u_j}{\partial x_i}\right)$，滤波器尺寸 Δ 等同于网格宽度，并且模型常数 C_{S} 设为 0.2。

表 5.1　9 个测试案例

	ξ	δU_p	δU_u	δp_p	δp_u	SMA
案例 1(Cen-SMA)	0	0	0	0	0	1
案例 2(Cen)	0	0	0	0	0	0
案例 3(Roe)	1	1	1	1	1	0
案例 4(ξ)	1	0	0	0	0	0
案例 5(δU_p)	0	1	0	0	0	0
案例 6(δU_u)	0	0	1	0	0	0
案例 7(δp_p)	0	0	0	1	0	0
案例 8(δp_u)	0	0	0	0	1	0
案例 9(0.5ξ)	0.5	0	0	0	0	0

因此，案例 1(Cen-SMA)代表了一个典型的 LES 模拟，也就是中心格式结合 SMA 进行计算。而中心格式意味着数值黏性为 0，即

$$\widetilde{\boldsymbol{F}}_d=0 \tag{5.196}$$

在案例 2(Cen)中，只有中心格式而无 SMA，考察的是格式自身的性质。而案例 3(Roe)事实上就是采用了 Roe 格式。而案例 4～案例 8(ξ、δU_p、δU_u、δp_p 与 δp_u)分别只考察了 Roe 格式 5 部分中的一项。为了对比 SMA，案例 9(0.5ξ)在 ξ

项上乘以了一个系数 0.5，表示基本迎风数值黏性的一半：

$$\widetilde{\boldsymbol{F}}_d=0.5\zeta\Delta\boldsymbol{Q}=0.5\mid U\mid\Delta\boldsymbol{Q} \tag{5.197}$$

对于高阶离散，采用了 MUSCL 重构，并且没有采用限制器。时间离散采用四阶龙格-库塔(Runge-Kutta)离散，参见式(8.11)～式(8.14)。

5.6.2 各向同性衰减湍流的 LES 模拟与讨论

各向同性衰减湍流的初始条件见参考文献[76]和文献[77]，初始速度满足散度为 0 的条件，并具有初始能谱 $E(k)=Ak^4\exp\left(\frac{-2k^2}{k_0^2}\right)$，其中相位随机，并且 $k_0=2$。所有热力学参数如压力、密度与温度的初始值都设为常数。初始马赫数均方根设为 0.2。网格密度分别为 32^3、64^3 与 128^3。128^3 的网格能够获得满意的结果，而考虑到有限的计算资源，实际复杂流动的计算网格密度往往在 $32^3\sim64^3$ 甚至更低的水平。所有计算都执行到 $t=5\text{s}$，对应于大约 7 个大涡翻转时间[76]，因为初始大涡翻转时间约为 0.71s。通过在能谱空间球面 $k=\sqrt{k_1^2+k_2^2+k_3^2}$ 上积分三维能谱 $E(k_1,k_2,k_3)$，可以获得一维能谱 $E(k)$。

根据著名的柯尔莫哥洛夫理论(Kolmogorov theory)，在湍流的自相似衰减阶段，能量从低波数含能尺度传递到高波数耗散尺度，而过渡的惯性子区尺度主要起湍流能量的输运作用，存在 $k^{-\frac{5}{3}}$ 律，即能谱与波数关系的斜率为 $-\frac{5}{3}$。为了验证计算复现 $k^{-\frac{5}{3}}$ 律这一重要特性，图 5.17～图 5.20 给出了 HDT 的湍能谱。与预期的一致，案例 1(Cen-SMA)都获得了良好的结果。

对于案例 2(Cen)、案例 5(δU_p)、案例 6(δU_u)与案例 7(δp_p)，所有网格密度的计算都发散了。图 5.17 提供了这 4 个案例在 32^3 网格密度下发散前的湍能谱。

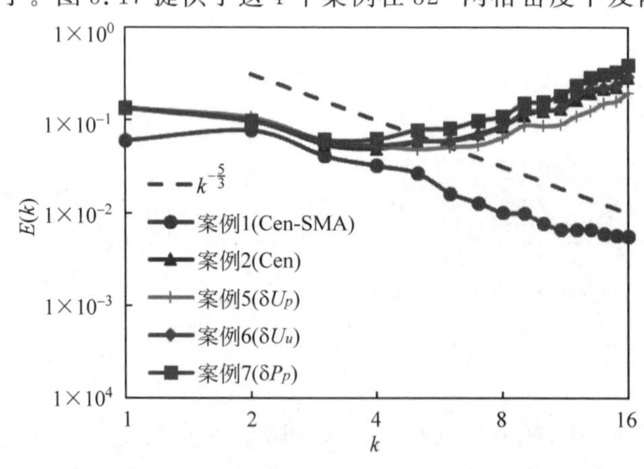

图 5.17 网格为 32^3 时案例 1、2、5、6、7 的湍能谱(后附彩图)

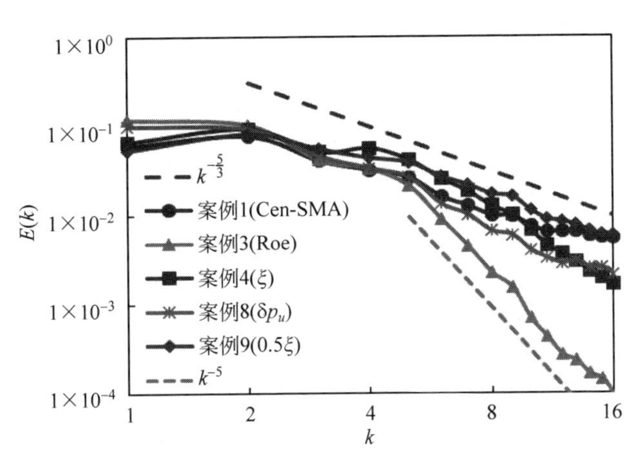

图 5.18　网格为 32^3 时案例 1、3、4、8、9 的湍能谱

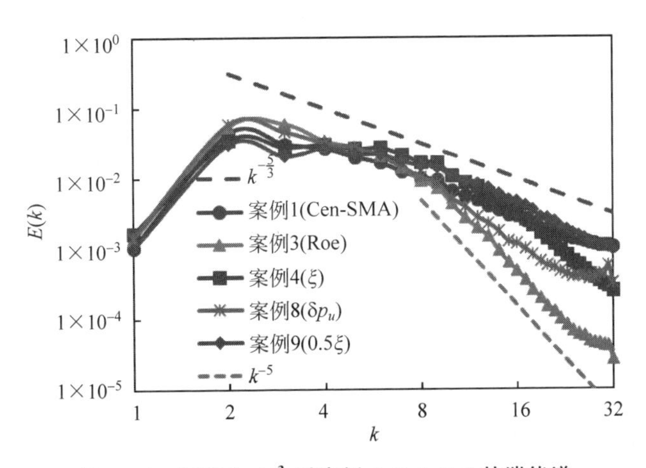

图 5.19　网格为 64^3 时案例 1、3、4、8、9 的湍能谱

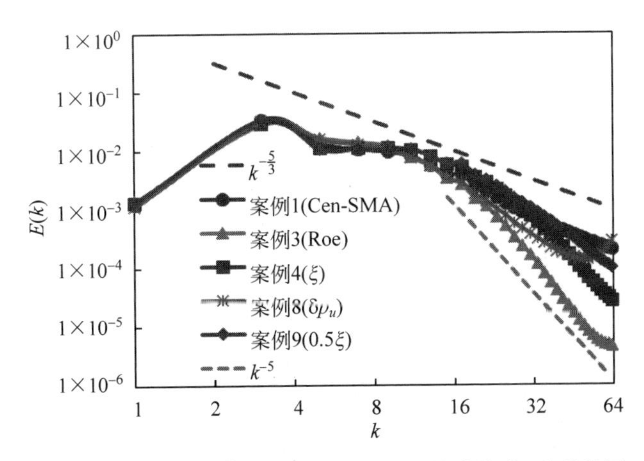

图 5.20　网格为 128^3 时案例 1、3、4、8、9 的湍能谱(后附彩图)

可以看到，由于缺乏物理或数值黏性的耗散，能量在高波数区域积累增长。而案例6(δU_u)的结果基本覆盖案例2(Cen)，意味着此时 δU_u 的数值黏性近似为0。而案例7(δp_p)的结果意味着 δp_p 起到较小的负耗散作用。根据案例5(δU_p)的结果，可以得到一个重要结论，δU_p 起正耗散作用，但数值很小。这一结论的重要性在于，尽管对于 HDT 而言 δU_p 并不是必需的，但对于实际流动，δU_p 是压制"锯齿"解不可缺少的一项，因此 δU_p 的数值耗散本身对 LES 来说并不大，这是值得庆幸的。

图5.18～图5.20给出了案例3(Roe)、案例4(ξ)、案例8(δp_u)与案例9(0.5ξ)的结果。不同网格密度得到的结论是类似的。对于经典 Roe 格式，数值黏性过大，以至于不能产生正确的 $k^{-\frac{5}{3}}$ 特性，而是在高波数产生了近似 k^{-5} 的耗散性质。这个结果很难通过高阶重构精度改善[22,74]。

ξ 与 δp_u 分别独立产生的能谱表明，这两项每一项产生的耗散都超过了正确的 SGS 模型。需要注意的是，虽然 δp_u 导致了低马赫数流动计算的非物理解问题，但在 HDT 中似乎不如 ξ 重要。原因可能在于"各向同性"的一维特性，因为 Roe 格式在一维条件下 δp_u 自身相互抵消，减轻了非物理解问题[78]。然而，对于 64^3 与 128^3 的网格密度，δp_u 产生的能谱在高波数存在振荡。考虑到一般流动计算出现非物理解的可能性，以及接近截断波数的数值振荡问题，δp_u 的大小应该减少至接近0。

而对于 ξ，虽然也产生了大的耗散，但考虑到需要保留计算稳定性，可以通过减少其大小而改善其性质。由图5.18～图5.20也可以看到，对 ξ 简单乘以一个系数0.5，就可以使所有网格密度都获得满意的能谱。

图5.21给出了涡量的等值面图，从而可以直观地观察湍流涡与耗散。与基准案例(案例1(Cen-SMA))相比，对应高波数的小尺寸涡管，在案例3(Roe)中几乎都消失了，只保留了少数大尺寸的涡管，表明此时的数值耗散极大。案例4(ξ)的结果明显好于案例8(δp_u)，而案例9(0.5ξ)的结果非常接近于基准案例(案例1(Cen-SMA))，是所有格式计算中表现最好的。

速度结构函数也是反映湍流性质的重要参数，定义如下：

$$S_n = (-1)^n \frac{\left\langle \left(\frac{\partial u_i}{\partial x_i} \right)^n \right\rangle}{\left\langle \left(\frac{\partial u_i}{\partial x_i} \right)^2 \right\rangle^{\frac{n}{2}}} \tag{5.198}$$

三阶结构函数($n=3$)为偏斜度因子，与 HDT 的非高斯分布性质相关。四阶结构函数($n=4$)为平坦度因子，表征极端情况发生的可能性。与预期一致，表5.2与表5.3中的所有结果，都随网格数的增加而增加，并且都在合理范围之内。然而，这些结果也表明，偏斜度、平坦度因子与数值黏性的相关性较小。

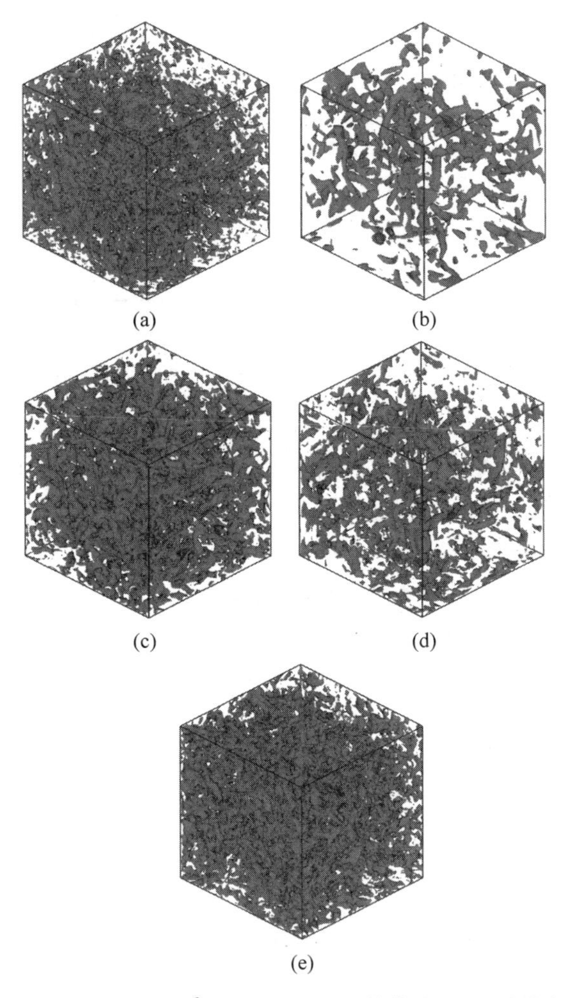

图 5.21　网格密度 64^3 时涡量 $\omega=8.5$ 的等值面图(后附彩图)

(a) 案例 1(Cen-SMA)；(b) 案例 3(Roe)；(c) 案例 4(ξ)；
(d) 案例 8(δp_u)；(e) 案例 9(0.5ξ)

表 5.2　速度结构函数偏斜度因子 S_3

	32^3	64^3	128^3
案例 1(Cen-SMA)	0.21	0.24	0.29
案例 3(Roe)	0.22	0.33	0.35
案例 4(ξ)	0.32	0.34	0.38
案例 8(δp_u)	0.27	0.31	0.34
案例 9(0.5ξ)	0.26	0.29	0.34

表 5.3 速度结构函数平坦度因子 S_4

	32^3	64^3	128^3
案例 1(Cen-SMA)	3.12	3.36	3.48
案例 3(Roe)	3.20	3.50	3.58
案例 4(ξ)	3.25	3.44	3.63
案例 8(δp_u)	3.30	3.57	3.58
案例 9(0.5ξ)	3.29	3.50	3.73

表 5.4 与表 5.5 给出了湍动能 $k=\frac{1}{2}\overline{u_i' u_i'}$ 与耗散率 $\varepsilon=\nu\overline{\frac{\partial u_i'}{\partial x_j}\frac{\partial u_i'}{\partial x_j}}$ 的流域积分值，其中 ν 取为 1.711×10^{-5}。对于湍动能 k，除了粗网格 32^3 下的案例 3(Roe)与案例 4(ξ)，所有结果都近似为 0.4。而对于 ε，则差别较大，其值随网格数增加而明显增加，因为网格数增加使得湍流耗散结构被更充分地解析。与基准案例(案例 1(Cen-SMA))相比，案例 8(δp_u)、案例 4(ξ)、特别是案例 3(Roe)获得的 ε 明显偏小，因为湍流结构被数值黏性过度耗散，与图 5.21 所示一致。而案例 9(0.5ξ)产生了与案例 1(Cen-SMA)最接近的结果。

表 5.4 湍动能积分值 k m^2/s^2

	32^3	64^3	128^3
案例 1(Cen-SMA)	0.35	0.39	0.40
案例 3(Roe)	0.14	0.41	0.39
案例 4(ξ)	0.13	0.39	0.37
案例 8(δp_u)	0.36	0.41	0.40
案例 9(0.5ξ)	0.43	0.38	0.40

表 5.5 耗散率的积分值 ε $\times10^{-4}$ m^2/s^3

	32^3	64^3	128^3
案例 1(Cen-SMA)	1.91	5.63	14.9
案例 3(Roe)	0.29	3.46	7.70
案例 4(ξ)	0.69	5.71	12.6
案例 8(δp_u)	1.14	3.76	9.61
案例 9(0.5ξ)	2.66	6.82	14.7

5.6.3 一个适用于 LES 的改进 Roe 类格式

根据 5.6.2 节的讨论，可以提出一个适用于 LES 的改进 Roe 类格式，即

$$\xi=\alpha_1\left[1+f^{\alpha_2}(M)\right]|U| \tag{5.199}$$

$$\delta p_u = f^{\alpha_2}(M)\left[|U| - \frac{|U-c| + |U+c|}{2}\right][U\Delta\rho - \Delta(\rho U)] \tag{5.200}$$

$$\delta p_p = -\frac{|U-c| - |U+c|}{2}c\beta \tag{5.201}$$

$$\delta U_u = \frac{|U-c| - |U+c|}{2\rho c}[U\Delta\rho - \Delta(\rho U)] \tag{5.202}$$

$$\delta U_p = \frac{1}{\rho}\left(\frac{|U-c| + |U+c|}{2} - |U|\right)\beta \tag{5.203}$$

上述格式与经典 Roe 格式相比，区别仅在于 ξ 与 δp_u，其中与马赫数相关的函数 $f(M)$ 定义为

$$f(M) = \min\left(M\frac{\sqrt{4+(1-M^2)^2}}{1+M^2}, 1\right) \tag{5.204}$$

直接使用式(5.204)，当 $M \to 0$ 时，δp_u 是 ξ 的$\sqrt{5}$倍，这对于 LES 明显不适用。因此，α_2 可以选择为

$$\alpha_2 = 4 \tag{5.205}$$

如图 5.22 所示，上述情况的 δp_u 在低马赫数流动时趋于 0。

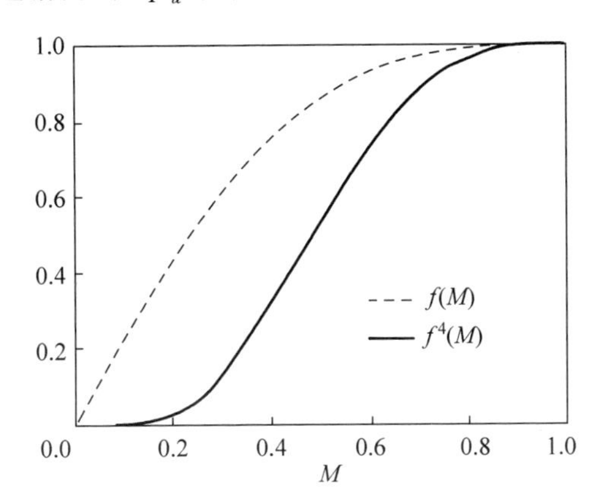

图 5.22　函数中马赫数的影响

基于案例 9(0.5ξ)，α_1 可以选择为

$$\alpha_1 = 0.5 \tag{5.206}$$

因此，式(5.199)在低马赫数流动下与案例 9(0.5ξ)的方法类似。

如图 5.23 所示，改进 Roe 格式(式(5.199)～式(5.204))在不同网格密度下都有一个良好的能谱特性。因此，可以期待该格式对工程问题的较粗网格 LES 都有较好的效果。

表 5.6 给出了改进格式在不同网格密度下获得的重要参数偏斜度因子、平坦度因子、湍动能积分值与耗散率积分值。可以看到，其结果与预期一致，且与案例 9(0.5ξ)基本一致。

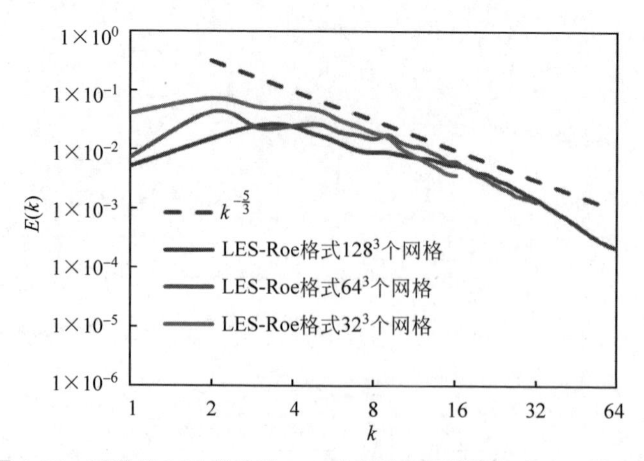

图 5.23　适用于 LES 的改进 Roe 类格式在不同网格密度下的能谱

表 5.6　改进格式获得的重要参数

	32^3	64^3	128^3
S_3	0.30	0.29	0.34
S_4	3.24	3.47	3.71
$k/(m^2/s^2)$	0.40	0.38	0.39
$\varepsilon\times10^{-4}/(m^2/s^3)$	2.71	6.81	14.2

第 6 章

激波计算稳定的激波捕获格式

3.7.2 节中指出，经典激波捕获格式在高超声速流动条件下，存在激波计算不稳定问题。对这一重要问题，传统的解决方法可以归结于增加格式的数值黏性，从而使计算稳定。然而，更理想的解决方法是在保证激波计算稳定的前提下，尽量少增加、甚至减少数值黏性。这就需要对激波计算不稳定问题有更深入的机理认识。

本章将主要基于 Roe 格式，讨论这一重要问题的机理及其新的解决办法。

6.1 动量插值在激波计算不稳定问题中的作用及改进

6.1.1 动量插值对激波计算的作用分析

为了分析动量插值在激波计算不稳定问题中所扮演的角色[79]，Roe 格式统一框架式(3.71)可以重写为

$$\widetilde{\boldsymbol{F}}_d=-\frac{1}{2}\left\{\xi\begin{bmatrix}\Delta\rho\\ \Delta(\rho u)\\ \Delta(\rho v)\\ \Delta(\rho w)\\ \Delta(\rho E)\end{bmatrix}+(\delta p_u+\delta p_p)\begin{bmatrix}0\\ n_x\\ n_y\\ n_z\\ U\end{bmatrix}+(\delta U_u+\delta U_p)\begin{bmatrix}\rho\\ \rho u\\ \rho v\\ \rho w\\ \rho H\end{bmatrix}\right\} \tag{6.1}$$

考虑到其中系数的重要性，Roe 格式的简化版本也在本章中重写为

$$\xi=|U| \tag{6.2}$$

$$\delta p_u=\max(0,c-|U|)\rho\Delta U \tag{6.3}$$

$$\delta p_p=\operatorname{sign}(U)\min(|U|,c)\frac{\Delta p}{c} \tag{6.4}$$

$$\delta U_u=\operatorname{sign}(U)\min(|U|,c)\frac{\Delta U}{c} \tag{6.5}$$

$$\delta U_p = \max(0, c - |U|)\frac{\Delta p}{\rho c^2} \tag{6.6}$$

其中，δU_p 的含义是界面速度的压力梯度修正，当$|U|\to 0$ 时，式(6.6)变为

$$\delta U_p = \frac{\Delta p}{\rho c} \tag{6.7}$$

其中，压力梯度的系数阶数为 $O(c^{-1})$，根据 5.5.1 节所述的普适规则(2)，此时的 δU_p 可以看作一种粗糙版本的动量插值法，对计算低马赫数流动可以起到抑制压力速度失耦的作用。

但是，对于高马赫数流动，密度与压力直接关联，压力与速度的失耦不再存在，因此不再需要动量插值。事实上，在高马赫数流动时，动量插值不仅不必要，也不能存在，否则，它会对流场计算产生不利影响。下面给出相关分析。

从结果的角度来看，动量插值能够压制压力锯齿，也就是压力跳跃突变，并使流场光滑。然而，激波本身也是一种压力突变。因此，动量插值有可能光滑甚至破坏激波。

从机理的角度来看，动量插值的核心思路是界面速度中的压力梯度项通过计算获得，而其他项通过插值获得。需要注意，压力梯度项的计算值与内插值必然存在匹配误差。当流场为线性时，这个误差对压力速度耦合有利，并且从数值黏性数量的角度来看，这个误差不重要。但是，对于非线性流场，这个误差就有可能变得很大，以至于不能获得物理解。从这个角度还能够获得另外一个判断：交错网格法是另外一种广泛使用的压力速度耦合方法，但不能用于有激波的流场，因为该方法计算获得的压力与速度处于不同的空间位置，因此不可避免地存在匹配误差。

从 Roe 格式本身来看，该格式对低马赫数流动提供了动量插值机制，并在高马赫数流动时倾向于将其自动消除。由此可知，对于一维超声速流动，$\delta U_p = 0$。然而，对于高马赫数乃至超声速的流动，本应消失的动量插值却在近似平行流动的网格面中幸存了下来，此时这样的网格面$|U|\to 0$，如图 6.1(a)所示。这个意外留存的动量插值可以归结于 Roe 格式的一维网格相关性，也就是说，一维 Roe 格式由一维黎曼问题推导而来，对于多维流动问题求解所使用的 Roe 格式，仅是一维 Roe 格式的多维简单推广。

意外留存动量插值的另外一种类型存在于激波中的低马赫数网格点，如图 6.1(b)所示。这样的网格点尽管马赫数低，但具有强烈的非线性，应当作为激波而非不可压缩流动处理。因此，对于这种情况，动量插值也应消失。为了判定这种情况，传统的马赫数判据失效了，需要引入激波探测因子。

以上分析表明，为了避免有害的动量插值而保留有益的动量插值，需要遵守以下规则：

(1) 对于高马赫数流动，在任何情况下，$\delta U_p = 0$；

(2) 对于数值激波中的低马赫点，$\delta U_p = 0$；

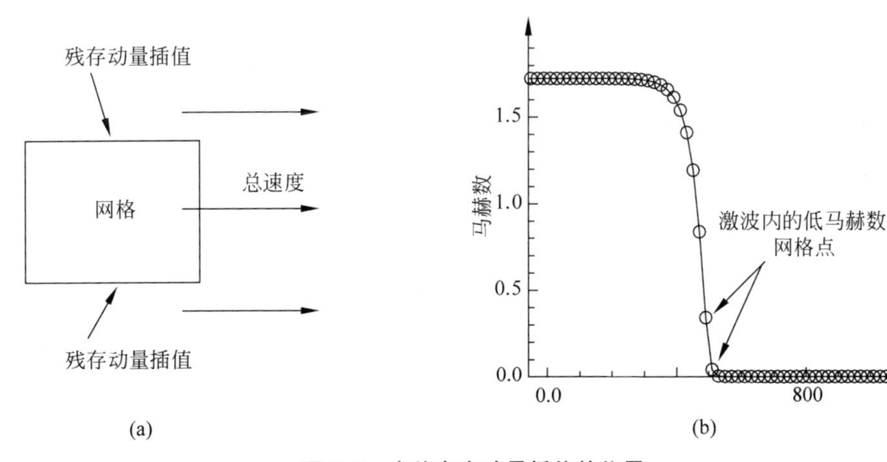

图 6.1　意外存在动量插值的位置

(a) 平行于流动的网格面；(b) 激波中的低马赫数网格点

(3) 对于一般的低马赫数流动，Roe 格式本身的 δU_p 应该保留。

为了满足普适规则(1)和规则(3)，可以设计一个系数：

$$s_1 = 1 - f^8(M) \tag{6.8}$$

其中，马赫数为 $M=\dfrac{\sqrt{u^2+v^2+w^2}}{c}$，并且函数可以采用第 5 章推荐的形式：

$$f(\varphi) = \min\left(\varphi\frac{\sqrt{4+(1-\varphi^2)^2}}{1+\varphi^2}, 1\right) \tag{6.9}$$

其中，φ 代表任意变量。当马赫数小于 0.3 时，函数 f^8 近乎为 0，并且在声速 1 附近光滑过渡，如图 6.2 所示。

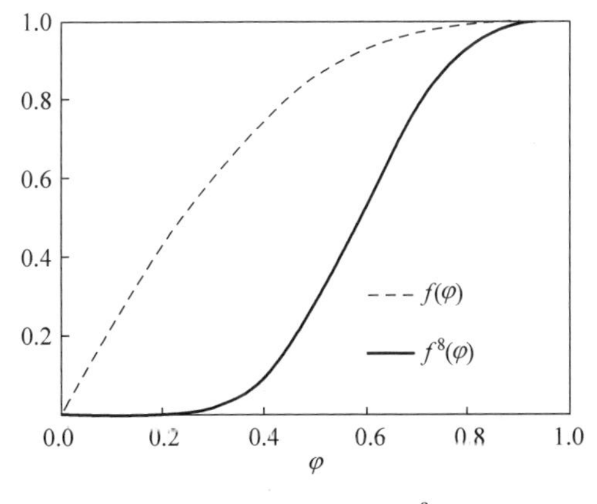

图 6.2　函数 f 与 f^8

然而，基于马赫数的 s_1 并不能满足普适规则(2)。为此，需要设计另外一个系数：

$$s_2 = f^8(b) \tag{6.10}$$

其中,b 为激波探测因子。这里可以参考一个简单的 b[80-81],在当前及相邻网格面上搜寻压力阶跃,其二维形式如下:

$$b_{i+\frac{1}{2},j} = \min(P_{i+\frac{1}{2},j}, P_{i+1,j-\frac{1}{2}}, P_{i+1,j+\frac{1}{2}}, P_{i,j-\frac{1}{2}}, P_{i,j+\frac{1}{2}}) \tag{6.11}$$

$$P_{i+\frac{1}{2},j} = \min\left(\frac{p_{i,j}}{p_{i+1,j}}, \frac{p_{i+1,j}}{p_{i,j}}\right) \tag{6.12}$$

因此,式(6.6)中的动量插值 δU_p 能够通过系数 s_1 与 s_2 改进:

$$\delta U_p = s_1 s_2 \max(0, c - |U|) \frac{\Delta p}{\rho c^2} \tag{6.13}$$

其中,系数 s_1 基于物理变量马赫数,而激波探测器 s_2 与数值激波厚度及激波内的低马赫数点的数量有关。同时,s_1 是不可或缺的,而 s_2 可能被其他方法所取代,如使用高阶重构后可以有效减少激波内的低马赫数网格点的数量。因此,多数情况下可以只考虑 s_1 修正:

$$\delta U_p = s_1 \max(0, c - |U|) \frac{\Delta p}{\rho c^2} \tag{6.14}$$

对于改进的 Roe 格式式(6.13)或式(6.14),动量插值保留或取消的依据是矫正压力锯齿问题与激波计算不稳定问题。此时数值黏性不仅没有增加,甚至有所减少,因为该方法仅弱化了动量插值的影响。因此,该改进 Roe 格式提供了一个方向,能够减少数值黏性而矫正激波计算不稳定的问题。

另外,对于一些经典激波问题,可以依据前两条普适规则,将 δU_p 直接设为 0,即

$$\delta U_p = 0 \tag{6.15}$$

式(6.15)能够直接用于测试动量插值对激波计算不稳定的作用,从而验证改进式(6.13)与式(6.14)的正确性。

6.1.2 经典算例验证

鉴于动量插值对激波作用的重要性,本节提供 3 个经典算例来验证其正确性,包括奇偶失联、马赫杆与红斑。

(1) 奇偶失联算例

奇偶失联算例由 Quirk 设计[36]。此算例在二维直管道里设置一道移动激波,管道网格均匀光滑。奇偶失联意味着对于中心线网格奇数与偶数点的网格,人为给定一个几何错位扰动:

$$Y_{i,j,\text{mid}} = \begin{cases} Y_{j,\text{mid}} + \varepsilon_y \Delta Y, & \text{偶数点} \\ Y_{j,\text{mid}} - \varepsilon_y \Delta Y, & \text{奇数点} \end{cases} \tag{6.16}$$

其中,ε_y 为人为给定的常数,其值越大扰动越强烈,越易出现严重的激波计算不稳

定问题，在本算例中，称其为奇偶失联问题。这个算例非常重要，因为一个格式如果在该算例中出现奇偶失联问题，那么其在其他算例中也多少会出现激波计算不稳定问题。

该算例的初始条件：在管道进口位置，左侧量与右侧量分别为

$$(\rho,p,u,v)_{\mathrm{L}}=\left(\frac{1512}{205},\frac{251}{6},\frac{175}{36},0\right),\quad (\rho,p,u,v)_{\mathrm{R}}=(1.4,1,0,0)$$

由此产生一道正激波，以马赫数为 6 的速度向管道右侧移动。计算网格数量在 Y 轴与 X 轴方向为 20×800 个，并且网格间距均匀：$\Delta Y=1$ 与 $\Delta X=1$。

验证的格式除了 Roe 格式及相应的改进格式式(6.13)、式(6.14)与式(6.15)之外，还考虑了广泛使用的经典熵修正格式式(3.33)，重写如下：

$$\lambda_i=\begin{cases}\lambda_i, & \lambda_i\geqslant h\\ \dfrac{1}{2}\left(\dfrac{\lambda_i^{\ 2}}{h}+h\right), & \lambda_i<h\end{cases} \tag{6.17}$$

$$h=\varepsilon_\lambda\max(\lambda_i)=\varepsilon_\lambda(|U|+c) \tag{6.18}$$

其中，ε_λ 为常数，常见的取值范围为 0.05～0.2。当其值为 0 时，相当于取消了熵修正。

对于网格几何扰动系数 ε_y，增加其值会放大奇偶失联现象，引起严重的计算困难。ε_y 一般取 10^{-6} 就可以产生显著的奇偶失联问题。而本节为了凸显格式的性质及改进的效果，取一个较大值，如 $\varepsilon_y=10^{-4}$。此时，Roe 格式中会出现不应出现的动量插值机制。对于没有熵修正的情况，激波在 $X\approx220$ 的位置出现明显变形，如图 6.3(a)所示；随后出现了灾难性的结果——激波被完全破坏抹平，如图 6.3(b)所示。

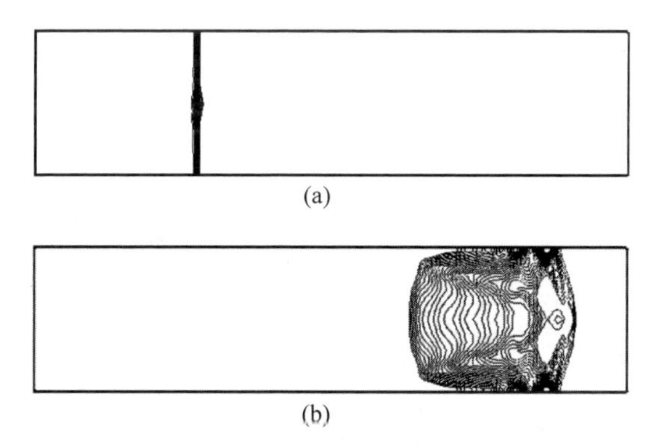

图 6.3　没有熵修正的 Roe 格式 $\varepsilon_\lambda=0$

(a) 激波初始变形；(b) 激波完全抹平

而当 Roe 格式采用了熵修正后，奇偶失联问题就能够得到改善。当 ε_λ 为 0.05 时，改善效果并不显著，如图 6.4(a)所示；而将其值增加到 0.2 后，激波恢复

为正常，如图 6.4(b)所示。由此可见，熵修正并不是一个很好的解决奇偶失联问题的方法，其效果与数值黏性的大小密切相关，数值黏性越大，其效果越好，但格式精度也会受到明显影响。

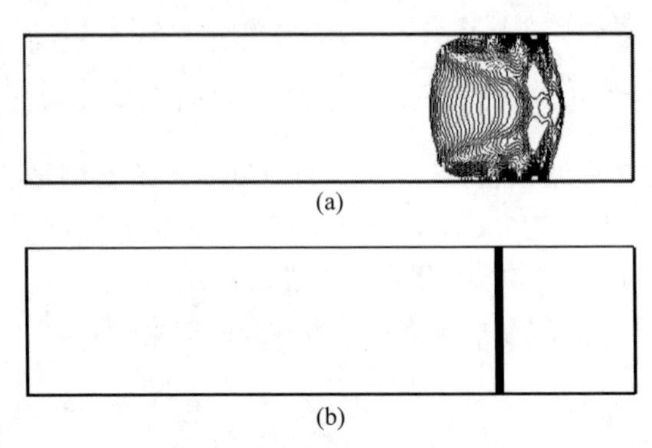

图 6.4　考虑了熵修正的 Roe 格式

(a) $\varepsilon_{\lambda}=0.05$；(b) $\varepsilon_{\lambda}=0.2$

而仅通过减少动量插值机制相关的数值黏性，Roe 格式可以获得更好的结果，不需要添加任何额外的数值黏性。如图 6.5(a)所示，当直接将 δU_p 设为 0 后，数值结果就恢复正常了。这直接说明动量插值机制在激波计算不稳定问题里扮演了极其重要的角色。而图 6.5(b)则说明，对原始 Roe 格式的 δU_p 乘以修正因子 s_1

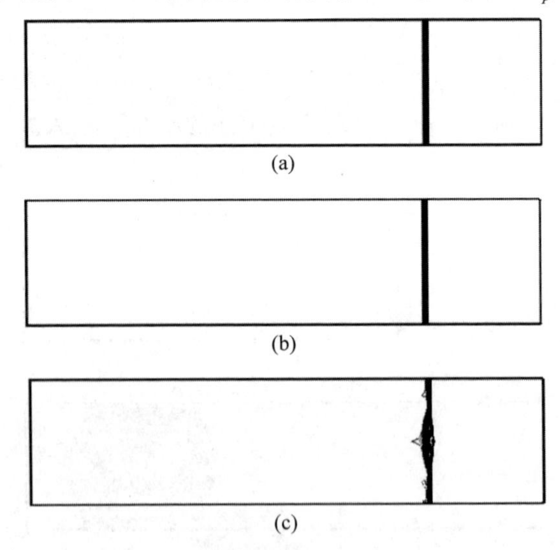

图 6.5　改进动量插值 δU_p 的 Roe 格式

(a) 式(6.15)$\delta U_p=0$；(b) 式(6.13)$\delta U_p=s_1 s_2 \max(0,c-|U|)\dfrac{\Delta p}{\rho c^2}$；

(c) 式(6.14)$\delta U_p=s_1 \max(0,c-|U|)\dfrac{\Delta p}{\rho c^2}$

与 s_2，修正结果与直接去除 δU_p 的效果一致，证明了修正机理与修正方法的正确性。而图 6.5(c)则表明激波内的低马赫数点确实起了作用，如果将其忽略而取消激波探测因子 s_2，激波就会在一定程度上被破坏。这一结果同时还表明马赫数较高且 $|U|\to 0$ 的情况是产生激波计算不稳定问题的主要因素，因为尽管图 6.5(c)的结果不够完美，但还是远远优于 Roe 格式本身(图 6.3(b))的结果，甚至明显优于采用了熵修正 $\varepsilon_\lambda=0.05$(图 6.4(a))的结果。

对于实际的计算，都采用高阶空间重构，如 3.6 节所述的常见的 MUSCL 重构，从而获得高阶精度。因此，前述改进与高阶重构的兼容性也值得讨论。本节讨论被广泛使用的具有 MinMod 限制器的 MUSCL-TVD 重构。

从图 6.6 可以看到，MUSCL-TVD 重构保留了式(6.13)与式(6.15)的优势，并且改进了式(6.14)的结果。改进的原因在于，激波内的低马赫数点更少。对比发现，图 6.5(a)一阶格式产生的激波较厚，还可以参见图 6.1(b)，其激波内部包括 10 个左右的网格点；而图 6.6(a)的激波较薄，图 6.6(d)显示激波内部仅有 3 个网格点，并且低马赫数点仅有 1 个。点的数量越少，引起激波不稳定的可能性明显降低。因此，高阶重构本身就具有抑制激波计算不稳定性的作用，并且几乎可以取代系数 s_2 的修正。

(2) 双马赫数反射马赫杆算例

双马赫数反射马赫杆是第 2 个经典的算例，一道运动倾斜激波打击壁面，形成双马赫数反射，产生激波计算不稳定现象。设置初始激波的倾斜角为 60°，运动马赫数为 10。网格数为 200×800 个，并给出时间 $t=0.2\text{s}$ 的结果。

图 6.7 的结果都符合预期。对于没有熵修正的经典 Roe 格式，图 6.7(a)中的近壁面激波严重变形，并且产生了非物理的三叉点，称为“马赫杆”。考虑熵修正后，马赫杆问题得到改善，但即便在 $\varepsilon_\lambda=0.2$ 时，三叉点也依然明显，如图 6.7(b)所示。采用改进的 Roe 格式并直接完全去除动量插值，结果明显好于熵修正的结果，如图 6.7(c)所示。虽然仍然可以看到三叉点，但不太明显，可以忽略。由此再一次肯定了动量插值机制是导致激波计算不稳定的最重要因素，尽管不是唯一因素。结合了式(6.13)的改进 Roe 格式产生的结果图 6.7(d)与(c)基本一致。因此，式(6.13)也能够完全去除动量插值的影响。采用式(6.14)，图 6.7(e)中的结果比图 6.7(d)严重一些，与预期一致。当对改进 Roe 格式采用 MUSCL-TVD 重构后，图 6.7(f)与(g)中的激波均变薄，并且马赫杆均消失。因此，对于奇偶失联与马赫杆这两个不同的问题，可以获得关于格式性质的相同结论。

(3) 红斑算例

高超声速圆柱绕流也是一个经典算例，一些相关的格式计算会出现严重的红斑现象。本节算例的来流马赫数为 20，径向与周向网格为 20×160 个。图 6.8(a)

与(b)都产生了红斑现象，并且熵修正不能提供帮助。相反地，采用改进 Roe 格式后，红斑现象消失了，如图 6.8(c)与(d)所示。在这个案例中，式(6.14)忽略了 s_2 因子，但结果与式(6.13)一致，这是因为来流马赫数太高，激波内部(图 6.9)并不存在低马赫数网格点。因此，考虑 s_2 因子与否，结果都是一样的。

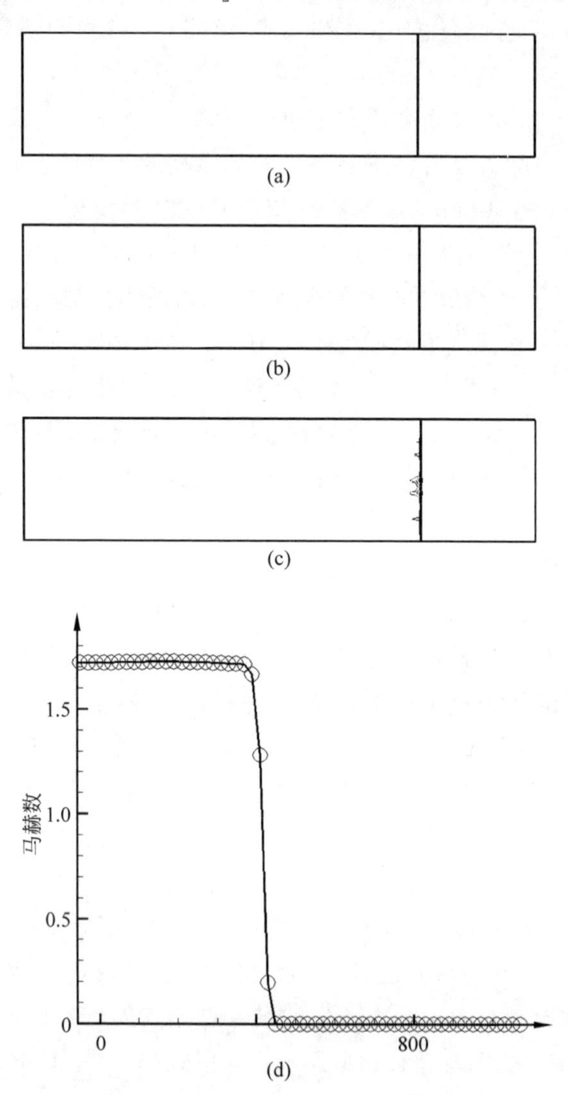

图 6.6 采用 MUSCL-TVD 重构的改进 Roe 格式

(a) 式(6.15)$\delta U_p=0$；(b) 式(6.13)$\delta U_p=s_1 s_2 \max(0,c-|U|)\dfrac{\Delta p}{\rho c^2}$；

(c) 式(6.14)$\delta U_p=s_1 \max(0,c-|U|)\dfrac{\Delta p}{\rho c^2}$；(d) 采用式(6.15)$\delta U_p=0$ 的马赫数分布

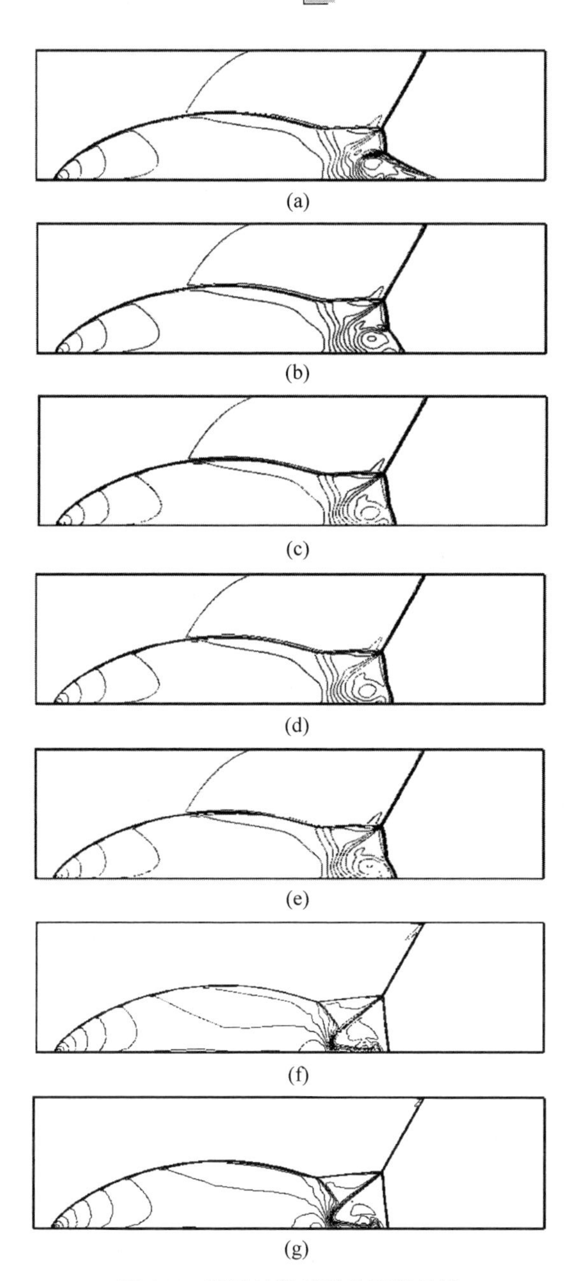

图 6.7　双马赫数反射的密度云图

(a) Roe 格式，$\varepsilon_\lambda=0$；(b) Roe 格式，$\varepsilon_\lambda=0.2$；(c) 改进 Roe 格式，式(6.15)$\delta U_p=0$；(d) 改进 Roe 格式，式(6.13)$\delta U_p=s_1 s_2\max(0,c-|U|)\dfrac{\Delta p}{\rho c^2}$；(e) 改进 Roe 格式，式(6.14)$\delta U_p=s_1\max(0,c-|U|)\dfrac{\Delta p}{\rho c^2}$；(f) 改进 Roe 格式，式(6.13)，MUSCL-TVD 重构；(g) 改进 Roe 格式，式(6.14)，MUSCL-TVD 重构

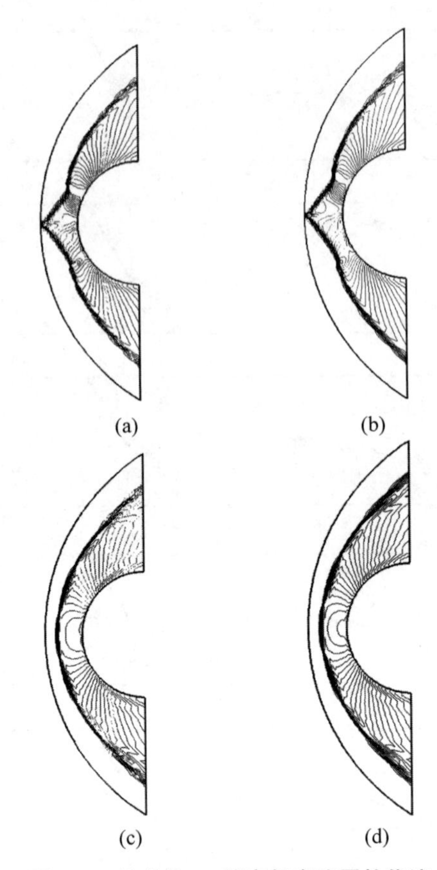

图 6.8　马赫数 20 的高超声速圆柱绕流

(a) Roe 格式，$\varepsilon_\lambda=0$；(b) Roe 格式，$\varepsilon_\lambda=0.2$；

(c) 改进 Roe 格式，式(6.13)；(d) 改进 Roe 格式，式(6.14)

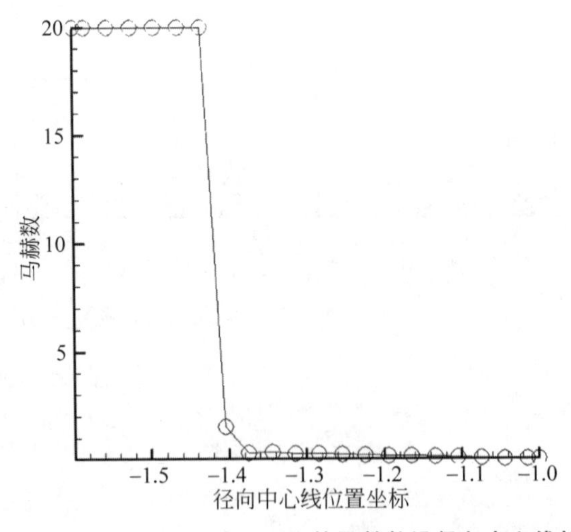

图 6.9　改进 Roe 格式和式(6.14)的马赫数沿径向中心线的分布

6.2 动量插值在膨胀激波问题中的作用及改进

膨胀激波问题是指许多格式在流场计算中会产生非物理的膨胀激波，进而导致出现负密度而使计算发散。膨胀激波问题有时会归类于激波计算不稳定问题，但实际上，膨胀激波问题的机理及解决方法与6.1节所述并不一致，需要单独解决。

6.1节认为Roe格式中的动量插值机制 δU_p 对激波的"抹平"作用，是造成激波计算不稳定问题最重要的原因，将其取消能够极大地改善奇偶失联、马赫杆与红斑等各种类型的激波计算不稳定现象。然而，对于存在膨胀激波问题的案例，取消抹平激波的机制，也将导致膨胀激波问题更为严重，并且传统的矫正方法也失效了。因此，为了能够同时改进激波计算不稳定问题与膨胀激波问题，需要更深入地探讨相关机理并进一步改进[82]。

本节的数值验证主要采用两个经典的膨胀激波算例：

(1) 激波管算例

本算例中激波管的初始条件为，以 x 轴轴向位置0.3为界：$\rho_L=3$、$u_L=0.9$、$p_L=3$、$\rho_R=1$、$u_R=0.9$、$p_R=1$。网格数取200。

(2) 超声后台阶算例

本算例考虑绕90°的运动激波。初始条件为，以 x 轴轴向位置0.05为界：$\rho_L=7.041\,08$、$u_L=4.077\,94$、$v_L=0$、$p_L=30.059\,42$、$\rho_R=1.4$、$u_R=v_R=0$、$p_R=1$。网格数为400×400。

两个算例的时间离散都采用四阶龙格-库塔法，见8.1.2节。如无特别说明，空间精度都为一阶，以便于讨论格式本身的性质。

6.2.1 膨胀激波问题的传统矫正方法

为了避免出现膨胀激波，传统的方法是重新定义物理信号速度，如非线性特征值 λ_4 与 λ_5。例如，文献[13]提出：

$$\lambda_4=|\min(U-c,U_L-c_L)| \tag{6.19}$$

$$\lambda_5=|\max(U+c,U_R+c_R)| \tag{6.20}$$

为了获得精确的接触间断，文献[81]建议只修改 λ_4 与 λ_5 中的 U：

$$\lambda_4=|\min(U-c,U_L-c)| \tag{6.21}$$

$$\lambda_5=|\max(U+c,U_R+c)| \tag{6.22}$$

式(6.21)和式(6.22)能够保留式(6.19)和式(6.20)抑制膨胀激波的优势，同时能够更精确地计算接触间断。因此，本节只讨论式(6.21)和式(6.22)。

图6.10与图6.11给出了经典Roe格式与采用了传统矫正公式(6.21)和式(6.22)的结果。可以看到，在激波管算例中，经典Roe格式在 $x=0.3$ 的位置产

生了显著的膨胀激波，如图 6.10(a)所示，而传统矫正方法则得到了很好的改善，如图 6.10(b)所示。但需要注意，传统矫正方法的结果中仍然有一个小的突跳。

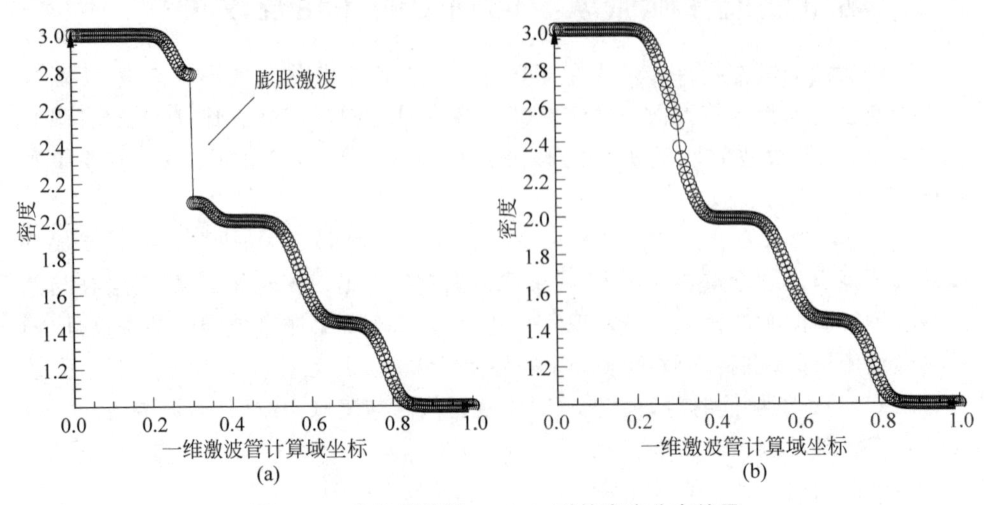

图 6.10　激波管算例 $t=0.2s$ 时的密度分布结果

(a) 经典 Roe 格式；(b) 传统矫正方法

对于超声后台阶流动，围绕台阶产生了一系列膨胀波，而数值计算能够在其中生成一道膨胀激波，同时也在正激波处产生不稳定的现象。图 6.11(a)给出了经典 Roe 格式的结果，其中包含一道不太明显的膨胀激波，以及较强的激波不稳定现象。而图 6.11(b)中的结果与图 6.11(a)类似，表明传统膨胀激波矫正方法对于激波计算不稳定问题并无作用。

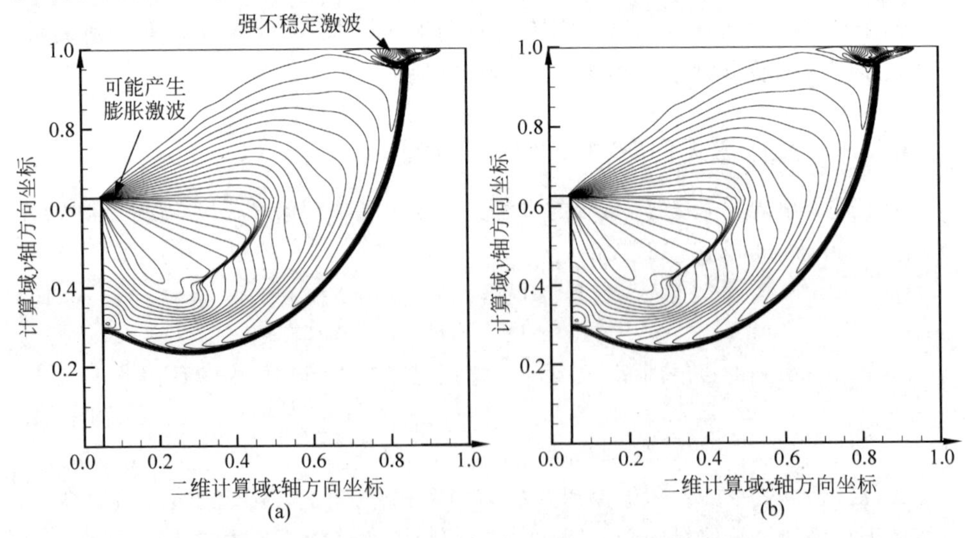

图 6.11　超声后台阶算例 $t=0.155s$ 时的密度分布结果

(a) 经典 Roe 格式；(b) 传统矫正方法

如果令 Roe 格式中的 $\delta U_p=0$，也就是直接去除格式中的动量插值机制，可以看到图 6.12(a)激波管算例中的膨胀激波比图 6.10(a)变化更大，说明去除动量插值机制恶化了膨胀激波问题。这一点在图 6.12(b)中体现得更为明显，与图 6.11(a)显著不同，多道膨胀波合并为一道强膨胀激波。还需注意，激波不稳定现象在图 6.12(b)变得很弱，这也符合预期。

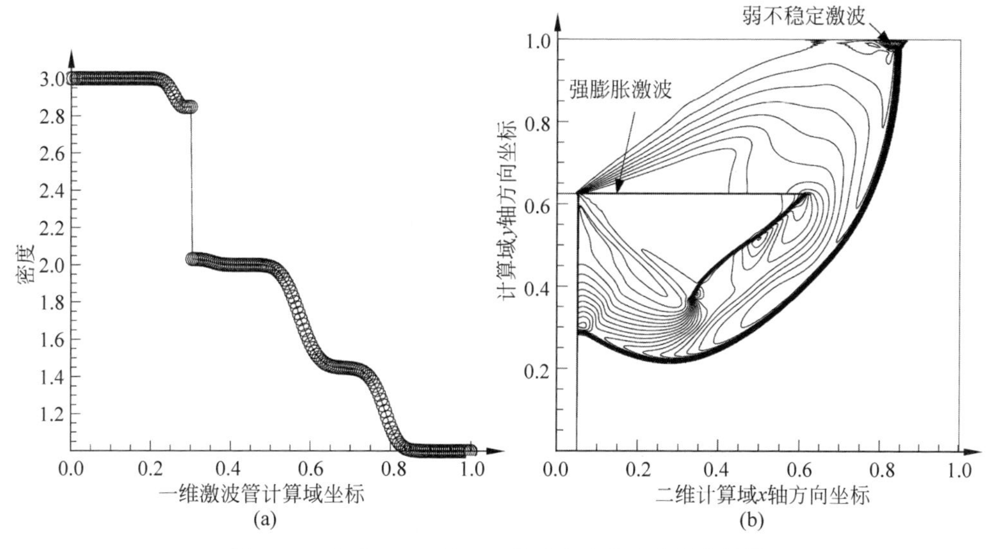

图 6.12　令 $\delta U_p=0$ 的 Roe 格式产生的密度分布结果

(a) 激波管；(b) 超声后台阶

在迭代计算中，由于强膨胀激波时不时使局部出现负密度，因此需要如下约束，才能获得如图 6.12(b)这样的收敛结果：

$$\rho_{\text{iter}}=\max(\rho_{\text{cal}},\varepsilon) \tag{6.23}$$

其中，ε 为一小的正值。

以上数值现象进一步说明了动量插值机制能够抹平激波，由此对激波计算不稳定问题与膨胀激波具有相反的作用。如将其取消，可以极大地改善激波稳定性，但会使膨胀激波更严重。

当令 $\delta U_p=0$ 时，Roe 格式采用传统矫正公式(6.21)和式(6.22)不仅不能改善膨胀激波问题，还会使其进一步恶化。事实上，采用这样的格式，即使使用了密度限制式(6.23)，本节的两个算例计算也都发散了，因此无法给出结果。

这些意料之外的现象使得改进 δU_p 以保证激波稳定的方法难以推广应用，因为计算稳定性仍然是最主要的诉求之一。因此，下文将深入分析预防膨胀激波的机理，从而提出新的方法，以便满足以下严苛的要求：同时矫正膨胀激波与激波不稳定，而又不增加额外代价。

6.2.2 格式性质分析

为了发展新方法，首先分析传统膨胀激波矫正方法的机理。式(6.21)和式(6.22)可以分解为以下5种情况。

(1) $|U|<c$：

$$|\min(U-c,U_L-c)|=\begin{cases}c-U, & U_L>U\\ c-U_L, & U_L\leqslant U\end{cases}=|U-c|-\min(0,U_L-U) \tag{6.24}$$

$$|\max(U+c,U_R+c)|=\begin{cases}U+c, & U>U_R\\ U_R+c, & U\leqslant U_R\end{cases}=|U+c|+\max(0,U_R-U) \tag{6.25}$$

(2) $U>c,U_L>c$，并且($U_R>c$ 或 $U_R<c$ 均可，即对 U_R 无要求)：

$$|\min(U-c,U_L-c)|=\begin{cases}U-c, & U_L>U\\ U_L-c, & U_L\leqslant U\end{cases}=|U-c|+\min(0,U_L-U) \tag{6.26}$$

$$|\max(U+c,U_R+c)|=\begin{cases}U+c, & U>U_R\\ U_R+c, & U\leqslant U_R\end{cases}=|U+c|+\max(0,U_R-U) \tag{6.27}$$

(3) $U>c,U_L<c,U_R>c$：

$$|\min(U-c,U_L-c)|=c-U_L=|U-c|-(U+U_L-2c) \tag{6.28}$$

$$|\max(U+c,U_R+c)|=U_R+c=|U+c|+\max(0,U_R-U) \tag{6.29}$$

(4) $U<-c,U_R<-c$：

$$|\min(U-c,U_L-c)|=\begin{cases}c-U_L, & U>U_L\\ c-U, & U<U_L\end{cases}=|U-c|-\min(0,U_L-U) \tag{6.30}$$

$$|\max(U+c,U_R+c)|=\begin{cases}-U-c, & U>U_R\\ -U_R-c, & U\leqslant U_R\end{cases}=|U+c|-\max(0,U_R-U) \tag{6.31}$$

(5) $U<-c$ and $U_R>-c$ and $U_L<-c$：

$$|\min(U-c,U_L-c)|=c-U_L=|U-c|-\min(0,U_L-U) \tag{6.32}$$

$$|\max(U+c,U_R+c)|=|U_R+c|=|U+c|+(U+U_R+2c) \tag{6.33}$$

考虑到：

$$\min(0,U_L-U)=-\max(0,U-U_L) \tag{6.34}$$

式(6.24)～式(6.33)可以总结为

$$|\min(U-c,U_{\mathrm{L}}-c)|=|U-c|-2b_{\mathrm{L}} \tag{6.35}$$

$$|\max(U+c,U_{\mathrm{R}}+c)|=|U+c|+2b_{\mathrm{R}} \tag{6.36}$$

其中，

$$b_{\mathrm{L}}=\frac{1}{2}\begin{cases}U+U_{\mathrm{L}}-2c, & U>c\text{ 且 }U_{\mathrm{L}}<c\text{ 和 }U_{\mathrm{R}}>U_{\mathrm{L}}\\ \mathrm{sign}(U-c)\max(0,U-U_{\mathrm{L}}), & \text{其他}\end{cases} \tag{6.37}$$

$$b_{\mathrm{R}}=\frac{1}{2}\begin{cases}U+U_{\mathrm{R}}+2c, & U<-c\text{ 且 }U_{\mathrm{R}}>-c\text{ 和 }U_{\mathrm{R}}>U_{\mathrm{L}}\\ \mathrm{sign}(U+c)\max(0,U_{\mathrm{R}}-U), & \text{其他}\end{cases} \tag{6.38}$$

因此，Roe 格式的式(6.3)～式 6.6)变为

$$\delta p_{u}=[\max(0,c-|U|)+b_{\mathrm{R}}-b_{\mathrm{L}}]\rho\Delta U \tag{6.39}$$

$$\delta p_{p}=[\mathrm{sign}(U)\min(|U|,c)+b_{\mathrm{R}}+b_{\mathrm{L}}]\frac{\Delta p}{c} \tag{6.40}$$

$$\delta U_{u}=[\mathrm{sign}(U)\min(|U|,c)+b_{\mathrm{R}}+b_{\mathrm{L}}]\frac{\Delta U}{c} \tag{6.41}$$

$$\delta U_{p}=[\max(0,c-|U|)+b_{\mathrm{R}}-b_{\mathrm{L}}]\frac{\Delta p}{\rho c^{2}} \tag{6.42}$$

可以看到，考虑传统膨胀激波矫正方法式(6.21)和式(6.22)后，式(6.39)～式(6.42)中出现了增量 $b_{\mathrm{R}}-b_{\mathrm{L}}$ 与 $b_{\mathrm{R}}+b_{\mathrm{L}}$。

考虑到在之前的方程中，U 是 U_{L} 与 U_{R} 的平均，因此 U 的合理值介于 U_{L} 与 U_{R} 之间，即

$$U\in[U_{\mathrm{L}},U_{\mathrm{R}}] \tag{6.43}$$

对于一般的平均方法(如简单平均或 Roe 平均)，有

$$U\approx\frac{U_{\mathrm{L}}+U_{\mathrm{R}}}{2} \tag{6.44}$$

对于压缩流，由于 $U_{\mathrm{R}}<U<U_{\mathrm{L}}$，所以 $b_{\mathrm{R}}=b_{\mathrm{L}}=0$。因此，只有膨胀流才需要考虑式(6.39)～式(6.42)中的增量 $b_{\mathrm{R}}-b_{\mathrm{L}}$ 与 $b_{\mathrm{R}}+b_{\mathrm{L}}$，相关分析如下：

(1) $|U|<c$：

$$b_{\mathrm{R}}-b_{\mathrm{L}}=\frac{1}{2}(U_{\mathrm{R}}-U_{\mathrm{L}})>0 \tag{6.45}$$

$$b_{\mathrm{R}}+b_{\mathrm{L}}=\frac{1}{2}(U_{\mathrm{R}}-2U+U_{\mathrm{L}})\approx 0 \tag{6.46}$$

因此，低于亚声速膨胀流，δp_{u} 与 δU_{p} 是增长的。

(2) $U>c$ 且 $U_{\mathrm{L}}>c$：

$$b_{\mathrm{R}}-b_{\mathrm{L}}=\frac{1}{2}(U_{\mathrm{R}}-2U+U_{\mathrm{L}})\approx 0 \tag{6.47}$$

$$b_{\mathrm{R}}+b_{\mathrm{L}}=\frac{1}{2}(U_{\mathrm{R}}-U_{\mathrm{L}})>0 \tag{6.48}$$

此时，δp_p 与 δU_u 是增长的，但这一结果并不合适。对于超声速流动，考虑到完全迎风特性，所有增量都应该是 0。

(3) $U>c$，$U_{\mathrm{L}}<c$ 且 $U_{\mathrm{R}}>c$：

$$b_{\mathrm{R}}-b_{\mathrm{L}}=\frac{1}{2}[(U_{\mathrm{R}}-U)-(U+U_{\mathrm{L}}-2c)]\approx c-U_{\mathrm{L}}>0 \tag{6.49}$$

$$b_{\mathrm{R}}+b_{\mathrm{L}}=\frac{1}{2}[(U_{\mathrm{R}}-U)+(U+U_{\mathrm{L}}-2c)]\approx U-c>0 \tag{6.50}$$

此时的增量项也是不合适的，因为其不等于 0，并且情况(3)作为情况(1)与情况(2)的过渡，增量的变化不光滑。

$U<-c$ 的两个情况与 $U>c$ 的情况结论一致，这里不再赘述。

6.2.3 矫正膨胀激波机制的机理分析

6.2.2 节的讨论揭示了传统矫正方法式(6.21)和式(6.22)的一些不合适的特性。这一讨论提供了抑制膨胀激波机理的线索，并可以获得以下两点启示。

(1) 可以定义一个增量因子：

$$\Delta s=\frac{\operatorname{sign}(U+c)\max(0,U_{\mathrm{R}}-U_{\mathrm{L}})-\operatorname{sign}(U-c)\max(0,U_{\mathrm{R}}-U_{\mathrm{L}})}{4} \tag{6.51}$$

其中，式(6.37)中的 $U-U_{\mathrm{L}}$ 与式(6.38)中的 $U_{\mathrm{R}}-U$ 统一被替换为 $\frac{U_{\mathrm{R}}-U_{\mathrm{L}}}{2}$，从而使 Δs 在压缩流与 $|U|>c$ 的超声速流动情况下，都严格等于 0。对于亚声膨胀流，则产生等同于式(6.45)的正增量。

(2) 设计了如表 6.1 所示的 8 个案例，用于测试改变 δp_u、δp_p、δU_u 与 δU_p 的影响：

表 6.1 8 个测试案例

	Δs_{p_u}	Δs_{u_p}	Δs_{p_p}	Δs_{u_u}
案例 1	$+\Delta s$	0	0	0
案例 2(发散)	$-\Delta s$	0	0	0
案例 3	0	$+\Delta s$	0	0
案例 4(发散)	0	$-\Delta s$	0	0
案例 5(发散)	0	0	$+\Delta s$	0
案例 6	0	0	$-\Delta s$	0
案例 7(发散)	0	0	0	$+\Delta s$
案例 8	0	0	0	$-\Delta s$

$$\delta p_u = [\max(0, c - |U|) + \Delta s_{p_u}]\rho \Delta U \tag{6.52}$$

$$\delta p_p = [\mathrm{sign}(U)\min(|U|, c) + \Delta s_{p_p}]\frac{\Delta p}{c} \tag{6.53}$$

$$\delta U_u = [\mathrm{sign}(U)\min(|U|, c) + \Delta s_{u_u}]\frac{\Delta U}{c} \tag{6.54}$$

$$\delta U_p = [\max(0, c - |U|) + \Delta s_{u_p}]\frac{\Delta p}{\rho c^2} \tag{6.55}$$

图 6.13 展示了激波管计算中各项的影响。其中，案例 2、4、5、7 的计算结果最终都发散了，图中给出了发散之前的结果。这些结果表明，减小 δp_u 与 δU_p 或增大 δp_p 与 δU_u，都可能令膨胀激波问题变得非常严重。反之，增大 δp_u 与 δU_p 或减小 δp_p 与 δU_u，可以抑制膨胀激波。

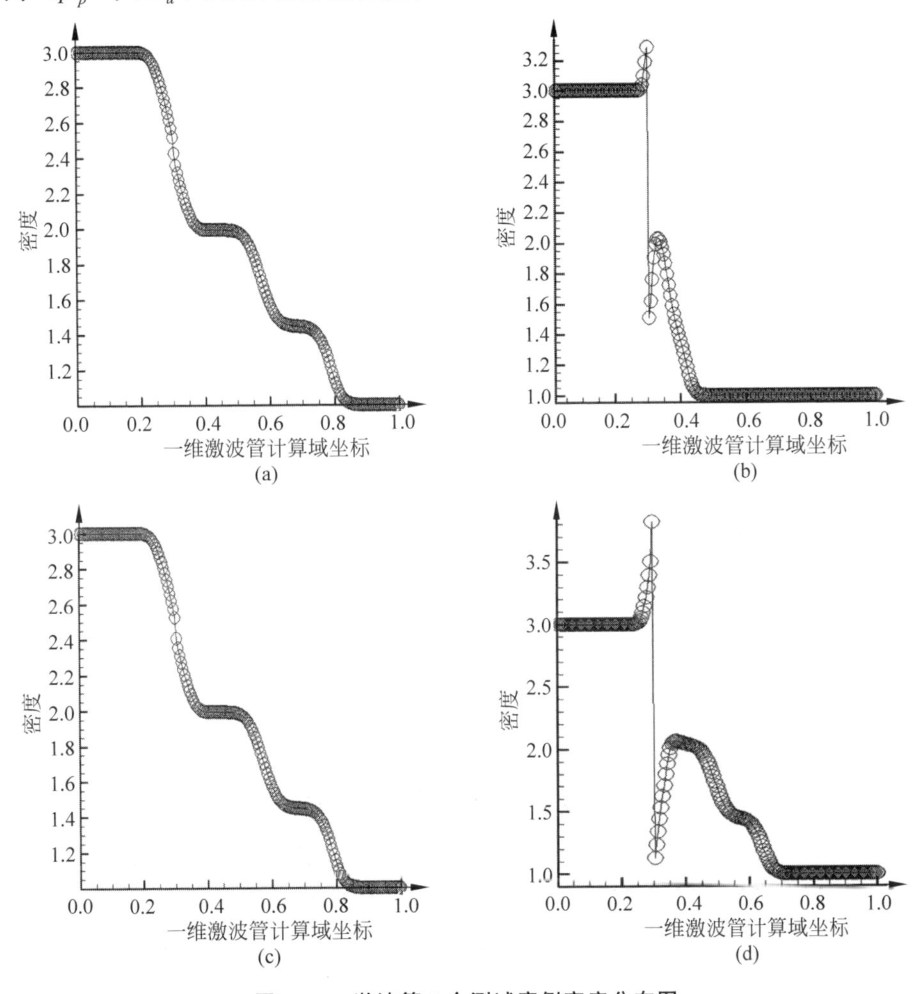

图 6.13　激波管 8 个测试案例密度分布图

(a) 案例 1；(b) 案例 2；(c) 案例 3；(d) 案例 4；(e) 案例 5；(f) 案例 6；(g) 案例 7；(h) 案例 8

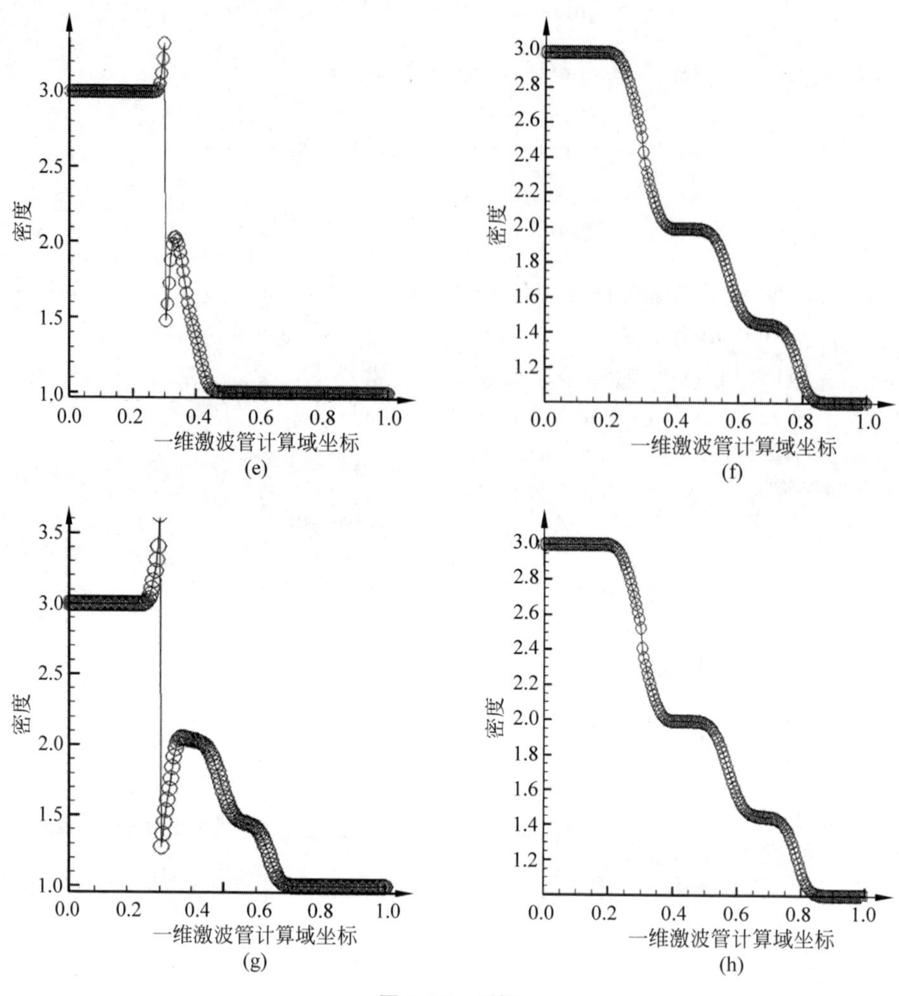

图 6.13 （续）

根据上述说明，就能够理解传统矫正方法式(6.21)和式(6.22)，以及令 $\delta U_p=0$ 的作用机理。式(6.21)和式(6.22)增加了系数 δp_u 与 δU_p，从而有利于抑制膨胀激波。而令 $\delta U_p=0$，等于直接取消了 δU_p，因此令膨胀激波更严重。

6.2.4 同时改进膨胀激波与激波不稳定问题的新方法

虽然取消 δU_p 会使膨胀激波更严重，但对于高马赫数流动本身的物理特性而言是合理的，也能够抑制激波的不稳定。而传统的膨胀激波矫正方法式(6.21)和式(6.22)只增加了系数 δp_u 与 δU_p，完全没有利用减少 δp_p 与 δU_u 的潜力。因此，可以提出基于 Roe 格式同时改进膨胀激波与激波不稳定问题的方法：

$$\xi = |U| \tag{6.56}$$

$$\delta p_u = \max(0, c - |U|')\rho\Delta U \tag{6.57}$$

$$\delta p_p = \mathrm{sign}(U)\min(|U|', c)\frac{\Delta p}{c} \tag{6.58}$$

$$\delta U_u = \mathrm{sign}(U)\min(|U|', c)\frac{\Delta U}{c} \tag{6.59}$$

$$\delta U_p = s_1 s_2 \max(0, c - |U|')\frac{\Delta p}{\rho c^2} \tag{6.60}$$

$$\begin{aligned}|U|' &= |U| - \Delta s\\ &= |U| - \frac{\mathrm{sign}(U+c)\max(0, U_R - U_L) - \mathrm{sign}(U-c)\max(0, U_R - U_L)}{4}\end{aligned} \tag{6.61}$$

虽然 6.2.2 节与 6.2.3 节的分析略显复杂，但最终的修正方法是简洁且便于实施的，其代价只是略微增加式(6.61)的一些计算量。对比 6.1.1 节提出的抑制激波不稳定问题的改进 Roe 格式，区别仅在于将 δp_u、δp_p、δU_u 与 δU_p 这 4 项中的 $|U|$ 替换为式(6.61)定义的 $|U|'$。而 $|U|'$ 又可以表达为如下形式：

$$|U|' = \begin{cases}\min(|U_L|, |U_R|), & |U| < c \text{ 且 } U_R > U_L\\ |U|, & \text{其他}\end{cases} \tag{6.62}$$

容易看到，与原始的 $|U|$ 相比，$|U|'$ 在亚声速膨胀流中减小，但仍然在式(6.43)的合理范围之内。此时，δp_p 与 δU_u 减小，而 δp_u 与 δU_p 增大，4 项同时发生了有利的变化，从而为矫正膨胀激波提供了充足的能量，哪怕 δU_p 在事实上由于乘以 s_1 与 s_2 因子后减小了，也能够起到作用。

图 6.14 与图 6.15 给出了改进格式一阶精度与 MUSCL-TVD 重构二阶精度

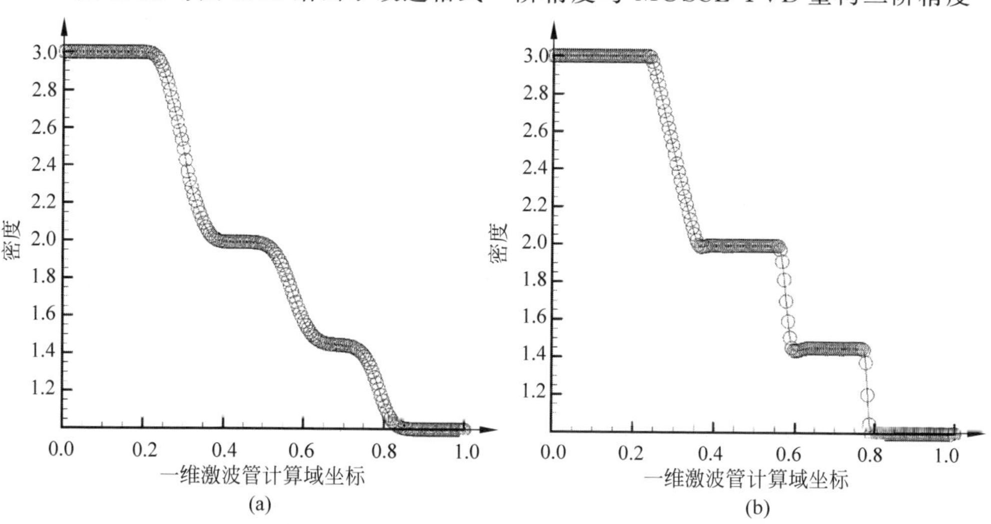

图 6.14　使用改进格式的激波管流动密度分布

(a) 一阶精度；(b) MUSCL-TVD 重构

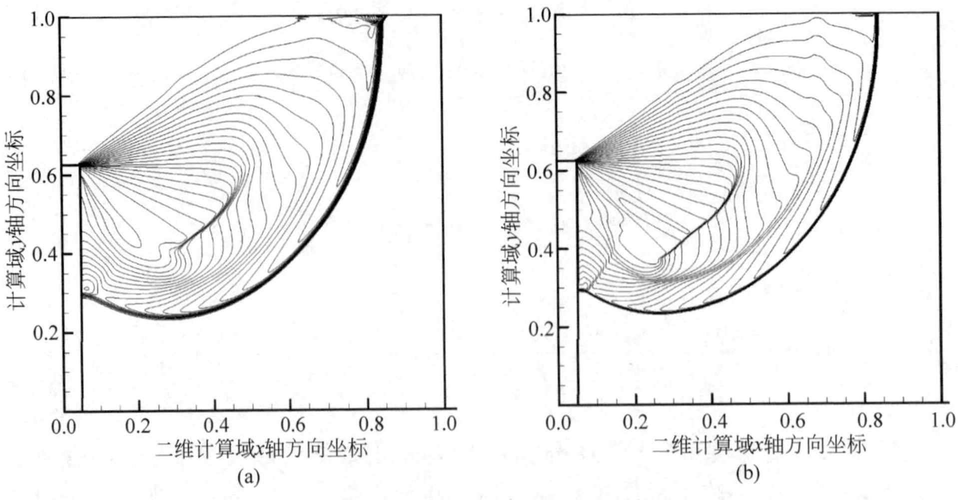

图 6.15 使用改进格式的超声速后台阶流动密度分布

(a) 一阶精度；(b) MUSCL-TVD 重构

的数值验证结果。计算收敛过程顺利，并且结果都符合预期。在激波管算例中，膨胀激波被完全消除了；而在超声速后台阶算例中，膨胀激波与激波不稳定问题同时被矫正了。在计算过程与计算结果中，都没有发现改进式(6.61)或式(6.62)有副作用。

6.2.5 矫正膨胀激波机制机理的进一步分析

矫正膨胀激波的机理还可以进一步从系统刚度的角度分析。不妨设 $|U'|>0$，则系统的特征值变化如下：

$$\lambda_1=\lambda_2=\lambda_3=|U|' \tag{6.63}$$

$$\lambda_4=c-|U|' \tag{6.64}$$

$$\lambda_5=c+|U|' \tag{6.65}$$

当 $|U|'\to c$ 时，$\lambda_4\to 0$ 或 $\lambda_5\to 0$，从而使系统刚度过大，这容易出现非物理的数值现象。对于膨胀流动，则出现了膨胀激波问题。

而矫正膨胀激波问题的方法，则是使系统刚度尽可能小。同时，尽管系统刚度是由最大、最小特征值比决定的，如 $U\to c$ 时的 $\frac{\lambda_5}{\lambda_4}$，但其他特征值之比，如 $\frac{\lambda_1}{\lambda_4}$ 尽可能减小也能对减小系统刚度有所帮助。而改变 δp_p、δU_u 以至于 ξ 项，可以改变 $\frac{\lambda_1}{\lambda_4}$ 的值。

因此，采用改进式(6.62)，可以获得近声速膨胀流合理范围内最小的系统刚度。如当 $U\to c$ 时，不仅是 $\frac{\lambda_5}{\lambda_4}$ 最小，$\frac{\lambda_1}{\lambda_4}$ 也是最小。

6.3　结合旋转黎曼求解器与熵修正的进一步改进

事实上，改善激波不稳定问题有 3 类方法。第 1 类方法是在格式数值黏性中引入大量数值黏性。其中一种做法是将精确但有激波不稳定问题的格式与数值黏性大、不精确但也没有激波不稳定问题的格式相结合，如文献[36]将 Roe 格式与 HLL 格式通过一个切换因子结合起来。另一种更常见的做法就是熵修正[10,83]，如式(6.17)与式(6.18)所示。

第 2 类方法则认为引起激波不稳定问题的原因在于格式的准一维和网格相关特性与多维流动物理本质之间的矛盾。因此，为了考虑多维特性，发展了旋转黎曼求解器[84-86]，以及气体动理学[87]等方法。

而第 3 类方法则如 6.1 节所述，认识到 Roe 格式中的动量插值项 δU_p 是造成激波不稳定最主要的因素，从而进行相应的修正[79]。但需要注意的是，δU_p 并不是导致激波不稳定的唯一因素，修正后的结果中仍然可能存在弱的激波不稳定现象。

考虑到格式数值黏性的大小，对于计算的精确性有显著影响，尤其是对高要求的先进湍流模拟方法，如大涡模拟[22,72]，探索低数值黏性方法非常必要。一方面，低数值黏性方法被要求能够使激波完全稳定；另一方面，该方法只会增加可能的最小数值黏性甚至减少数值黏性。

然而，以上 3 类方法都不能完全满足需求。第 1 类方法的主要缺陷是增加了大量数值黏性(如熵修正)，虽然其由于操作简单而得到广泛应用，但引入了过量的数值黏性且只能部分矫正激波不稳定问题。第 2 类方法如旋转 Roe 格式，可以消除激波的不稳定现象，并且不增加平行于网格剪切波的数值黏性。但在某些控制激波稳定的区域内数值黏性实际上非常大。对于第 3 类方法，虽然实现了在减少数值黏性的同时加强激波稳定性的目的，但仍然可能存在小的激波不稳定。

文献[88]分析了这 3 类方法，尤其是前两类方法的作用机理，并发现将三者联合起来能够避免各自的问题，从而得到新的格式，能在增加最少数值黏性的同时矫正激波不稳定问题。本节将简述该方法。

6.3.1　熵修正方法的矫正机理

熵修正方法可见式(6.17)与式(6.18)，主要对 $|U|\to 0$ 或 $|U|\to c$ 这两种情况起作用。对于 $|U|\to c$ 的情况，熵修正的作用是抑制膨胀激波，这一作用可以用 6.2.4 节的新方法来实现，新方法引入的数值黏性更少而且效果更好。因此，下文只关注 $|U|\to 0$ 的情况。

当 $|U|\to 0$ 时，熵修正有抑制激波不稳定现象的作用。对于这种情况，以统一框架式(6.1)来表示，熵修正实际上修改了经典 Roe 中的 ξ、δp_u 与 δU_p：

$$\xi \approx \varepsilon_\lambda c \tag{6.66}$$

$$\delta p_u \approx \max(0,1-\varepsilon_\lambda)\rho c\Delta U \tag{6.67}$$

$$\delta U_p \approx \max(0,1-\varepsilon_\lambda)\frac{\Delta p}{\rho c} \tag{6.68}$$

其中,系数 ε_λ 为常数,常见的取值范围为 0.05～0.2。由于 ε_λ 与 1 相比足够小,可以认为熵修正对于 δp_u 与 δU_p 的影响可以忽略。因此,熵修正矫正激波不稳定的机理在于增加了基本迎风耗散项的大小,也就是增加了这一项的系数 ξ。

6.3.2 旋转 Roe 格式

对于经典 Roe 格式,其数值黏性项 $\widetilde{\boldsymbol{F}}_d$ 基于网格相关的方向,如网格面法向单位向量 $\boldsymbol{n}$ 与法向速度 U。而对于旋转 Roe 格式[84],方向 $\boldsymbol{n}$ 被替换为两个垂直的单位向量 $\boldsymbol{n}_1$ 与 $\boldsymbol{n}_2$,这两个单位向量基于物理而非网格选定。因此,旋转 Roe 格式的数值黏性项可以表达为

$$\widetilde{\boldsymbol{F}}_d^{\text{rot}} = -\frac{1}{2}\left[|\alpha_1|\boldsymbol{R}_1\boldsymbol{\Lambda}_1(\boldsymbol{R}_1)^{-1} + |\alpha_2|\boldsymbol{R}_2\boldsymbol{\Lambda}_2(\boldsymbol{R}_2)^{-1}\right]\Delta\boldsymbol{Q} \tag{6.69}$$

其中,$\boldsymbol{R}_1$、$\boldsymbol{\Lambda}_1$、$\boldsymbol{R}_2$ 与$\boldsymbol{\Lambda}_2$ 是基于 $\hat{\boldsymbol{n}}_1$ 与 $\hat{\boldsymbol{n}}_2$ 的右特征向量矩阵与对角特征值矩阵,而 $\hat{\boldsymbol{n}}_1$ 与 $\hat{\boldsymbol{n}}_2$ 是对应 $\boldsymbol{n}_1$ 与 $\boldsymbol{n}_2$ 的标准化单位向量:

$$\hat{\boldsymbol{n}}_1 = \text{sign}(\alpha_1)\boldsymbol{n}_1 \tag{6.70}$$

$$\hat{\boldsymbol{n}}_2 = \text{sign}(\alpha_1)\boldsymbol{n}_2 \tag{6.71}$$

$$\alpha_1 = \boldsymbol{n}_1 \cdot \boldsymbol{n} \tag{6.72}$$

$$\alpha_2 = \boldsymbol{n}_2 \cdot \boldsymbol{n} \tag{6.73}$$

6.3.3 旋转 Roe 格式的矫正机理

旋转 Roe 格式式(6.69)～式(6.73)可以按照 Roe 格式的统一框架式(6.1)重写如下:

$$\xi = U_{\text{rot}} = |\alpha_1 U_1| + |\alpha_2 U_2| \tag{6.74}$$

$$\delta p_u = |\alpha_1|\max(0,c-|U_1|)\rho\Delta U_1\begin{bmatrix}0\\ \dfrac{n_{x1}}{n_x}\\ \dfrac{n_{y1}}{n_y}\\ \dfrac{n_{z1}}{n_z}\\ \dfrac{U_1}{U}\end{bmatrix} + |\alpha_2|\max(0,c-|U_2|)\rho\Delta U_2\begin{bmatrix}0\\ \dfrac{n_{x2}}{n_x}\\ \dfrac{n_{y2}}{n_y}\\ \dfrac{n_{z2}}{n_z}\\ \dfrac{U_2}{U}\end{bmatrix} \tag{6.75}$$

$$\delta p_p = |\alpha_1| \operatorname{sign}(U_1) \min(|U_1|, c) \frac{\Delta p}{c} \begin{bmatrix} 0 \\ \dfrac{n_{x1}}{n_x} \\ \dfrac{n_{y1}}{n_y} \\ \dfrac{n_{z1}}{n_z} \\ \dfrac{U_1}{U} \end{bmatrix} + |\alpha_2| \operatorname{sign}(U_2) \min(|U_2|, c) \frac{\Delta p}{c} \begin{bmatrix} 0 \\ \dfrac{n_{x2}}{n_x} \\ \dfrac{n_{y2}}{n_y} \\ \dfrac{n_{z2}}{n_z} \\ \dfrac{U_2}{U} \end{bmatrix} \tag{6.76}$$

$$\delta U_u = |\alpha_1| \operatorname{sign}(U_1) \min(|U_1|, c) \frac{\Delta U_1}{c} + |\alpha_2| \operatorname{sign}(U_2) \min(|U_2|, c) \frac{\Delta U_2}{c} \tag{6.77}$$

$$\delta U_p = |\alpha_1| \max(0, c - |U_1|) \frac{\Delta p}{\rho c^2} + |\alpha_2| \max(0, c - |U_2|) \frac{\Delta p}{\rho c^2} \tag{6.78}$$

其中，

$$U_1 = \operatorname{sign}(\alpha_1)(\hat{n}_{1x} u + \hat{n}_{1y} v + \hat{n}_{1z} w) \tag{6.79}$$

$$U_2 = \operatorname{sign}(\alpha_2)(\hat{n}_{2x} u + \hat{n}_{2y} v + \hat{n}_{2z} w) \tag{6.80}$$

为了分析选择 Roe 格式的机理，考虑以下两个典型情况：

(1) $|\alpha_1| = |\alpha_2| = |\alpha| = \dfrac{\sqrt{2}}{2}$

如图 6.16(a)所示，此时 $|U_1| = |U_2| = \dfrac{\sqrt{2}}{2} V$，这里的 $V = \sqrt{u^2 + v^2 + w^2}$ 为总流速，并且流动方向与网格面平行。

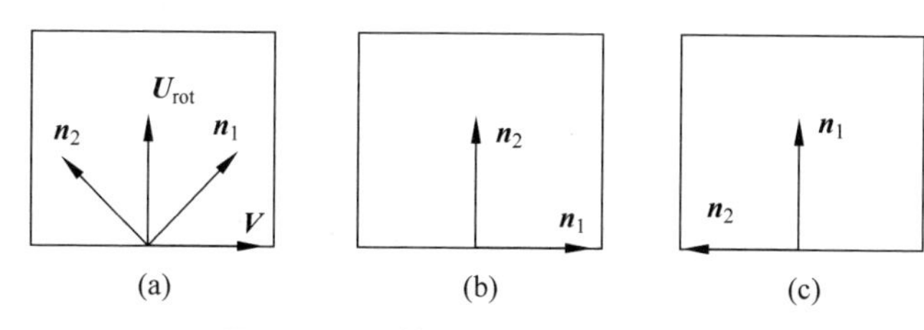

图 6.16　旋转 Roe 格式的典型情况

(a) n_1 与 n 成 45°；(b) n_1 与 n 成 90°；(c) n_1 与 n 成 0°

如前述第 1 类方法与第 3 类方法，ξ 与 δU_p 在激波不稳定问题中扮演了重要的角色。事实上，δp_u、δp_p 与 δU_u 对于激波不稳定问题的影响很小。因此，该情况下只需将注意力集中在 ξ 与 δU_p。

对于经典 Roe 格式：

$$\xi = 0 \tag{6.81}$$

$$\delta U_p = \frac{\Delta p}{\rho c} \tag{6.82}$$

而对于旋转 Roe 格式，如图 6.16(a)所示：

$$\xi = U_{\text{rot}} = V \tag{6.83}$$

$$\delta U_p = \max(0, \sqrt{2}c - |V|)\frac{\Delta p}{\rho c^2} \tag{6.84}$$

此时旋转 Roe 格式增加了 ξ，具有第 1 类方法的机制。同时，对于超声速流动，$M \geqslant \sqrt{2}$，$\delta U_p = 0$。因此，对于某些旋转方向，旋转 Roe 格式事实上也具有第 3 类方法的机制。但是，旋转 Roe 格式产生了极大的耗散，此时 ξ 甚至远大于熵修正的值(式(6.66))。

(2) $|\alpha_1| = 0$ 且 $|\alpha_2| = 1$；或 $|\alpha_1| = 1$ 且 $|\alpha_2| = 0$

前者表示 $\boldsymbol{n}_1$ 平行于网格面，如图 6.16(b)所示；后者表示 $\boldsymbol{n}_1$ 与网格面垂直，如图 6.16(c)所示。

此时旋转 Roe 格式式(6.74)～式(6.78)恢复到与经典 Roe 格式类似的状态。因此，对于剪切波等流动，当速度平行或垂直于网格面时，旋转 Roe 格式维持了与经典 Roe 格式类似的精度。

上述讨论说明了选择 $\boldsymbol{n}_1$ 的重要性。文献[84]提供了基于速度梯度的选择方法，可供参考。

6.3.4 结合了 3 类方法的改进 Roe 格式

6.3.3 节说明了旋转 Roe 格式能够在需要计算域保持与经典 Roe 格式一样的精度，而在需要抑制激波不稳定的计算域，其相当于在引入第 3 类方法的同时又像第 1 类方法那样增大了 ξ，只不过增大得太多。从另一个角度看，熵修正方法的作用也体现在 ξ 上，并且 ξ 远比旋转 Roe 格式的小。

可见，矫正激波不稳定的 3 类方法的优势是互补的。由此可以提出结合 3 类方法的新格式：

$$\xi = \max[|U|, \min(U_{ef}, U_{\text{rot}})] \tag{6.85}$$

$$\delta p_u = \max(0, c - |U|')\rho\Delta U \tag{6.86}$$

$$\delta p_p = \text{sign}(U)\min(|U|', c)\frac{\Delta p}{c} \tag{6.87}$$

$$\delta U_u = \text{sign}(U)\min(|U|', c)\frac{\Delta U}{c} \tag{6.88}$$

$$\delta U_p = s_1 s_2 \max(0, c - |U|')\frac{\Delta p}{\rho c^2} \tag{6.89}$$

其中，$|U|'$用于避免激波膨胀：

$$|U|'=|U|-\frac{\operatorname{sign}(U+c)\max(0,U_{\mathrm{R}}-U_{\mathrm{L}})-\operatorname{sign}(U-c)\max(0,U_{\mathrm{R}}-U_{\mathrm{L}})}{4} \tag{6.90}$$

而U_{ef}对应熵修正：

$$U_{ef}=\varepsilon c \tag{6.91}$$

这里的ε是一个小的常数。而U_{rot}是网格面的旋转法向速度：

$$U_{\mathrm{rot}}=|\alpha_1 U_1|+|\alpha_2 U_2| \tag{6.92}$$

$$U_1=\boldsymbol{n}_1\cdot\boldsymbol{V} \tag{6.93}$$

$$U_2=\boldsymbol{n}_2\cdot\boldsymbol{V} \tag{6.94}$$

$$\alpha_1=\boldsymbol{n}_1\cdot\boldsymbol{n} \tag{6.95}$$

$$\alpha_2=\boldsymbol{n}_2\cdot\boldsymbol{n} \tag{6.96}$$

$$\boldsymbol{n}_2=(\boldsymbol{n}_1\times\boldsymbol{n})\times\boldsymbol{n}_1 \tag{6.97}$$

$$\boldsymbol{V}=u\boldsymbol{i}+v\boldsymbol{j}+w\boldsymbol{k} \tag{6.98}$$

$\boldsymbol{n}_1$根据文献[84]的方法选择：

$$\boldsymbol{n}_1=\begin{cases}\boldsymbol{n}, & \Delta V=\sqrt{(\Delta u)^2+(\Delta v)^2+(\Delta w)^2}<\delta\\ \dfrac{\Delta u\boldsymbol{i}+\Delta v\boldsymbol{j}+\Delta w\boldsymbol{k}}{V}, & \text{其他}\end{cases} \tag{6.99}$$

文献[84]中定义δ为一极小正值。由于旋转方法只关注激波问题，ΔV可以取为相对较大的值：

$$\delta=0.01c \tag{6.100}$$

也就是说，旋转方法只在流场变化剧烈到一定程度时才激活，否则$U_{\mathrm{rot}}=U$。

新方法对ξ的改变也可以表达如下：

$$\xi=\begin{cases}U_{ef}, & U_{ef}<U_{\mathrm{rot}}\text{ 且 }U_{ef}>|U|\\ U_{\mathrm{rot}}, & U_{\mathrm{rot}}<U_{ef}\text{ 且 }U_{\mathrm{rot}}>|U|\\ |U|, & \text{其他}\end{cases} \tag{6.101}$$

因此，取代$|U|$的最大值也就是熵修正的εc，可以预防旋转方法在激波区域带来过量的耗散。而当$U_{\mathrm{rot}}<U_{ef}$时，熵修正被U_{rot}或$|U|$取代，又预防了熵修正对剪切波的过量耗散。ξ一般等于$|U|$或U_{ef}，因为$U_{\mathrm{rot}}<U_{ef}$且$U_{\mathrm{rot}}>|U|$的情况很少见。

另外，根据第3类方法，新格式消除了最重要的破坏激波稳定性的机制δU_p，因此ε可以小于经典熵修正的值，一般取0.05就已足够。

6.4 部分其他性质

本节基于 Roe 格式，讨论一些有代表性的其他问题，如完全迎风性质、正定性质与总焓守恒性质等，并探讨可能的解决思路。

6.4.1 超声速完全迎风性质

在超声速 $|U|\geqslant c$ 时，根据物理性质，格式应该完全迎风，也即

$$\boldsymbol{F}_{\frac{1}{2}}=\begin{cases}\boldsymbol{F}_{\mathrm{L}}, & U\geqslant c\\ \boldsymbol{F}_{\mathrm{R}}, & U\leqslant -c\end{cases}\tag{6.102}$$

然而，Roe 格式并不能完全满足这一点。例如，当 $U\geqslant c$ 时，将其通量展开：

$$\widetilde{\boldsymbol{F}}_{\frac{1}{2}}=\widetilde{\boldsymbol{F}}_{c}+\widetilde{\boldsymbol{F}}_{d}=p_{\mathrm{L}}\begin{bmatrix}0\\ n_x\\ n_y\\ n_z\\ 0\end{bmatrix}_{\frac{1}{2}}+\frac{U_{\mathrm{R}}-U_{\frac{1}{2}}}{2}\begin{bmatrix}\rho\\ \rho u\\ \rho v\\ \rho w\\ \rho H\end{bmatrix}_{\mathrm{R}}+\frac{U_{\mathrm{L}}+U_{\frac{1}{2}}}{2}\begin{bmatrix}\rho\\ \rho u\\ \rho v\\ \rho w\\ \rho H\end{bmatrix}_{\mathrm{L}}-\frac{U_{\mathrm{R}}-U_{\mathrm{L}}}{2}\begin{bmatrix}\rho\\ \rho u\\ \rho v\\ \rho w\\ \rho H\end{bmatrix}_{\frac{1}{2}}\tag{6.103}$$

可以看到，仅当以下两式满足时，式(6.103)才能满足完全迎风公式(6.102)。

$$U_{\frac{1}{2}}=\frac{1}{2}(U_{\mathrm{R}}+U_{\mathrm{L}})\tag{6.104}$$

$$\begin{bmatrix}\rho\\ \rho u\\ \rho v\\ \rho w\\ \rho H\end{bmatrix}_{\frac{1}{2}}=\frac{1}{2}\begin{bmatrix}\rho\\ \rho u\\ \rho v\\ \rho w\\ \rho H\end{bmatrix}_{\mathrm{L}}+\frac{1}{2}\begin{bmatrix}\rho\\ \rho u\\ \rho v\\ \rho w\\ \rho H\end{bmatrix}_{\mathrm{R}}\tag{6.105}$$

然而，式(6.104)与式(6.105)不能同时满足，尤其是考虑$\frac{1}{2}$面上的量一般是采用 Roe 格式平均获得的情况时。

对于 $U\leqslant -c$ 的情况，也可以获得同样的结论。因此，Roe 格式在超声速时并不满足完全迎风性质。

6.4.2 正定性质

标量方程需要满足正定性质[13]，特别是当网格面法向速度趋于0时。本节只讨论连续性方程中密度的正定性质，因为它能够代表其他标量。连续性方程的数值通量描述如下：

$$\widetilde{F}^{\text{continuity}}=\rho^{*}u=a_1u_1\rho_{\text{L}}+a_2u_2\rho_{\text{R}} \tag{6.106}$$

当系数都为正时，

$$a_1\geqslant 0\ 且\ a_2\geqslant 0 \tag{6.107}$$

可以保证密度的正定性质。密度的正定性质对于近真空问题计算极为重要，如不满足，则计算发散。

然而，Roe格式也并不满足密度的正定性。正定性主要在近真空即密度极低且$U\to 0$时有关键影响。在这一情况下，只考虑$U\geqslant 0$且忽略压力梯度的影响：

$$\widetilde{F}^{\text{continuity}}=\frac{U_{\text{R}}-U_{\text{L}}}{4}\rho_{\text{R}}+\frac{U_{\text{R}}+3U_{\text{L}}}{4}\rho_{\text{L}} \tag{6.108}$$

式(6.108)的等号右边来自中心项与基本迎风数值黏性项ξ。可以看到，其中存在负号，因此不满足式(6.106)和式(6.107)，从而不满足正定性。事实上，由于不满足正定性而不能计算强膨胀近真空流动，也是Roe格式的一个显著缺陷。

6.4.3 总焓守恒性质

格式也需要满足总焓守恒性质，否则某些特定问题就很容易出现总焓不守恒等不符合物理规律的现象。满足总焓守恒的条件是，能量方程的数值黏性直接等于连续性方程的数值黏性乘以总焓[89-90]，即

$$\widetilde{F}_d^{\text{energy}}=\widetilde{F}_d^{\text{continuity}}\times H \tag{6.109}$$

观察Roe格式框架公式(6.1)，容易看到，其并不满足总焓守恒性质。

6.4.4 可能的改进思路

为了改进上述超声速完全迎风性质、正定性质和总焓守恒性质，一种改进思路是对Roe格式的框架式(6.1)进行修改。考虑到式(6.104)与式(6.105)不能同时满足，但可以直接将其引入格式，有：

$$\widetilde{\boldsymbol{F}}_{d,\frac{1}{2}}=-\frac{1}{2}\left\{\xi\begin{bmatrix}\Delta\rho\\ \Delta(\rho u)\\ \Delta(\rho v)\\ \Delta(\rho w)\\ \Delta(\rho H)\end{bmatrix}_{\frac{1}{2}}+(\delta p_p+\delta p_u)\begin{bmatrix}0\\ n_x\\ n_y\\ n_z\\ 0\end{bmatrix}_{\frac{1}{2}}+\delta U_p\begin{bmatrix}\rho\\ \rho u\\ \rho v\\ \rho w\\ \rho H\end{bmatrix}_{\frac{1}{2}}+\right.$$

$$
\left.\delta U_{u,\mathrm{R}}\begin{bmatrix}\rho\\ \rho u\\ \rho v\\ \rho w\\ \rho H\end{bmatrix}_{\mathrm{R}}+\delta U_{u,\mathrm{L}}\begin{bmatrix}\rho\\ \rho u\\ \rho v\\ \rho w\\ \rho H\end{bmatrix}_{\mathrm{L}}\right\} \tag{6.110}
$$

$$
\xi=\max\left\{\frac{|U_{\mathrm{R}}+U_{\mathrm{L}}|}{2}+[1-f^{8}(\overline{M})]\frac{\Delta U}{2},0\right\} \tag{6.111}
$$

$$
\delta U_{u,\mathrm{R}}=\frac{1}{2}\mathrm{sign}(U)\min(|U|,c)\frac{\Delta U}{c} \tag{6.112}
$$

$$
\delta U_{u,\mathrm{L}}=\frac{1}{2}\mathrm{sign}(U)\min(|U|,c)\frac{\Delta U}{c} \tag{6.113}
$$

$$
\overline{M}=\frac{|U|}{c} \tag{6.114}
$$

框架式(6.110)将式(6.1)中$\frac{1}{2}$处的δU_u分裂为右项$\delta U_{u,\mathrm{R}}$与左项$\delta U_{u,\mathrm{L}}$，这一做法与AUSM格式的统一框架式(3.98)极为类似；同时将ξ中的$|U|$直接替换为$\frac{|U_{\mathrm{R}}+U_{\mathrm{L}}|}{2}$，如式(6.111)等号右边第一项所示。此时，就可以证明完全迎风式(6.102)得到了满足。

为了满足总焓守恒性质，同时进行了两处改进：一是将修正压力δp中能量方程的U替换为0，这与AUSM格式的统一框架式(3.98)的做法是一致的；二是将基本迎风黏性能量方程中的$\Delta(\rho E)$替换为$\Delta(\rho H)$。考虑到总焓本身在流场中不变，式(6.109)也能够满足。

而为了满足正定性质，在式(6.111)的等号右边又增加了一项：$\frac{\Delta U}{2}$。而函数$[1-f^{8}(\overline{M})]$是为了使$|U|\geqslant c$时该项不起作用，从而获得超声速完全迎风性质，函数max是为了防止某些特殊情况下可能出现的负值。

当$U\to 0$时，该项起作用；对于$U>0$的情况：

$$
\widetilde{F}^{\mathrm{continuity}}=\frac{U_{\mathrm{R}}+U_{\mathrm{L}}}{2}\rho_{\mathrm{L}} \tag{6.115}
$$

而对于$U<0$的情况：

$$
\widetilde{F}^{\mathrm{continuity}}=\frac{U_{\mathrm{R}}+U_{\mathrm{L}}}{2}\rho_{\mathrm{R}} \tag{6.116}
$$

可以看出，该项起作用后密度满足正定性质式(6.106)和式(6.107)。

从以上修正可以看到，Roe类格式修正的框架式(6.110)与AUSM类格式的统一框架相当类似。由AUSM类格式本身并没有遇到这些困难也可知，其中的机理是共通的。

第 7 章

全速域格式

第5章讨论并提出了具有普适意义的规则，使经典激波捕获格式能够兼容低马赫数流动的计算；第6章讨论了在超声速乃至高超声速流动条件下经典激波捕获格式的问题，并提出了方法矫正重要的激波不稳定与膨胀激波问题。第5章与第6章的方法可以相互融合，从而发展出全速域格式，使其从极低马赫数到极高马赫数流动都具有良好的计算性质。本章以Roe格式为典型代表，讨论与发展全速域格式，并具体提出全速域Roe(all- Mach-number Roe，AM-Roe)格式。

7.1 全速域 Roe 格式机理分析

7.1.1 Roe 格式改进机理总结

对于5.5.1节所提出的构造兼容低马赫数激波捕获格式的3个普适规则，具体到Roe型格式，可以简化表述如下：

(1) Roe格式的非物理问题来源于δp_u，其系数阶数为$O(c)$，将其修正为$O(c^0)$即可解决非物理解问题；

(2) Roe格式自身具有动量插值机制δU_p，其系数阶数为$O(c^{-1})$，允许产生一些小的压力锯齿振荡。如果修正后的系数阶数为$O(c^{-2})$，则会产生压力速度失耦问题，出现严重的压力锯齿解，甚至导致计算发散。而修正后的系数阶数为$O(c^0)$，如预处理Roe格式，也是可以接受的，其能够几乎完全抑制压力锯齿振荡，但同时也会导致连续性方程出现误差。而如果系数阶数更高，连续性方程误差将过大，也会导致计算发散；

(3) 在格式修正后的公式中，分子上新出现的本地流速不需要进行全局截断处理，也就自然地避开了全局截断问题。

而对于高超声速流动条件下出现的激波不稳定与膨胀激波问题，第6章则指出：

(1) Roe 格式自身具有动量插值机制 δU_p，是导致激波不稳定最重要的原因，对于高马赫数流动，该项应完全取消；

(2) 适当增加基本迎风耗散 ξ 有利于抑制激波不稳定问题；

(3) 尽量减小特征值之比，也即适当增大 δp_u 与 δU_p 乃至 ξ，而减小 δp_p 与 δU_u，可以抑制膨胀激波问题。

7.1.2 Roe 格式改进机理进一步阐述

Roe 格式出现的种种问题事实上都发生在 $|U|\to 0$ 与 $|U|\to c$ 这两种系统方程刚性过大的情况下，其机理可以进一步阐述如下：

1) 当 $|U|\to 0$ 时

这是最重要的一种情况。Roe 格式在马赫数的两个极端——极低与极高马赫数下会出现种种严重问题。尽管其主要问题及具体现象各不相同，但背后的原因可以归结为同一个，就是 $|U|\to 0$ 格式无法区分低马赫数与高马赫数流动。

事实上，当网格面的法向速度 $|U|\to 0$ 时，存在两种极端的可能性。首先是其本身的流速也趋于 0，即马赫数 $M\to 0$。而另一种极端的可能性是流动超声速，即 $M\geqslant 1$。如图 7.1 所示，当流动与网格面平行时，无论 M 是多少，U 都可以是 0。

而对于 Roe 格式本身而言，当 $|U|\to 0$ 时，格式中没有相关机制区分上述两种极端情况。然而，这两种极端情况的数学物理性质截然不同。体现在数值格式上，首先是交叉修正项。如图 7.2 所示，格式对界面速度与界面压力的修正，分别来源于压力梯度与速度梯度。其中，直接修正项，也就是以压力修正压力、以速度修正速度，这样不容易出大问题。而交叉修正项，也就是以压力修正速度的 δU_p 和以速度修正压力的 δp_u，理论要求完全不同：

(1) 对于 $|U|\to 0$ 且 $M\to 0$ 的情况：δp_u 正比于 $u\Delta u$ 且 $\delta U_p \propto \dfrac{\Delta p}{c}$；

(2) 对于 $|U|\to 0$ 且 $M\geqslant 1$ 的情况：δp_u 正比于 $c\Delta u$ 且 $\delta U_p \propto 0$。

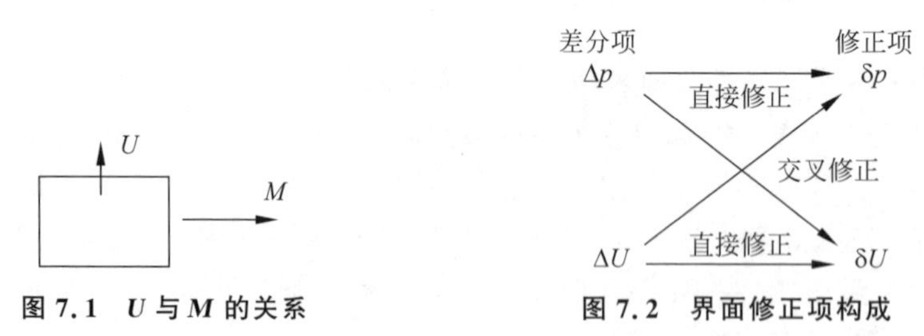

图 7.1 U 与 M 的关系　　图 7.2 界面修正项构成

可以看到，两种情况对数值格式的要求截然不同，而传统格式则混为一谈，无法区别不同的情况，从而导致了种种问题。

解决这一问题的方法就是在格式中引入相关机制，使其能够区分高马赫数或低马赫数流动。本书的方法就是简单直接地在格式中引入马赫数本身,从而使格式能够区分两种极端情况,实现全速域计算。

2）激波内部的低马赫数网格点

考虑到激波内部本身是非平衡态的,其中的低马赫数点需要按照强非线性激波本身处理,而不能按低马赫数近不可压缩流动对待。解决的方法一方面是引入激波探测器识别这样的点；另一方面,高阶精度重构可以提高激波的分辨率,激波内部的网格点数比一阶格式显著减少,其中的低马赫数点也相应减少甚至完全消失,从而能够从侧面很大程度上解决这个问题。

另外,如果激波不强,则意味着波后马赫数仍然较高,此时也可以不考虑这个问题。

3）当 $|U|\to c$ 时

此时产生的是膨胀激波问题,事实上,只需要考虑亚声速膨胀流的修正。可以考虑引入 U_{L} 与 U_{R} 取代 U,对相关项的大小进行微调,尽可能减少特征值之比,就可以解决这一问题。

7.2　全速域 Roe 格式

7.2.1　全速域 Roe 格式

根据前述机理分析,可以提出全速域 AM-Roe 格式：

$$\widetilde{\boldsymbol{F}}_d^{\text{AM-Roe}} = -\frac{1}{2}\left\{\xi\begin{bmatrix}\Delta\rho\\ \Delta(\rho u)\\ \Delta(\rho v)\\ \Delta(\rho w)\\ \Delta(\rho E)\\ \Delta(\rho k)\\ \vdots\end{bmatrix} + (\delta p_u + \delta p_p)\begin{bmatrix}0\\ n_x\\ n_y\\ n_z\\ U\\ 0\\ \vdots\end{bmatrix} + (\delta U_u + \delta U_p)\begin{bmatrix}\rho\\ \rho u\\ \rho v\\ \rho w\\ \rho H\\ \rho k\\ \vdots\end{bmatrix}\right\} \tag{7.1}$$

$$\xi = \max\left[|U|, \min(U_{ef}, U_{\text{rot}})\right] \tag{7.2}$$

$$\delta p_u = f(M)\max(0, c - |U|')\rho\Delta U \tag{7.3}$$

$$\delta p_p = \operatorname{sign}(U)\min(|U|', c)\frac{\Delta p}{c} \tag{7.4}$$

$$\delta U_u = \operatorname{sign}(U)\min(|U|', c)\frac{\Delta U}{c} \tag{7.5}$$

$$\delta U_p = s_1 s_2 \max(0, c - |U|')\frac{\Delta p}{\rho c^2} \tag{7.6}$$

其中，$|U|'$用于避免膨胀激波：

$$|U|' = |U| - \frac{\mathrm{sign}(U+c)\max(0,U_{\mathrm{R}}-U_{\mathrm{L}}) - \mathrm{sign}(U-c)\max(0,U_{\mathrm{R}}-U_{\mathrm{L}})}{4}$$

$$= \begin{cases} \min(|U_{\mathrm{L}}|,|U_{\mathrm{R}}|), & |U|<c \text{ 且 } U_{\mathrm{R}}>U_{\mathrm{L}} \\ |U|, & \text{其他} \end{cases} \tag{7.7}$$

对 ξ 的修正用于强化抑制激波不稳定问题，其中用旋转黎曼求解器方法判断需要强化的区域，而用熵修正进行强化。而 U_{ef} 对应的熵修正为

$$U_{ef} = \varepsilon c \tag{7.8}$$

这里的 ε 是一个小的常数，可取 0.05 或更小。而 U_{rot} 是网格面的旋转法向速度，即

$$U_{\mathrm{rot}} = |\alpha_1 U_1| + |\alpha_2 U_2| \tag{7.9}$$

$$U_1 = \boldsymbol{n}_1 \cdot \boldsymbol{V} \tag{7.10}$$

$$U_2 = \boldsymbol{n}_2 \cdot \boldsymbol{V} \tag{7.11}$$

$$\alpha_1 = \boldsymbol{n}_1 \cdot \boldsymbol{n} \tag{7.12}$$

$$\alpha_2 = \boldsymbol{n}_2 \cdot \boldsymbol{n} \tag{7.13}$$

$$\boldsymbol{n}_2 = (\boldsymbol{n}_1 \times \boldsymbol{n}) \times \boldsymbol{n}_1 \tag{7.14}$$

$$\boldsymbol{V} = u\boldsymbol{i} + v\boldsymbol{j} + w\boldsymbol{k} \tag{7.15}$$

其中，$\boldsymbol{n}_1$ 根据文献[84]的方法选择：

$$\boldsymbol{n}_1 = \begin{cases} \boldsymbol{n}, & \Delta V = \sqrt{(\Delta u)^2 + (\Delta v)^2 + (\Delta w)^2} < \delta \\ \dfrac{\Delta u\boldsymbol{i} + \Delta v\boldsymbol{j} + \Delta w\boldsymbol{k}}{V}, & \text{其他} \end{cases} \tag{7.16}$$

$$\delta = 0.01c \tag{7.17}$$

对 ξ 的修正只在高马赫数流场变化剧烈的位置起作用。当流场变化不剧烈时，$U_{\mathrm{rot}} = |U|$，此时 $\xi = |U|$。因此，对于低马赫数近不可压缩流动，流场变化平缓，该式也仍然适用。

对 δU_p 的修正比较复杂，是因为其在可压缩与不可压缩流动中扮演的角色比较复杂，在低马赫数流动下需要保留，以抑制压力速度失耦问题，并且可以进一步强化；而在高马赫数流动下需要尽力去除，以避免激波不稳定问题。为此引入了马赫数判断函数 s_1 与激波探测函数 s_2：

$$s_1 = 1 - f^8(M) \tag{7.18}$$

$$s_2 = f^8(b) \tag{7.19}$$

其中，M 为马赫数，即

$$M = \frac{\sqrt{u^2 + v^2 + w^2}}{c} \tag{7.20}$$

而 b 为激波探测因子，检测当前面与相邻面的压力变化情况，二维情况下需要检测 5 个面，三维则需要检测 9 个面，其形式如下：

$$b_{i+\frac{1}{2},j,k}=\min\begin{pmatrix}P_{i+\frac{1}{2},j,k}, \\ P_{i+1,j-\frac{1}{2},k-\frac{1}{2}},P_{i+1,j+\frac{1}{2},k-\frac{1}{2}},P_{i,j-\frac{1}{2},k-\frac{1}{2}},P_{i,j+\frac{1}{2},k-\frac{1}{2}}, \\ P_{i+1,j-\frac{1}{2},k+\frac{1}{2}},P_{i+1,j+\frac{1}{2},k+\frac{1}{2}},P_{i,j-\frac{1}{2},k+\frac{1}{2}},P_{i,j+\frac{1}{2},k+\frac{1}{2}}\end{pmatrix} \tag{7.21}$$

$$P_{i+\frac{1}{2},j,k}=\min\left(\frac{p_{i,j,k}}{p_{i+1,j,k}},\frac{p_{i+1,j,k}}{p_{i,j,k}}\right) \tag{7.22}$$

而 δp_u 项通过乘以函数 $f(M)$，克服了低马赫数流动下的物理解问题。这里的函数 f 包括式(7.18)与式(7.19)中的函数 f，可以取相同的形式，建议如下：

$$f(\varphi)=\min\left(\varphi\frac{\sqrt{4+(1-\varphi^2)^2}}{1+\varphi^2},1\right) \tag{7.23}$$

这里的 φ 为任意变量。

由此，就获得了全速域 Roe 格式，该格式能够解决绝大多数已知的重要格式计算问题，涵盖从极低到极高的所有马赫数条件。

7.2.2　全速域 Roe 格式简化

7.2.1 节提出的全速域 Roe 格式形式较为复杂，在一定的条件下可以简化。格式中最复杂且计算量最大的就是激波探测函数 s_2，用于检测激波内部的低马赫数点。对于高阶重构计算而言，这样的点很少甚至没有。因此，当计算采用高阶精度重构，并且对激波稳定性要求不太高时，可以不采用 s_2，也就是直接将其设置为 1，即

$$s_2=1 \tag{7.24}$$

网格面旋转法向速度 U_{rot} 是另一个复杂且计算量较大的变量。如果对激波稳定性要求不太高，可以将其直接设置为

$$U_{\text{rot}}=|U| \tag{7.25}$$

引入式(7.24)与式(7.25)的简化版本——全速域 Roe 格式与经典 Roe 格式相比，编程实施容易，计算量增加少，同时也具备了所期待的主要性能。在高阶精度重构的配合及对激波不稳定一定程度容忍的条件下，同样能够解决各种马赫数流动计算可能遇到的绝大多数重要问题。

简化版本的完整全速域 Roe 格式可以表达如下：

$$\xi=|U|' \tag{7.26}$$

$$\delta p_u=f(M)\max(0,c-|U|')\rho\Delta U \tag{7.27}$$

$$\delta p_p=\text{sign}(U)\min(|U|',c)\frac{\Delta p}{c} \tag{7.28}$$

$$\delta U_u=\text{sign}(U)\min(|U|',c)\frac{\Delta U}{c} \tag{7.29}$$

$$\delta U_p = [1 - f(M)] \max(0, c - |U|') \frac{\Delta p}{\rho c^2} \tag{7.30}$$

$$|U|' = |U| - \frac{\text{sign}(U+c)\max(0, U_R - U_L) - \text{sign}(U-c)\max(0, U_R - U_L)}{4}$$

$$= \begin{cases} \min(|U_L|, |U_R|), & |U| < c \text{ 且 } U_R > U_L \\ |U|, & \text{其他} \end{cases} \tag{7.31}$$

与经典 Roe 格式相比，此处的全速域 Roe 格式仅将$|U|$替换为$|U|'$（ξ 中的$|U|$可以不替换），以避免膨胀激波问题；并且将 δp_u 与 δU_p 分别乘以一个系数 $f(M)$与 $1-f(M)$，以同时解决低马赫数流动问题与超声速流动激波不稳定问题。

7.2.3 经典算例验证

本节给出几个经典算例，用于验证全速域 AM-Roe 的性质。

(1) 奇偶失联算例

本算例条件与 6.1.2 节的对应算例所述一致，不同之处只在于增加了其中的网格几何扰动系数 ε_y，令其 $\varepsilon_y = 0.1$。这一数值与经典值 10^{-6} 与 10^{-4} 相比非常大，而该值越大，激波不稳定现象越严重，也越能体现改进格式的效果。

图 7.3(a)显示，经典 Roe 格式完全抹平了激波。传统的熵修正改进效果也有限，如图 7.3(b)所示，即使熵修正系数增加到 0.2，其效果也与 6.1.2 节 $\varepsilon_y = 10^{-4}$ 的算例不同，激波抹平问题依然明显，如图 7.3(c)所示。同样的问题出现在图 7.3(d)，即使 $\delta U_p = 0$ 也不足以完全消除激波不稳定问题。而若采用全速域 AM-Roe 格式，则无论是一阶精度还是高阶精度，激波都能保持得很好，如图 7.3(e)与(f)所示。

基于图 7.3(f)的结果，图 7.4 显示了平行于流向的网格面上旋转马赫数 $M_{\text{rot}} = \frac{U_{\text{rot}}}{c}$的云图。在该位置，除了中心线上奇偶扰动的网格面外，其他面的 U 理论上为 0。很明显，旋转马赫数在光滑区域都接近于 0，这一点比熵修正的效果好很多。旋转马赫数 M_{rot} 在激波及中心扰动面处被激活，并且值很大，最高可达 1.6。这样的值虽然可以使格式高度稳定，但其值过大了。因此，图 7.4 解释了熵修正与旋转黎曼求解器具有可以互补的优势。

图 7.5 定义了一个函数 I_d：

$$I_d = \begin{cases} 1, & U_{ef} < U_{\text{rot}} \text{ 且 } U_{ef} > |U| \\ 0, & \text{其他} \end{cases} \tag{7.32}$$

这个函数用于辨识 AM-Roe 格式中熵修正起作用的区域。如图 7.5(a)显示，熵修正的作用区域非常小，并且仅出现在激波不稳定可能发生的区域。采用 MUSCL-TVD 后，这一作用区域更是缩减到几乎不可见，如图 7.5(b)所示。因此，全速域格式达成了限制熵修正作用区域的目的。而熵修正在格式中起到稳定激波的作用，同时对计算精度的影响非常小。

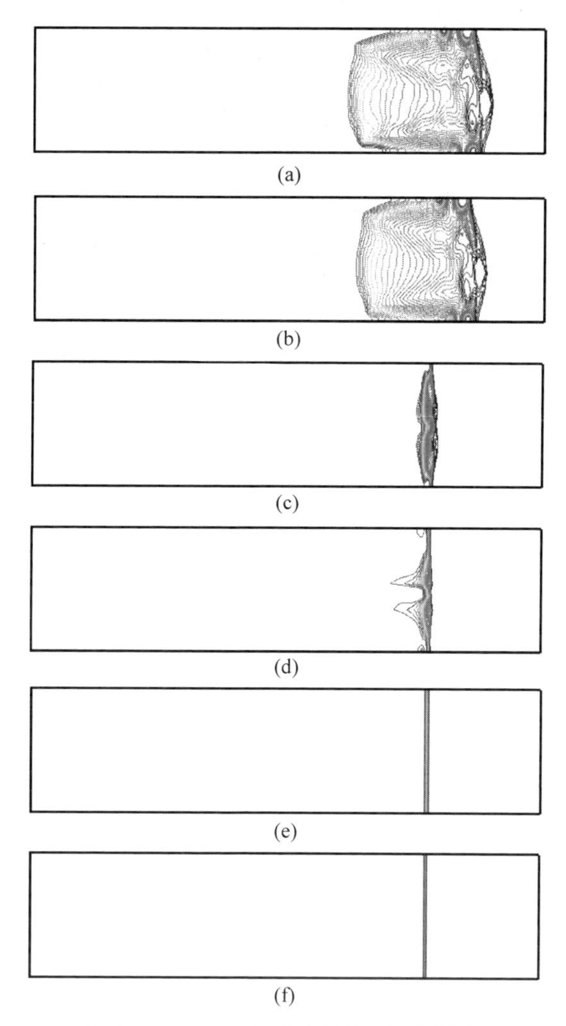

图 7.3　$t=100\text{s}$ 时密度云图(后附彩图)

(a) 经典 Roe 格式；(b) 经典 Roe 格式，熵修正系数为 0.05；(c) 经典 Roe 格式，熵修正系数为 0.2；(d) 经典 Roe 格式，$\delta U_p=0$；(e) AM-Roe 格式；(f) AM-Roe 格式，MUSCL-TVD 重构

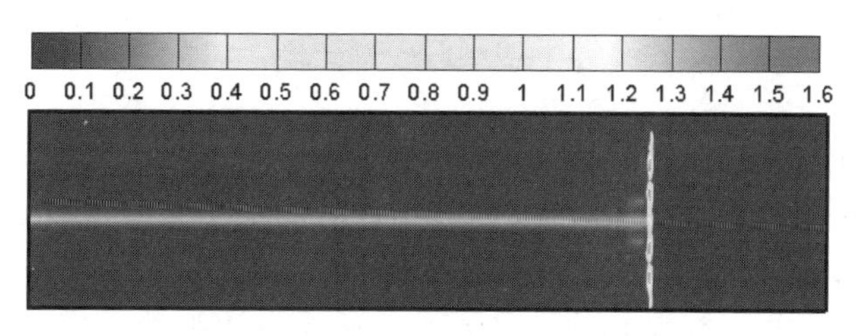

图 7.4　平行于流动的网格面上旋转马赫数 $M_{\text{rot}}=\dfrac{U_{\text{rot}}}{c}$ 云图(后附彩图)

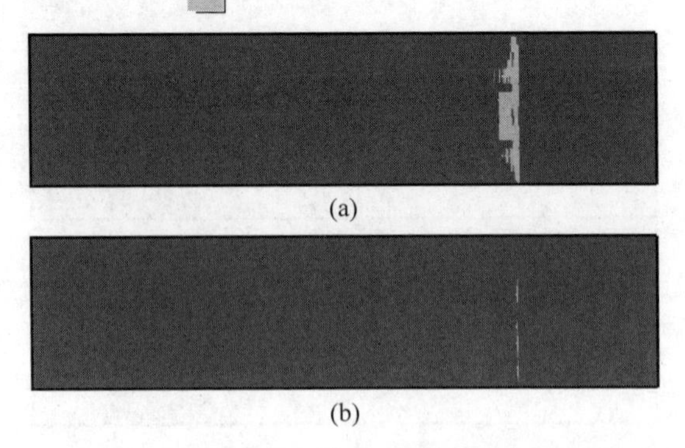

图 7.5　辨识熵修正作用区域的函数 I_d 云图

(a) 一阶精度；(b) MUSCL-TVD 重构

(2) 超声速后台阶算例

本算例的条件与 6.2 节所述一致。在采用全速域 AM-Roe 格式后，结果符合预期，同时矫正了激波不稳定与膨胀激波问题，如图 7.6(a)与(b)所示，并且明显优于图 6.15 中的只取消了 δU_p 而未考虑 ξ 修正的结果，消除了图 6.15 中存在的弱激波不稳定现象。

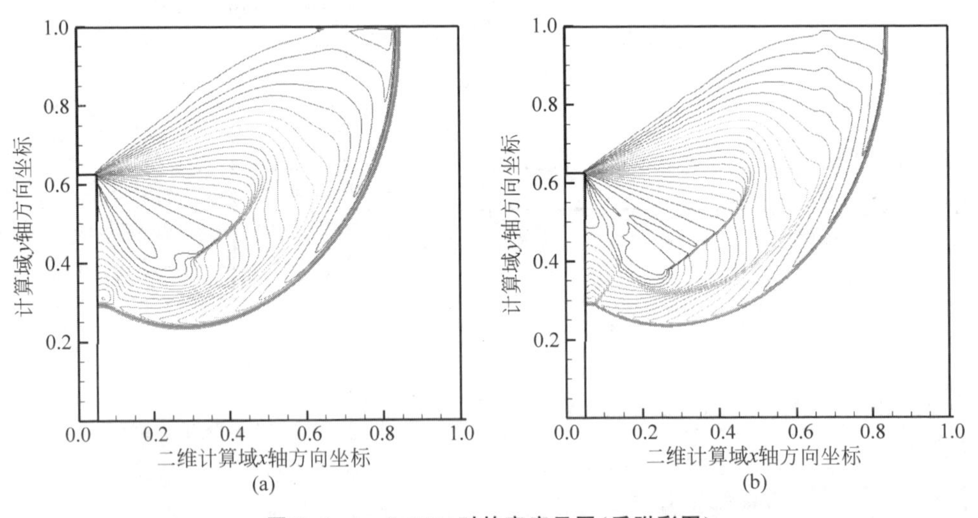

图 7.6　$t=0.155$s 时的密度云图(后附彩图)

(a) AM-Roe 格式；(b) AM-Roe 格式，MUSCL-TVD 重构

图 7.7 显示了熵修正起作用的区域。图 7.7(a)表明，熵修正只影响激波与膨胀波头尾附近的小块区域，并且主要的作用区域集中在激波顶部不稳定现象容易发生的地方。采用 MUSCL-TVD 重构，作用区域进一步减少了，如图 7.7(b)所示。这表明高阶精度下熵修正的影响范围缩减，其不利影响也相应下降。

(3) 双马赫数反射马赫杆算例

本算例条件与 6.1.2 节的对应算例所述一致。如图 7.8(a)与(b)所示，无论是否采用了 MUSCL-TVD 重构，全速域 AM-Roe 格式都完全消除了马赫杆的三叉点

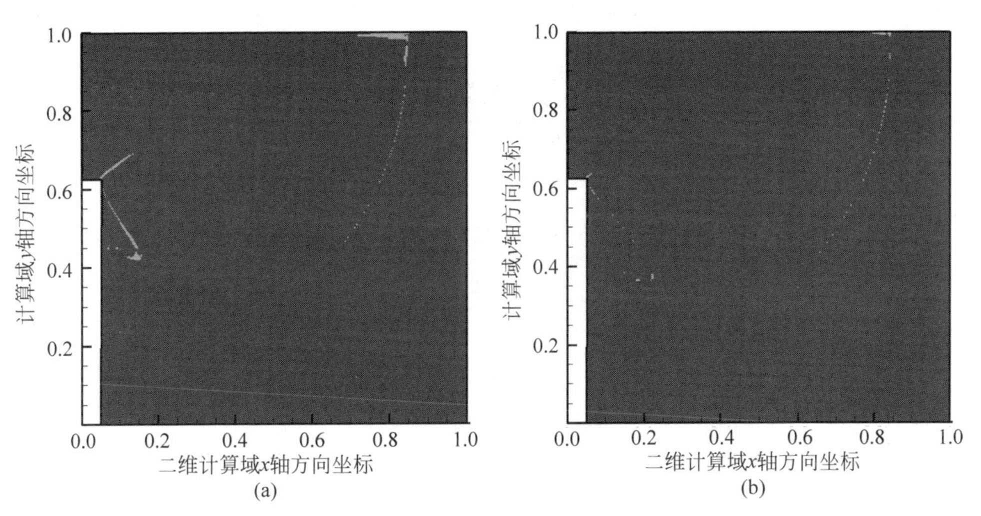

图 7.7　辨识熵修正作用区域的函数 I_d 云图(后附彩图)

(a) 一阶精度；(b) MUSCL-TVD 重构

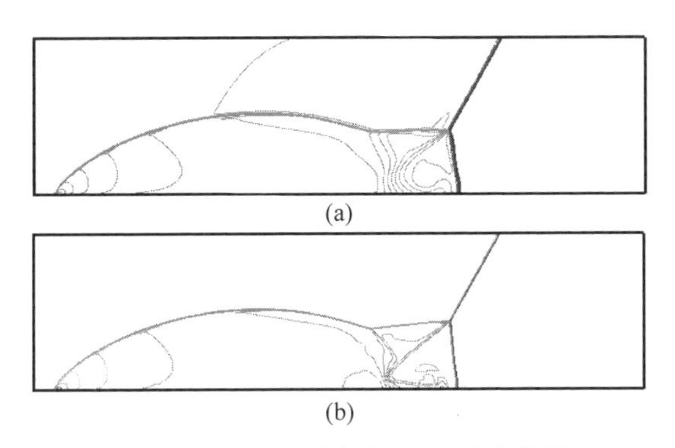

图 7.8　$t=0.2$s 时密度云图(后附彩图)

(a) AM-Roe 格式；(b) AM-Roe 格式,MUSCL-TVD 重构

现象,并且优于图 6.7(c)(其中存在轻微的三叉点问题)。

图 7.9 也显示了熵修正的作用区域,与前述算例一致,作用区域很小,并随着计算精度的提高进一步缩小。

(4) 二维无黏圆柱绕流算例

本算例条件与 5.5.6 节的对应算例所述一致。如图 7.10 所示,全速域 Roe 格式的结果与预期一致,矫正了非物理解问题,但也存在一些微小的压力锯齿振荡,如需要解决该问题,则可以进一步强化 δU_p 项系数的阶数。

图 7.11 给出了式(5.194)所定义的无量纲压力波动函数与远场马赫数的关系图。可以看到,结果与理论完全一致：Roe 格式产生的压力波动为非物理的对应马赫数 M_* 的一阶量,而全速域 Roe 格式的结果则恢复为物理的解,对应马赫数平方 M_*^2 的二阶量。

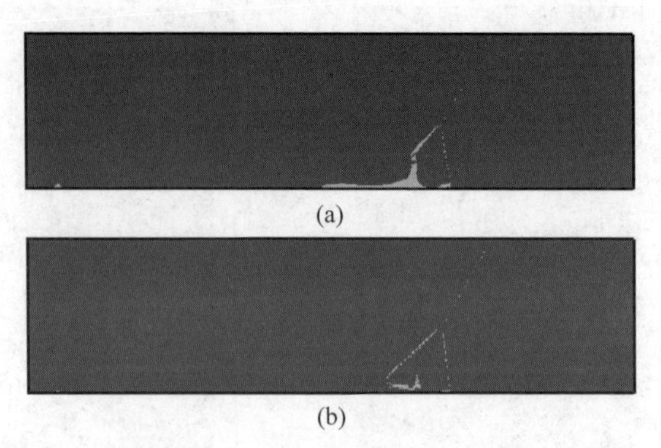

图 7.9　辨识熵修正作用区域的函数 I_d 云图(后附彩图)

(a) 一阶精度；(b) MUSCL-TVD 重构

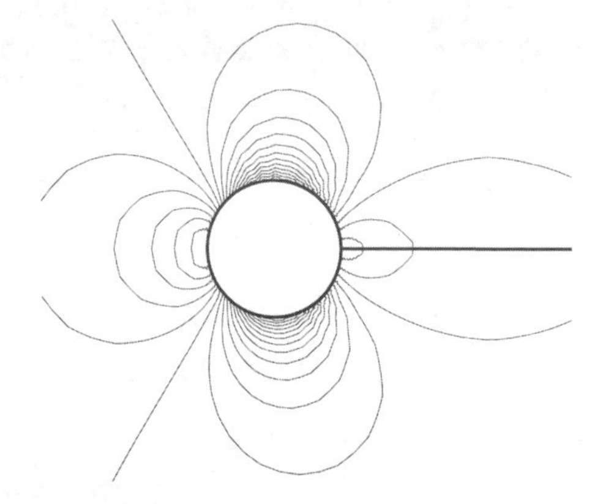

图 7.10　远场马赫数为 0.01 时采用 AM-Roe 格式的流场压力云图

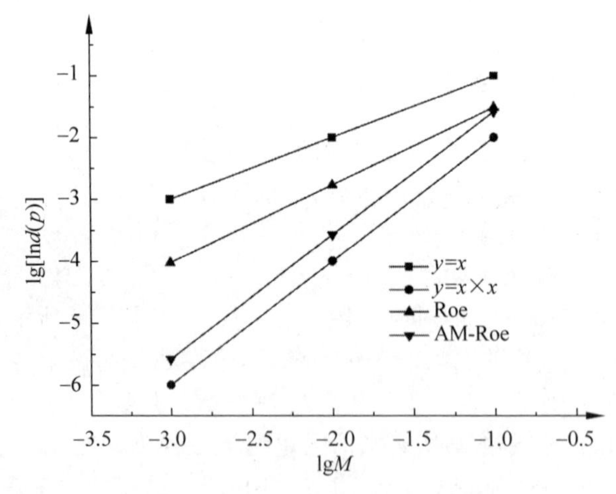

图 7.11　压力波动与远场马赫数

第 8 章

时间推进与收敛加速方法

时间推进法是可压缩流动计算对时间导数离散的主要方法,与空间离散方法相对独立,其目的是获得具有物理意义的瞬态解,或只要得到定常流动收敛解但加快收敛速度。时间推进法分为显式时间推进法、隐式时间推进法,以及工程非定常流动计算常用的双时间步长法。其中,隐式时间推进法还涉及具有计算流体力学特征的大型稀疏矩阵的求解问题。

8.1 显式时间推进法

8.1.1 全局时间步长方法与局部时间步长方法

最简单的时间导数离散方式为一阶后差格式:

$$\frac{\partial \phi}{\partial t}=\frac{\phi^{n+1}-\phi^{n}}{\Delta t} \tag{8.1}$$

其中,上标 n 代表当前时间步,流场参数已知,而 $n+1$ 代表待求的下一时间步。将式(8.1)代入半离散公式(式(3.2)),就可以获得所需的解:

$$\bar{\boldsymbol{Q}}_{i,j,k}^{n+1}=\bar{\boldsymbol{Q}}_{i,j,k}^{n}+\Delta t \mathfrak{R}_{i,j,k} \tag{8.2}$$

其中,Δt 为推进时间。当全流场所有网格点都采用相同的时间步长 Δt,即全局时间步长法时,所获得的流场具有明确的瞬态物理解意义,每一时刻计算的流场即给定初始值下的当前真实流场,是计算非定常精确流场的一种方法。

然而,全局时间步长法对于 Δt 有严格的要求,以 CFL 来定义:

$$\mathrm{CFL}=\frac{|u|+c}{\Delta x}\Delta t \tag{8.3}$$

再考虑到三维和黏性的影响,当地的时间步长可以取值如下:

$$\Delta t=\frac{\mathrm{CFL}}{\frac{|u|+c}{\Delta x}+\frac{|v|+c}{\Delta y}+\frac{|w|+c}{\Delta z}+\frac{2\mu}{\rho(\Delta x^{2}+\Delta y^{2}+\Delta z^{2})}} \tag{8.4}$$

其中,流场参数与几何参数都是本地值,而 CFL 对于全流场是一个统一的数。CFL 一般应小于 1,从黎曼问题的角度理解,代表一个间断产生的当地数值解,只在被另一个间断行波影响之前成立。CFL 的具体取值与计算对象,尤其是所采用的格式有关。一般而言,格式精度越高,CFL 越小。例如,一阶精度 Roe 格式能够稳定计算的 CFL 可以取到 0.8 左右,而采用 MUSCL 重构后只能取到 0.2 左右。

由式(8.4)可知,每一个网格点的 Δt 都是不一样的。因此,对于全局时间步长法而言,Δt 统一取所有点的本地时间步长中的最小值,以确保计算稳定与解的物理意义。

然而,对于定常流动计算,采用全局时间步长法收敛速度过于缓慢。因此,当只关心定常流动收敛解时,一般采用当地时间步长法,即每个网格点离散所用的时间步长都采用式(8.4)所获得的本地时间步长,从而产生更快的收敛速度。当地时间步长法破坏了时间推进的物理含义,但收敛时仍然为物理解。当地时间步长法增大了计算的扰动,通常计算所能取的 CFL 应小于全局时间步长法。但即便如此,计算经验表明,对于显式计算,当地时间步长法收敛速度仍比全局时间步长法快约一个数量级。

8.1.2 龙格-库塔法

大涡模拟或直接数值模拟等高精度模拟需要高精度的瞬时流场,因此经常采用全局时间步长法进行求解。然而,采用一阶精度的时间离散公式(式(8.1))不能符合精度要求,通常采用高阶龙格-库塔(R-K)法离散时间项。m 阶显式 R-K 法的表达式为

$$\bar{\boldsymbol{Q}}^{(0)}=\bar{\boldsymbol{Q}}_{t} \tag{8.5}$$

$$\bar{\boldsymbol{Q}}^{(i)}=\bar{\boldsymbol{Q}}^{(0)}+\Delta t\sum_{k=1}^{i}\beta_{ik}\mathfrak{R}^{(k-1)},\quad i=1\sim m \tag{8.6}$$

$$\bar{\boldsymbol{Q}}_{t+\Delta t}=\bar{\boldsymbol{Q}}^{(m)} \tag{8.7}$$

当 $m=1$、$\beta_{11}=1$ 时,式(8.6)即最常见的一阶显式离散公式(式(8.2))。而常用的高阶方法包括三步三阶 TVD 型 R-K 法与四步四阶 CFL 最优型 R-K 法[91]。

三步三阶 TVD 型 R-K 法的表达式如下:

$$\bar{\boldsymbol{Q}}^{(1)}=\bar{\boldsymbol{Q}}^{n}+\Delta t\mathfrak{R}(\bar{\boldsymbol{Q}}^{n}) \tag{8.8}$$

$$\bar{\boldsymbol{Q}}^{(2)}=\bar{\boldsymbol{Q}}^{n}+\frac{1}{4}\Delta t\left[\mathfrak{R}(\bar{\boldsymbol{Q}}^{n})+\mathfrak{R}(\bar{\boldsymbol{Q}}^{(1)})\right] \tag{8.9}$$

$$\bar{\boldsymbol{Q}}^{n+1}=\bar{\boldsymbol{Q}}^{n}+\frac{1}{6}\Delta t\left[\mathfrak{R}(\bar{\boldsymbol{Q}}^{n})+\mathfrak{R}(\bar{\boldsymbol{Q}}^{(1)})+4\mathfrak{R}(\bar{\boldsymbol{Q}}^{(2)})\right] \tag{8.10}$$

四步四阶 CFL 最优 R-K 法的表达式如下：

$$\bar{\boldsymbol{Q}}^{(1)}=\bar{\boldsymbol{Q}}^{n}+\frac{1}{4}\Delta t\,\mathfrak{R}(\bar{\boldsymbol{Q}}^{n}) \tag{8.11}$$

$$\bar{\boldsymbol{Q}}^{(2)}=\bar{\boldsymbol{Q}}^{n}+\frac{1}{3}\Delta t\,\mathfrak{R}(\bar{\boldsymbol{Q}}^{(1)}) \tag{8.12}$$

$$\bar{\boldsymbol{Q}}^{(3)}=\bar{\boldsymbol{Q}}^{n}+\frac{1}{2}\Delta t\,\mathfrak{R}(\bar{\boldsymbol{Q}}^{(2)}) \tag{8.13}$$

$$\bar{\boldsymbol{Q}}^{n+1}=\bar{\boldsymbol{Q}}^{n}+\Delta t\,\mathfrak{R}(\bar{\boldsymbol{Q}}^{(3)}) \tag{8.14}$$

应用四步四阶 CFL 最优 R-K 法，理论上稳定计算所允许的最大 CFL 为 $2\sqrt{2}$，在实际计算中发现，可取的最大 CFL 约为一阶离散公式（式(8.2)）的 2 倍。考虑到每个迭代步的计算量都比一阶离散约大 4 倍，实际的推进速度为一阶离散的一半。但该方法时间精度高，抑制扰动能力强。当计算时间精度要求高且只能采用显式计算时，可以考虑使用该方法。

8.1.3　预处理收敛加速方法

当采用预处理方法主导方程式(4.1)加速收敛时，离散方程变化为

$$\bar{\boldsymbol{Q}}_{i,j,k}^{n+1}=\bar{\boldsymbol{Q}}_{i,j,k}^{n}+\Delta\hat{t}\,\boldsymbol{\Gamma}_{i,j,k}\mathfrak{R}_{i,j,k} \tag{8.15}$$

此时的时间步长定义也发生变化，采用伪声速 $\hat{c}$ 定义式(4.8)：

$$\Delta\hat{t}=\frac{\text{CFL}}{\dfrac{|u|+\hat{c}}{\Delta x}+\dfrac{|v|+\hat{c}}{\Delta y}+\dfrac{|w|+\hat{c}}{\Delta z}+\dfrac{2\mu}{\rho(\Delta x^{2}+\Delta y^{2}+\Delta z^{2})}} \tag{8.16}$$

可以看到，$\Delta\hat{t}$ 远比式(8.4)中的大，这是预处理能够加速收敛的原因。但是，采用预处理加速收敛，即使采用全局时间步长，时间推进的物理意义也遭到了破坏，只能用于计算定常流动解，因此一般与预处理加速配合使用局部时间步长法。

无论计算残差 $\mathfrak{R}$ 采用什么格式，计算收敛加速公式（式(8.15)）中的 $\boldsymbol{\Gamma}$ 与式(8.16)中的 $\hat{c}$ 所涉及的 θ 定义不影响空间求解精度，相应的系数 K 可完全按稳定性的要求取为 1 左右。

图 8.1 给出了当计算流动条件与 4.2 节一致时，分别采用 Roe 格式配合时间推进公式（式(8.2)）及预处理 Roe 格式配合预处理时间推进公式（式(8.15)），计算无黏流动在进口马赫数为 0.1、0.01、0.001 时的收敛情况，取相同的 CFL 0.2。可以看到，当未采用预处理时，残差收敛较慢，尤其是在下降 2 个数量级左右后，收敛速度变得更为缓慢。而且可以注意到，进口流速越低，收敛越慢。这是由于在低速流条件下，系统矩阵为病态阵，即声速远大于流速。而在采用预处理后，虽然不同流速条件下的收敛情况略有差别，但都较快。这是因为此时系统特征值被修正而类似于高速流，即伪声速，与流速相差不大。由此可以认识到，预处理可以加快低速流计算的收敛速度，流速越低，这一优势越明显。虽然对于

每个迭代步，预处理的计算量要比无预处理大 20%左右，但与可减少的迭代步数相比，这是可忽略的。

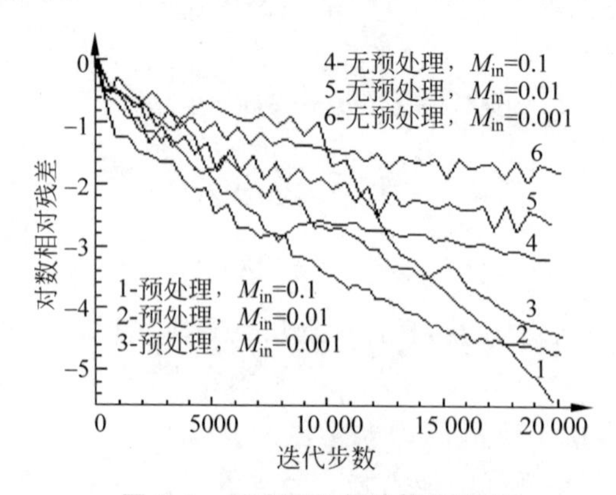

图 8.1 显式预处理计算收敛史

8.2 隐式时间推进法

显式时间推进法的时间推进步长 Δt 受 CFL 的限制，导致收敛速度有限。为了加速收敛，发展了隐式时间推进法，其 CFL 理论上可以不受限制任意取值，是更有效的加速收敛的方法。

8.2.1 一般的全隐方法表达式

将半离散公式(式(3.2))采用全隐时间离散，则

$$\frac{\bar{\boldsymbol{Q}}_{i,j,k}^{n+1}-\bar{\boldsymbol{Q}}_{i,j,k}^{n}}{\Delta t}=\mathfrak{R}_{i,j,k}^{n+1} \tag{8.17}$$

定义 $\Delta\phi^n=\phi^{n+1}-\phi^n$，则式(8.17)也可以写为

$$\frac{\Delta\bar{\boldsymbol{Q}}_{i,j,k}^{n}}{\Delta t}-\Delta\mathfrak{R}_{i,j.k}^{n}=\mathfrak{R}_{i,j.k}^{n} \tag{8.18}$$

式(8.18)等号右边，也就是方法的显式部分，决定了物理量计算的空间精度；而等号左边是方法的隐式部分，反映了物理量在时间方向上的变化趋势，决定了计算的收敛速度。由于隐式部分的计算与空间精度无关，所以等号左边的$\mathfrak{R}$可以采用与等号右边不同的计算方法，此时式(8.18)可以写为

$$\frac{\Delta\bar{\boldsymbol{Q}}_{i,j,k}^{n}}{\Delta t}-\Delta\widetilde{\mathfrak{R}}_{i,j.k}^{n}=\mathfrak{R}_{i,j.k}^{n} \tag{8.19}$$

对隐式部分采用线性化处理，则

$$\bar{\boldsymbol{F}}^{n+1}=\bar{\boldsymbol{F}}^{n}+\left(\frac{\partial\bar{\boldsymbol{F}}}{\partial\bar{\boldsymbol{Q}}}\right)^{n}(\bar{\boldsymbol{Q}}^{n+1}-\bar{\boldsymbol{Q}}^{n})=\bar{\boldsymbol{F}}^{n}+\boldsymbol{A}^{n}\Delta\bar{\boldsymbol{Q}}^{n}$$

$$\bar{\boldsymbol{G}}^{n+1}=\bar{\boldsymbol{G}}^{n}+\boldsymbol{B}^{n}\Delta\bar{\boldsymbol{Q}}^{n}$$

$$\bar{\boldsymbol{H}}^{n+1}=\bar{\boldsymbol{H}}^{n}+\boldsymbol{C}^{n}\Delta\bar{\boldsymbol{Q}}^{n}$$

则式(8.19)可转化为

$$\left(\frac{J_{i,j,k}}{\Delta t}\boldsymbol{I}+\frac{\partial\boldsymbol{A}_{l}^{n}}{\partial\xi_{l}}\right)\Delta\boldsymbol{Q}^{n}=\mathfrak{R}_{i,j,k}^{n} \tag{8.20}$$

式(8.19)或式(8.20)即全隐方法的一般表达式。

8.2.2　一般的代数方程组表达式

由于式(8.20)等号左边与求解精度无关，一般可以采用一阶精度进行离散，并令 $\boldsymbol{X}=\Delta\bar{\boldsymbol{Q}}^{n}$，从而获得代数方程组，即

$$a_{P}\boldsymbol{X}_{P}+a_{E}\boldsymbol{X}_{E}+a_{W}\boldsymbol{X}_{W}+a_{N}\boldsymbol{X}_{N}+a_{S}\boldsymbol{X}_{S}+a_{F}\boldsymbol{X}_{F}+a_{B}\boldsymbol{X}_{B}=\mathfrak{R}_{i,j,k}^{n} \tag{8.21}$$

可以看到，可压缩流动隐式方法所形成的代数方程组与通过空间离散所获得的不可压缩流动求解方程组公式(式(2.28))殊途同归，只是系数定义不同，但形式一致，求解方法也相同。

直接对式(8.21)求逆，可以用最少的迭代达到收敛，然而每个迭代步的计算量与内存需求也将十分庞大，这是不可行的。实用的方法是对隐式部分近似分解，从而产生了许多不同的分解方法。一类著名的分解方法是交替方向隐式(alternating direction implicit，ADI)方法[92]，如 Beam、Warming 的近似因式分解方法[93]及其对角化简化[94]，以及 Caughey 提出的对角 ADI[95-96]等。ADI 方法利用流体力学离散矩阵对角占有的特点，采用追赶法逐线反复扫描流场，对于二维问题加速收敛极为有效，但我们知道，ADI 方法在三维计算时存在明显缺陷，如此时 ADI 方法需要更多的分解因子，并且不再是无条件稳定的。为解决这些问题，Jameson 与 Turkel 提出了另一类著名的替代方法：LU(lower-upper)因子分解方法[97]。与 ADI 方法的比较表明，LU 方法在三维计算时更有吸引力[98]。随后，LU 方法又有了许多发展，产生了 LU-SSOR(lower-upper symmetric-successive-overrelaxation)方法[99]、LU-SGS(lower-upper symmetric-Gauss-Seidel)方法[100]、LU-SGS-GE(LU-SGS Gaussian-elimination)方法[101]等。

以 LU-SGS 方法为代表的 LU 类隐式方法，对三维问题的收敛加速相比于其他方法有明显的优越性。特别是对于并行计算，由于 LU-SGS 方法无须求矩阵的逆或只需求本地点矩阵的逆，且无须求系统矩阵的逆，所以 LU-SGS 方法已经具备良好并行性能的基础。然而，由于不同计算节点上的子域辅助边界难以隐式处理，大规模并行计算时收敛速度会降低，甚至会影响计算稳定性。Candler 与 Wright 等[102-103]修正了 LU-SGS 方法，将其中的 Gauss-Seidel 迭代置换为松弛迭代，形成了 DP-LUR(data-parallel lower-upper relaxation)方法。这一方法具有近乎完美的显式并行性能，以及不差于 LU-SGS 方法的收敛性能。

因此，下面介绍兼容并行的 DP-LUR 隐式方法，以及考虑了预处理的 PDP-LUR(preconditioned DP-LUR)隐式方法。

8.2.3 DP-LUR 方法

DP-LUR 方法将通量按特征值分解：

$$\boldsymbol{F}=\boldsymbol{A}_{+}\boldsymbol{Q}_{\mathrm{L}}+\boldsymbol{A}_{-}\boldsymbol{Q}_{\mathrm{R}}$$

为保证简单性与计算稳定性，对上述分解通常采用一阶重构，并将非对角隐式元素移至等号右边，则式(8.20)可以写为

$$\begin{aligned}\boldsymbol{D}\Delta\boldsymbol{Q}_{i,j,k}^{n}=\mathfrak{R}_{i,j,k}^{n}&+\boldsymbol{A}_{+,i-\frac{1}{2},j,k}\Delta\boldsymbol{Q}_{i-1,j,k}^{n}-\boldsymbol{A}_{-,i+\frac{1}{2},j,k}\Delta\boldsymbol{Q}_{i+1,j,k}^{n}+\\&\boldsymbol{B}_{+,i,j-\frac{1}{2},k}\Delta\boldsymbol{Q}_{i,j-1,k}^{n}-\boldsymbol{B}_{-,i,j+\frac{1}{2},k}\Delta\boldsymbol{Q}_{i,j+1,k}^{n}+\\&\boldsymbol{C}_{+,i,j,k-\frac{1}{2}}\Delta\boldsymbol{Q}_{i,j,k-1}^{n}-\boldsymbol{C}_{-,i,j,k+\frac{1}{2}}\Delta\boldsymbol{Q}_{i,j,k+1}^{n}\end{aligned}\tag{8.22}$$

其中，$\boldsymbol{D}$ 对角占优：

$$\begin{aligned}\boldsymbol{D}=\frac{J_{i,j,k}}{\Delta t}\boldsymbol{I}&+\boldsymbol{A}_{+,i+\frac{1}{2},j,k}-\boldsymbol{A}_{-,i-\frac{1}{2},j,k}+\boldsymbol{B}_{+,i,j+\frac{1}{2},k}-\\&\boldsymbol{B}_{-,i,j-\frac{1}{2},k}+\boldsymbol{C}_{+,i,j,k+\frac{1}{2}}-\boldsymbol{C}_{-,i,j,k-\frac{1}{2}}\end{aligned}\tag{8.23}$$

为了保证移至等号右边的项也能发挥隐式作用，DP-LUR 方法的实施步骤如下：

首先，有

$$\Delta\boldsymbol{Q}_{i,j,k}^{(0)}=\boldsymbol{D}^{-1}\mathfrak{R}_{i,j,k}^{n}\tag{8.24}$$

其次，进行一系列的松弛迭代步，$m=1\sim m_{\max}$

$$\begin{aligned}\Delta\boldsymbol{Q}_{i,j,k}^{(m)}=\boldsymbol{D}^{-1}\Big(\mathfrak{R}_{i,j,k}^{n}&+\boldsymbol{A}_{+,i-\frac{1}{2},j,k}\Delta\boldsymbol{Q}_{i-1,j,k}^{(m-1)}-\boldsymbol{A}_{-,i+\frac{1}{2},j,k}\Delta\boldsymbol{Q}_{i+1,j,k}^{(m-1)}+\\&\boldsymbol{B}_{+,i,j-\frac{1}{2},k}\Delta\boldsymbol{Q}_{i,j-1,k}^{(m-1)}-\boldsymbol{B}_{-,i,j+\frac{1}{2},k}\Delta\boldsymbol{Q}_{i,j+1,k}^{(m-1)}+\\&\boldsymbol{C}_{+,i,j,k-\frac{1}{2}}\Delta\boldsymbol{Q}_{i,j,k-1}^{(m-1)}-\boldsymbol{C}_{-,i,j,k+\frac{1}{2}}\Delta\boldsymbol{Q}_{i,j,k+1}^{(m-1)}\Big)\end{aligned}\tag{8.25}$$

最后，得到

$$\Delta\boldsymbol{Q}_{i,j,k}^{n}=\Delta\boldsymbol{Q}_{i,j,k}^{(m_{\max})}\tag{8.26}$$

这就是 DP-LUR 方法，其中建议取 $m_{\max}=4$[103]。

从算法可以看出，DP-LUR 方法与显式方法一样，本质上是一种并行算法。对于该算法，无论是串行运行，还是任何规模的并行运行，收敛过程与计算结果都将完全一致，不会因为并行规模不同而损失收敛速度与计算稳定性。

关于 $\boldsymbol{A}_{+}$、$\boldsymbol{A}_{-}$ 的取法，对于欧拉方程，可以参考 Yoon 和 Jameson 的做法[104]：

$$\boldsymbol{A}_{+}=\frac{1}{2}(\boldsymbol{A}+\lambda_{A}\boldsymbol{I})\tag{8.27}$$

$$\boldsymbol{A}_{-}=\frac{1}{2}(\boldsymbol{A}-\lambda_{A}\boldsymbol{I}) \tag{8.28}$$

其中,$\lambda_A=J|U|+cJ\sqrt{g_{11}}$,为矩阵 $\boldsymbol{A}$ 的谱半径。

对于 N-S 方程的黏性项,也有不同处理方式[103-104],这里采用如下做法:

$$\boldsymbol{A}_{+}=\frac{1}{2}(\boldsymbol{A}+\lambda_{A}\boldsymbol{I}+2\lambda_{\mathrm{L}}\boldsymbol{I}) \tag{8.29}$$

$$\boldsymbol{A}_{-}=\frac{1}{2}(\boldsymbol{A}-\lambda_{A}\boldsymbol{I}-2\lambda_{\mathrm{L}}\boldsymbol{I}) \tag{8.30}$$

其中,$\lambda_{\mathrm{L}}=J\ g_{11}\ \dfrac{\gamma\mu}{\rho Pr}$,为矩阵$\dfrac{\partial\bar{\boldsymbol{F}}^{v}}{\partial\boldsymbol{Q}}$的谱半径。

将式(8.29)和式(8.30)代入式(8.22)和式(8.23),此时矩阵 $\boldsymbol{D}$ 的表达式为

$$\boldsymbol{D}=\left(\frac{J}{\Delta t}+\lambda_{A}+2\lambda_{\mathrm{L}}+\lambda_{B}+2\lambda_{\mathrm{M}}+\lambda_{C}+2\lambda_{N}\right)_{i,j,k}^{n}\boldsymbol{I} \tag{8.31}$$

可以看到,此时的矩阵 $\boldsymbol{D}$ 为一对角单位阵,因此,它可不必求矩阵的逆。此时的 DP-LUR 方法也称为对角 DP-LUR 方法。

$\boldsymbol{A}_{\pm}$ 的构成使用了 $\boldsymbol{A}$ 的谱半径,可以确保对角占优性,但也造成了过大的、不必要的耗散。一个修正方法是使用 $\boldsymbol{A}$ 的所有特征值,从而有更合理的耗散:

$$\boldsymbol{A}_{\pm}=\frac{1}{2}(\boldsymbol{A}\pm\hat{\boldsymbol{R}}\mid\hat{\boldsymbol{\Lambda}}\mid\hat{\boldsymbol{R}}^{-1}\pm2\lambda_{\mathrm{L}}\boldsymbol{I}) \tag{8.32}$$

此时的 DP-LUR 方法称作全矩阵 DP-LUR 方法。

全矩阵 DP-LUR 方法在使用上更复杂;相应的矩阵 $\boldsymbol{D}$ 也不再是对角矩阵,因此需要求本地点矩阵的逆,增加了每个迭代步的计算量;同时由于隐式耗散降低,对可取的 CFL 也有影响。但即使对于三维 N-S 方程,矩阵 $\boldsymbol{D}$ 也仅为 5×5 阶矩阵,计算量的增长有限;而全矩阵方法尽管可取的 CFL 减小,但由于隐式耗散与真实流动更接近,可以显著加快收敛速度;因此,对比对角 DP-LUR 方法,全矩阵 DP-LUR 方法可以明显减少总的计算时间。

8.2.4 预处理 PDP-LUR 方法

对于低马赫数流动,DP-LUR 方法没有考虑预处理加速,由于可以采用较大的时间步长,这一缺陷可以得到部分弥补。然而,一方面,具体的隐式方法由于存在近似处理,在实际计算中时间步长往往也并不能取很大,尤其是全矩阵 DP-LUR 方法;另一方面,隐式方法基于线化假设,其时间推进的物理意义被破坏,所取时间步长并不能代表真实的流动时间发展。因此,对于低马赫数流动,隐式方法仍然存在比高速流动收敛慢的弱点。

为了利用预处理方法的低速流加速能力,本节将预处理技术应用到隐式部分。这里将预处理方法与 DP-LUR 方法结合起来,提出了 PDP-LUR 方法。

PDP-LUR 方法对预处理的系统方程实施 DP-LUR 方法,其实施步骤仍然采

用式(8.24)～式(8.26)，其中$\mathfrak{R}^{n}_{i,j,k}$的计算方法也不变，可以采用包括预处理 Roe 格式在内的各种低马赫数格式计算，但隐式部分矩阵定义有所不同。考虑到低马赫数流动条件下，隐式部分的耗散应与真实流动尽量接近，对$\boldsymbol{A}_{\pm}$使用如下形式：

$$\boldsymbol{A}_{\pm}=\frac{1}{2}(\boldsymbol{A}\pm\boldsymbol{\Gamma}^{-1}\hat{\boldsymbol{R}}\mid\hat{\boldsymbol{\Lambda}}\mid\hat{\boldsymbol{R}}^{-1}\pm 2\lambda_{\mathrm{L}}\boldsymbol{I}) \tag{8.33}$$

同时，由于是对预处理的系统方程进行隐式处理，矩阵$\boldsymbol{D}$的形式也有所变化：

$$\begin{aligned}\boldsymbol{D}=&\frac{J_{i,j,k}}{\Delta t}\boldsymbol{\Gamma}^{-1}_{i,j,k}+\boldsymbol{A}_{+,i+\frac{1}{2},j,k}-\boldsymbol{A}_{-,i-\frac{1}{2},j,k}+\\&\boldsymbol{B}_{+,i,j+\frac{1}{2},k}-\boldsymbol{B}_{-,i,j-\frac{1}{2},k}+\boldsymbol{C}_{+,i,j,k+\frac{1}{2}}-\boldsymbol{C}_{-,i,j,k-\frac{1}{2}}\end{aligned} \tag{8.34}$$

也就是说，将式(8.29)～式(8.31)中的$\boldsymbol{A}_{\pm}$与$\boldsymbol{D}$按式(8.33)与式(8.34)定义，即可以得到 PDP-LUR 方法。

由于隐式方法的空间精度取决于其显式部分，隐式部分中的预处理技术可以不考虑精度，只考虑稳定性。也就是说，对于预处理技术中的关键因子θ，其定义为式(4.15)与式(4.16)，其中的主要系数K可完全按稳定性的要求取值。

为了说明 PDP-LUR 方法的有效性，在低马赫数流动条件下，将 PDP-LUR 方法与全矩阵 DP-LUR 方法的收敛速度做了比较，如图 8.2 所示。计算的流动条件与 4.2 节一致。计算显式部分采用预处理 Roe 格式配合三阶 MUSCL 方法。隐式部分预处理技术中取$K=2$。

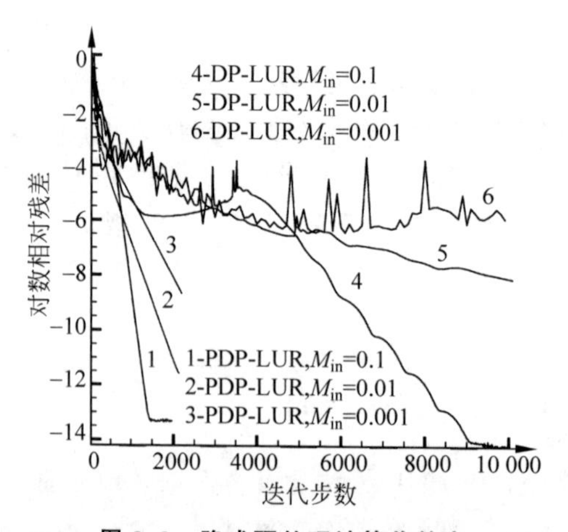

图 8.2　隐式预处理计算收敛史

从图 8.2 中可看出，对于 PDP-LUR 方法，其收敛速度比 DP-LUR 方法快得多，流速越低，加速效果越明显。当流速不同时，PDP-LUR 方法的收敛速度略有差别，但这一差别远比 DP-LUR 方法小，收敛过程也更顺利。PDP-LUR 方法在每个迭代步的计算量比 DP-LUR 方法多出不到 10%，与其所产生的加速效果相比是可以忽略不计的。

8.3　双时间步长法与非定常计算

采用全局时间步长法进行非定常流动计算，时间推进的步长 Δt 允许的尺度过小，而工程非定常流动计算所需的时间步长通常较大。另外，前述局部时间步长法、隐式方法、预处理方法等都破坏了时间推进的物理意义，其收敛过程中的解没有物理意义，只有收敛后的解才是物理解，也就是说，这些方法只适用于定常流动计算。因此，为了允许采用较大的时间步长，并在非定常流动计算中充分利用为定常流动方法发展的加速收敛技术，发展了双时间步长法。此时，主导方程式(1.49)变为

$$\frac{\partial\bar{\boldsymbol{Q}}}{\partial t}+\frac{\partial\bar{\boldsymbol{F}}}{\partial\xi}+\frac{\partial\bar{\boldsymbol{G}}}{\partial\eta}+\frac{\partial\bar{\boldsymbol{H}}}{\partial\zeta}=\frac{\partial\bar{\boldsymbol{F}}^{\nu}}{\partial\xi}+\frac{\partial\bar{\boldsymbol{G}}^{\nu}}{\partial\eta}+\frac{\partial\bar{\boldsymbol{H}}^{\nu}}{\partial\zeta}+\bar{\boldsymbol{S}}-\frac{\partial\bar{\boldsymbol{Q}}}{\partial\tau} \tag{8.35}$$

式(8.35)引入了真实时间项$\frac{\partial\bar{\boldsymbol{Q}}}{\partial\tau}$。此时，式中的 t 为虚拟时间，在迭代内层推进，τ 为真实时间，在迭代外层推进。

可以看出，当$\frac{\partial\bar{\boldsymbol{Q}}}{\partial t}\to 0$ 时，上述方程的解退化为原方程的解。也就是说，当虚拟时间 t 推进到足够大时，其收敛解即为当前真实时间 τ 的物理解。

各种加速方法作用在虚拟时间上，如局部时间步长法、隐式方法、预处理技术[105]、残差光顺法[106]、多重网格法[107]等。对于预处理技术，其预处理矩阵乘在虚拟时间上，也就是在式(4.1)中引入了真实时间项：

$$\boldsymbol{\Gamma}^{-1}\frac{\partial\bar{\boldsymbol{Q}}}{\partial t}+\frac{\partial\bar{\boldsymbol{F}}}{\partial\xi}+\frac{\partial\bar{\boldsymbol{G}}}{\partial\eta}+\frac{\partial\bar{\boldsymbol{H}}}{\partial\zeta}=\frac{\partial\bar{\boldsymbol{F}}^{\nu}}{\partial\xi}+\frac{\partial\bar{\boldsymbol{G}}^{\nu}}{\partial\eta}+\frac{\partial\bar{\boldsymbol{H}}^{\nu}}{\partial\zeta}+\bar{\boldsymbol{S}}-\frac{\partial\bar{\boldsymbol{Q}}}{\partial\tau} \tag{8.36}$$

对于虚拟时间，可按定常流动计算方法离散。而对于真实时间项，则按源项处理，其离散通常采用具有二阶精度的三点后差格式：

$$\frac{\partial\bar{\boldsymbol{Q}}}{\partial\tau}=\frac{3\bar{\boldsymbol{Q}}^{n+1}-4\bar{\boldsymbol{Q}}^{n}+\bar{\boldsymbol{Q}}^{n-1}}{2\Delta\tau} \tag{8.37}$$

双时间步长法的优势在于：对真实时间按源项处理后，其时间推进步长没有限制，可以按照实际需求取值。当 $\Delta\tau\to\infty$ 时，双时间步长非定常流动计算退化为普通的单时间步长计算。

下面说明双时间步长法与 PDP-LUR 方法的结合。只需做两点修正：

(1) 将式(8.24)和式(8.25)中的$\mathfrak{R}_{i,j,k}^{n}$替换为$\mathfrak{R}_{i,j,k}^{n}-\frac{3\bar{\boldsymbol{Q}}_{i,j,k}^{k}-4\bar{\boldsymbol{Q}}_{i,j,k}^{n}+\bar{\boldsymbol{Q}}_{i,j,k}^{n-1}}{2\Delta\tau}$，其中上标 k 表示在上一次虚拟时间内迭代，而上标 n 表示在上一次真实时间外迭代；

(2) 将式(8.34)矩阵 $\boldsymbol{D}$ 中的$\frac{J_{i,j,k}}{\Delta t}\boldsymbol{\Gamma}_{i,j,k}^{-1}$ 替换为$\frac{J_{i,j,k}}{\Delta t}\boldsymbol{\Gamma}_{i,j,k}^{-1}+\frac{3J_{i,j,k}}{2\Delta\tau}\boldsymbol{I}$。

其他方法与双时间步长法的结合是类似的，这里不再给出。

8.4 并行

随着CFD技术的广泛应用和研究的深入,CFD的计算规模迅速扩大。在很多情况下,利用单机完成计算任务已显得很吃力,甚至根本不可能,如湍流直接数值模拟或大涡模拟。另外,大规模计算条件已经具备,不论是专业的百核超级计算机,还是个人实验室中数台台式机的联网,都使得并行计算成为可能。因而,使程序具有高效率的并行能力,并且能够视计算资源灵活改变计算规模,在现有条件下已经非常必要,并将愈加重要。

8.4.1 CPU并行

本节阐述一种实用高效的CFD程序中央处理器(central processing unit, CPU)并行方案。程序基于消息传递接口(message passing interface, MPI)实现了并行化,具体的MPI实现为MPICH。并行模式为对等模式的MPI程序设计[108],并采用区域分解方法。

具体的区域分解策略为:将一个流动计算域分别沿 i、j、k 向等分为 ni、nj、nk 段,则该计算域等分为 $ni \times nj \times nk$ 个子域,每个子域对应一个进程。由于在计算过程中,点上新值的计算需要相邻点的值,子域边界点的计算则需要相邻子域边界上的值,为此沿每个子域边界向外增加辅助网格,用于存放从相邻子域通信得到的数据,网格宽度随具体格式而定。对于高阶格式,如果在一维方向上需要用到5个点,则辅助网格宽度为2。

图8.3显示了当 $ni=4$、$nj=1$、$nk=1$ 时的子域的分解,子域两侧的白块表示增加的辅助网格。图8.4显示了每一轮迭代获得新值之后的数据通信情况,通过更新辅助网格中的值,以利于下一迭代步的边界点计算。该并行逻辑与显式格式及DP-LUR隐式计算逻辑一致,相互完全兼容。

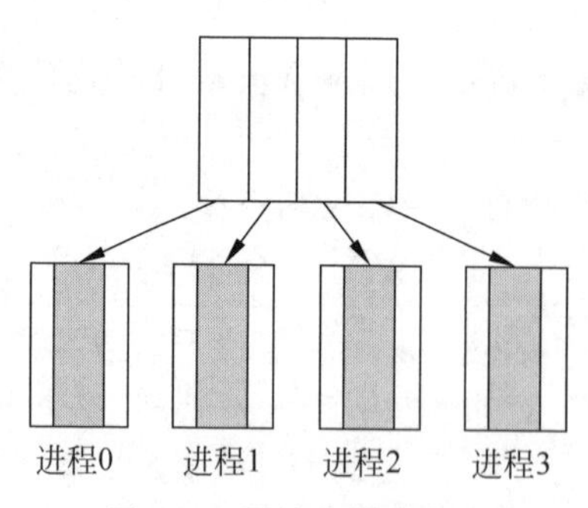

图8.3 子域分解示意图

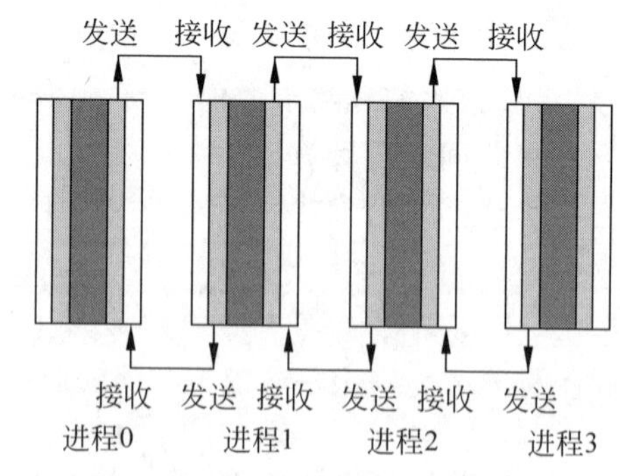

图8.4 子域通信示意图

上述方案可以充分灵活地利用已有计算资源，只需要改变 *ni*、*nj*、*nk* 的值，就能胜任从等同于串行程序的单 CPU 计算至上千个 CPU 的大规模并行运算。从计算效率的角度考虑，每一维计算方向上需要包含足够的节点数，即相比于通信节点数，要有足够的计算节点数，才能保证高效率，这就限制了计算规模。此时就体现出了多维分解相比于一维分解的优势。当采用显式时间推进法或 DP-LUR 隐式方法计算时，以上方案的优点更为明显，其简单、效率高，并且运行结果与串行程序完全一致，有利于程序的调试。由于缺少有力的并行调试工具，并行程序调试相当困难，上述优点就显得非常重要。

8.4.2　GPU 并行

近年来，图形处理单元（graphics processing unit，GPU）并行计算为大规模模拟带来了新的解决方案。事实上，GPU 的浮点运算能力一直强于 CPU，但由于缺少与通用编程语言的接口，GPU 的计算能力难以为科学运算所利用。而近十几年来，GPU 开始进入高性能科学计算领域。显卡厂商英伟达（NVIDIA）推出了 CUDA 运算平台，作为一种 GPU 通用并行计算架构，并已支持 C 语言与 Fortran 语言，可用于所有英伟达显卡产品。目前英伟达已专门针对高性能科学计算推出了最新的特斯拉（Tesla）产品，可以进行每秒十万亿次级的浮点运算，是当前主流 CPU 核心运算能力的数百倍。因此，仅单块 GPU 就可能提供一个传统 CPU 并行机群的计算能力，并且所需费用相比传统低一个数量级；而通过利用 GPU/CPU 异构计算平台进行大规模跨节点 GPU 并行，更将获得传统 CPU 并行难以想象的计算能力。

GPU 在高性能科学计算的潜力已引起广泛的重视与研究，David 等的专著[109]系统地描述了 GPU 与 CUDA 的工作原理，以及一般性算法的 GPU 实现。近年来，国内外 CFD 领域的学者也开始注意与研究 GPU 用于计算，其相比于 CPU 普遍可获得几十至上百倍的加速比。例如，Chang[110]在 GPU 上对三维方形空腔流动进行了数值模拟，在单精度和双精度计算上分别获得了约 159 倍和 112 倍的加速比。

与 CPU 相比，GPU 硬件具有如下鲜明特色：

（1）GPU 并行规模大。与 CPU 不同，线程的管理与运行是 0 开销，而由于 GPU 没有缓存，为了掩盖系统延迟，线程数越多越好，数百万乃至数千万线程都是寻常的，这是 CPU 不可想象的。

（2）GPU 的全局内存小。GPU 自身配有全局内存，即显存，目前单块 GPU 的最大可用内存也仅为 32G。然而，GPU 对于单核 CPU 的加速比不低于 500，从另一个角度来理解，这意味着在相同的计算时间内，可进行的计算规模也需要增加 500 倍。但这一需求受到了 GPU 内存大小的限制，迫切需要发展匹配低内存需求的算法。

(3) 从图 8.5 中可以看到,GPU 具有特殊的内存管理模式。其中,访问全局内存数据的代价极大,一次读写操作需要约 500 个时钟周期的时间,而 GPU 执行一次加减法只需要 1 个时钟周期的时间。常数内存物理存在于全局内存上,但有特殊的优化,读取速度可以加快 16 倍以上,但存储容量一般只有 64 kb。全局内存与常数内存可以与主机内存交换数据,但速度受到带宽限制。寄存器与共享内存是独立的存储器,以 SM(流多处理器,由若干基本的处理器组成)为单元配置。读取只需约 1 个时钟周期的时间,但数量非常少,1 个 SM 一般只有 64 kb 共享内存和 256 kb 寄存器。因此,可以看到,如何合理地利用不同层次的内存,特别是寄存器与共享内存,从而减少内存读写的延长,是 GPU 软件设计的关键。

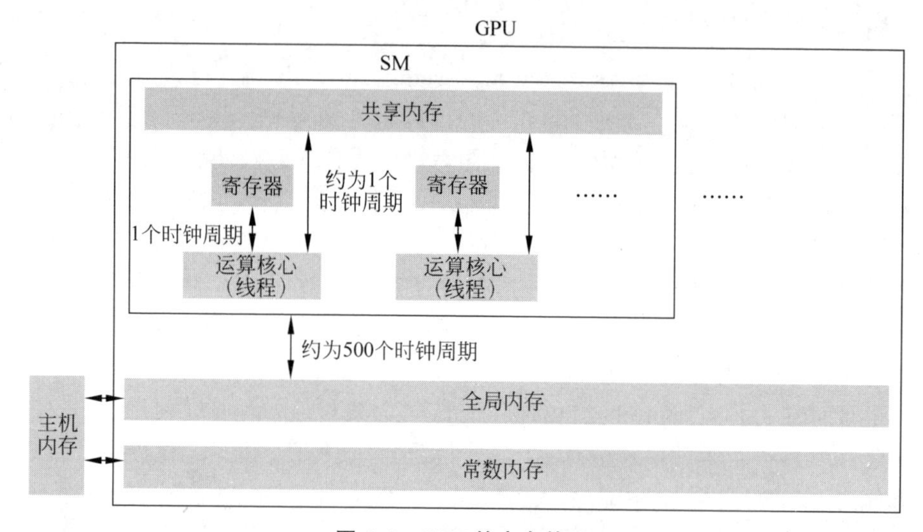

图 8.5 GPU 的内存管理

根据 GPU 的硬件特点,本节提出一种高效运行 CFD 程序的基本策略[111]:

(1) 线程按网格节点划分,即每个网格节点的运算为 1 个线程。由此可以保证计算具有足够多的线程。为了保证效率,这些线程应该具有足够的并行性。

(2) 一般只保存基本的全局变量,衍生变量一般由实时计算获得,即牺牲一定的计算量减少内存需求。

(3) 尽量减少对全局内存的读写。为达此目的,公用常数一般存于常数内存;从全局内存一次性读入必须的全局变量数组后,大量数据以线程私有变量存储,而且数据类型为标量,以保证这些数据存储在寄存器中;但考虑到程序扩展的方便灵活与清晰性,一些变量的类型存为向量或数组,并存储在共享内存中。

为了实现这些对策,不仅需要精心设计的内存管理,还必须有算法的支持,需要对已有高精度方法进行筛选,选择性质合适的格式,或加以改造,使其在 GPU 下具有良好的运算速度。

对于显式算法而言,实现以上 3 种策略的目标相对容易。而对于隐式算法,现有方法不能满足要求,需要进行改进,以下以 8.2.3 节的 DP-LUR 隐式方法为例,进行相应的改进。

因为显式算法只需要上一个时间步的信息,所以具有天然的 GPU 并行性,可以满足第一种基本策略的要求。而 8.2.3 节的 DP-LUR 隐式方法也具有显式算法的实现逻辑,即只需上一步迭代的信息,因此也是一种本质上的并行算法,可以直接满足第一种基本策略的要求。

但是,DP-LUR 方法的原始表达形式不能满足第二种与第三种基本策略。设网格点数为 n,方法中的 $\boldsymbol{A}_{\pm}$、$\boldsymbol{B}_{\pm}$、$\boldsymbol{C}_{\pm}$、$\boldsymbol{D}$ 是规模为 n^2 的数组,由于在迭代步中需要反复用到,因此一般将其存储为全局数组,即增加了 $7\times n^2$ 个网格点规模的数组,这与显式算法相比所需的内存增加了 7 倍左右,不符合对算法低内存的要求,需要进一步改进。

为此,可以将 DP-LUR 方法中式(8.25)等号右边项的相关矩阵运算抽象为以下统一形式:

$$\boldsymbol{A}\Delta\boldsymbol{Q}=\frac{1}{2}\boldsymbol{R}\begin{bmatrix}\lambda_1 &&&&&& \\ &\lambda_1 &&&&& \\ &&\lambda_1 &&&& \\ &&&\lambda_4 &&& \\ &&&&\lambda_5 && \\ &&&&&\lambda_1 & \\ &&&&&&\cdots\end{bmatrix}\boldsymbol{R}^{-1}\Delta\boldsymbol{Q} \tag{8.38}$$

参考 3.5.1 节的 Roe 格式统一标量形式,式(8.38)可以重写为标量形式:

$$\boldsymbol{A}\Delta\boldsymbol{Q}=\frac{1}{2}\left\{\lambda_1\begin{bmatrix}\Delta Q_1\\ \Delta Q_2\\ \Delta Q_3\\ \Delta Q_4\\ \Delta Q_5\\ \Delta Q_6\\ \vdots\end{bmatrix}+\delta U\begin{bmatrix}\rho\\ \rho u\\ \rho v\\ \rho w\\ \rho H\\ \rho\tilde{v}\\ \vdots\end{bmatrix}+\delta p\begin{bmatrix}0\\ n_x\\ n_y\\ n_z\\ U\\ 0\\ \vdots\end{bmatrix}\right\} \tag{8.39}$$

其中,$\tilde{v}$ 为可能的附加标量方程,如湍流方程等,并且:

$$\delta U-\frac{1}{\rho}\left(\frac{\lambda_4+\lambda_5}{2}-\lambda_1\right)\beta_1+\frac{\lambda_4-\lambda_5}{2\rho c}\beta_2 \tag{8.40}$$

$$\delta p=-\frac{\lambda_4-\lambda_5}{2}c\beta_1+\left(\lambda_1-\frac{\lambda_4+\lambda_5}{2}\right)\beta_2 \tag{8.41}$$

$$\beta_1=\frac{\gamma-1}{c^2}\left[\frac{V_{\mathrm{M}}^2}{2}\Delta Q_1-u\Delta Q_2-v\Delta Q_3-w\Delta Q_4+\Delta Q_5\right] \tag{8.42}$$

$$\beta_2 = U\Delta Q_1 - n_x \Delta Q_2 - n_y \Delta Q_3 - n_z \Delta Q_4 \tag{8.43}$$

式(8.39)～式(8.43)与式(8.38)的全矩阵方法完全等价,没有任何假设与简化。但是,式(8.39)～式(8.43)的形式极为简洁,具有如下优点:

(1) 运算次数远较式(8.38)少,只需80次左右乘法运算,并且不需要$\boldsymbol{A}_{\pm}$、$\boldsymbol{B}_{\pm}$、$\boldsymbol{C}_{\pm}$数组,节省了大量内存,满足第二种基本策略;

(2) 运算对共享内存需求少,只需一个大小为n的向量数组,而原始方法需要大小为n^2的数组,从而极大地降低了共享内存的压力,满足第三种基本策略;

(3) 对全局内存的读写次数少,如包括双方程湍流模型的7方程计算只需读约为30次的全局内存数组,而原始方法需要读56次全局内存数组,从而进一步满足第三种基本策略。

事实上,式(8.39)～式(8.43)也适合显式部分Roe格式的改写,从而减少计算量与所需共享内存。

使用式(8.39)～式(8.43),DP-LUR方法的步骤(1)～步骤(3)仍然需要大小为n^2的数组$\boldsymbol{D}$。为了进一步减少内存需求,可以将$\boldsymbol{D}$的定义对角化:

$$\boldsymbol{D} = \frac{1}{2}\left(\frac{2J}{\Delta t} + L_{A+} + L_{A-} + L_{B+} + L_{B-} + L_{C+} + L_{C-}\right)\boldsymbol{I} \tag{8.44}$$

其中,$L_{A\pm}$、$L_{B\pm}$、$L_{C\pm}$分别为矩阵$\boldsymbol{A}_{\pm}$、$\boldsymbol{B}_{\pm}$、$\boldsymbol{C}_{\pm}$的最大特征值,可以在求解式(8.39)～式(8.43)时直接得到。

式(8.44)的对角化方法具有如下优点:

(1) 对全局内存的需求进一步降低,与显式算法基本一致,因为不再需要专门存储数组$\boldsymbol{D}$;

(2) 彻底消除了共享内存中出现大小为n^2数组的可能性;

(3) 单步迭代的计算量也得到了极大缩减,即不再需要计算$\boldsymbol{A}_{\pm}$、$\boldsymbol{B}_{\pm}$与$\boldsymbol{C}_{\pm}$,同时也不再需要求矩阵$\boldsymbol{D}$的逆。

但需要指出的是,采用式(8.39)～式(8.43)与原始方法是完全等价的,而继续采用式(8.44)后,可以降低单步迭代计算量,但同时也降低了收敛速度,从而影响方法的收敛性能。一般而言,对角矩阵比全矩阵方法增加了20%左右的总体计算量[111]。

以上对矩阵$\boldsymbol{A}_{\pm}$、$\boldsymbol{B}_{\pm}$、$\boldsymbol{C}_{\pm}$的改进与对矩阵$\boldsymbol{D}$的改进相互独立,可以根据需要单独或联合选取。

参考文献

[1] HIXON R. Numerically consistent strong conservation grid motion for finite difference schemes[J]. AIAA Journal,2000,38(9): 1586-1593.

[2] 陶文铨.计算传热学的近代进展[M].北京:科学出版社,2001.

[3] LEONARD B P. Simple high-accuracy resolution program for convective modelling of discontinuities[J]. International Journal of Numer Methods Fluids,1988,8: 1291-1318.

[4] LEONARD B P. The ultimate conservative difference scheme applied to unnsteady one-dimensional advection[J]. Computer Methods in Applied Mechanics and Engineering,1991, 88(1): 17-74.

[5] RHIE C M,CHOW W L. Numerical study of the turbulent flow past an airfoil with trailing edge separation[J]. AIAA Journal,1983,21: 1525-1532.

[6] CHOI S K,NAMH Y,CHO M. Use of the momentum interpolation method for numerical solution of incompressible flows in complex geometries: Choosing cell face velocities[J]. Numerical Heat Transfer,Part B: Fundamentals,1993,23: 21-41.

[7] ROE P L. Approximate Riemann solvers: Parameter vectors and difference schemes [J]. Journal of Computational Physics,1981,43(2): 357-372.

[8] ROE P L. Characteristic based schemes for the Euler equation[J]. Annual Review of Fluid Mechanics,1986,18: 337-365.

[9] YEE H C. Upwind and symmetric shock-capturing schemes [J]. NASA Technical Memorandum,NASA-TM-89464,May 1987.

[10] KERMANI M J,PLETT E G. Modified entropy correction formula for the Roe scheme [C]. AIAA Paper,2001-0083.

[11] HARTERN A,LAX P D,VAN LEER B. On upstream differencing and Godunov-type schemes for hyperbolic conservationlaws[J]. SIAM Review,1983,25: 35-61.

[12] RUSANOV V V. The calculation of the interaction of non-stationary shock waves with barriers[J]. USSR Computational Mathematics and Mathematical Physics,1962,1,2: 304-320.

[13] EINFELDT B,MUNZ C D,ROE P L,et al. On Godunov-type methods near low densities [J]. Journal of Computational Physics,1991,92(2): 273-295.

[14] TORO E F,SPRUCE M,SPEARES W. Restoration of the contact surface in the HLL-Riemann solver[J]. Shock Waves,1994,4: 25-34.

[15] LIOU M S,STEFFEN C J. A new flux splitting scheme[J]. Journal of Computational Physics,1993,107: 23-39.

[16] LIOU M S. Progress towards an improved CFD method: AUSM+[C]//Proceedings of the AIAA 12th Computational Fluid Dynamics Conference, AIAA, Washington, D. C. AIAA Paper,1995-1701: 606-625.

[17] LIOU M S. A sequel to AUSM: AUSM+[J]. Journal of Computational Physics,1996, 129: 364-382.

[18] LIOU M S. A sequel to AUSM, Part Ⅱ: AUSM+-up for all speeds[J]. Journal of

Computational Physics,2006,214: 137-170.

[19] LI X S. Uniform algorithm for All-Speed shock-capturing schemes[J]. International Journal of Computational Fluid Dynamics,2014,28: 329-338.

[20] WEISS J M,SMITH W A. Preconditioning applied to variable and const density flows[J]. AIAA Journal,1995,33: 2050-2057.

[21] VAN LEER B. Towards the ultimate conservative difference scheme. v. a second-order sequel to Godunov's method[J]. Journal of Computational Physics,1979,32: 101-136.

[22] GARNIER E,MOSSI M,SAGAUT P,et al. On the use of shock-capturing schemes for large-eddy simulation[J]. Journal of Computational Physics,1999,153: 273-311.

[23] HARTEN A. High resolution schemes for hyperbolic conservation laws[J]. Journal of Computational Physics,1983,49(3): 357-393.

[24] 刘儒勋,舒其望.计算流体力学的若干新方法[M].北京:科学出版社,2003.

[25] YEE H C, SANDHAM N D, DJOMEHRI M J. Low-dissipative high-order shock-capturing methods using characteristic-based filters[J]. Journal of Computational Physics, 1999,150(1): 199-238.

[26] TORO E F. Riemann solvers and numerical methods for fluid dynamics[M]. Berlin: Springer,1997.

[27] HARTEN A, ENGQUIST B, et al. Uniformly high order accurate essentially non-oscillatory schemes, Ⅲ[J]. Journal of Computational Physics,1987,71(2): 231-303.

[28] SHU C W, OSHER S. Efficient implementation of essentially non-oscillatory shock-capturing schemes[J]. Journal of Computational Physics,1988,77(2): 439-471.

[29] SHU C W, OSHER S. Efficient implementation of essentially non-oscillatory shock-capturing schemes Ⅱ[J]. Journal of Computational Physics,1989,83(1): 32-78.

[30] LIU X D,OSHER S,CHAN T. Weighted essentially non-oscillatory schemes[J]. Journal of Computational Physics,1994,115(1): 200-212.

[31] JIANG G S,SHU C W. Efficient implementation of weighted ENO schemes[J]. Journal of Computational Physics,1996,126: 202-228.

[32] SU X R,SASAKI D,NAKAHASHI K. 2013. Cartesian mesh with a novel hybrid WENO/meshless method for turbulent flow calculations[J]. Computers & Fluids 84: 69-86.

[33] SU X R, SASAKI D, NAKAHASHI K. 2013. On the efficient application of weighted essentially nonoscillatory scheme[J]. International Journal for Numerical Methods in Fluids 71: 185-207.

[34] TURKEL E. Preconditioned methods for solving the incompressible and low speed compressible equation[J]. Journal of Computational Physics,1987,72(2): 277-298.

[35] GUILLARD H, VIOZAT C. On the behaviour of upwind schemes in the low Mach number limit[J]. Computers & Fluids,1999,28(1): 63-86.

[36] QUIRK J J. A contribution to the great Riemann solver debate[J]. International Journal for Numerical Methods in Fluids,1994,18: 555-574.

[37] TURKEL E. Preconditioning techniques in computational fluid dynamics[J]. Annual Reviews of Fluid Mechanics,1999,31: 385-416.

[38] 吴子牛.计算流体力学基本原理[M].北京:科学出版社,2001.

[39] TURKEL E, RADESPIEL R, KROLL N. Assessment of preconditioning methods for

multidimensional aerodynamics[J]. Computers & Fluids,1997,26(6): 613-634.

[40] MARY I, SAGAUT P, DEVILLE M. An algorithm for unsteady viscous flows at all speeds[J]. International Journal for Numerical Methods in Fluids,2000,34(5): 371-401.

[41] 黄典贵. 基于 Roe 格式的可压缩与不可压缩流动的统一计算方法[J]. 应用数学和力学,2006,27(6): 669-674.

[42] 李雪松,徐建中. 低耗散 TVD 格式及叶轮机内低马赫数流动模拟[J]. 航空动力学报,2006,21(3): 442-447.

[43] 李雪松,徐建中. 高分辨率 TVD 格式的改进及应用[J]. 工程热物理学报,2006,27(2): 211-213.

[44] CHOI Y H, MERKLE C L. The application of preconditioning in viscous flows[J]. Journal of Computational Physics,1993,105(2): 207-223.

[45] PARK S H, LEE J E, J H KWON. Preconditioned HLLE method for flows at all Mach numbers[J]. AIAA Journal,2006,44: 2645-2653.

[46] LUO H, BAUM J D, LOHNER R. Extension of Harten-Lax-van Leer scheme for flows at all speeds[J]. AIAA Journal,2005,43(6): 1160-1166.

[47] VENKATESWARAN S, LI D, MERKLE C L. Influence of stagnation regions on preconditioned solutions at low speeds[C]. AIAA Paper,2003-0435.

[48] EDWARDS J R, LIOU M S. Low-diffusion flux-splitting methods for flows at all speeds [J]. AIAA Journal,1998,36: 1610-1617.

[49] MARY I, SAGAUT P. Large eddy simulation of flow around an airfoil near stall[J]. AIAA Journal,2002,40(6): 1139-1145.

[50] SHIMA E, KITAMURA K. Parameter-free simple low-dissipation AUSM-family scheme for all speeds[J]. AIAA Journal,2011,49: 1693-1709.

[51] LI X S, GU C W. Mechanism of Roe-type schemes for all-speed flows and its application [J]. Computers and Fluids,2013,86: 56-70.

[52] LI X S. Uniform algorithm for all-speed shock-capturing schemes[J]. International Journal of Computational Fluid Dynamics,2014,28: 329-338.

[53] DARMOFAL D L, SCHMID P J. The importance of eigenvectors for local preconditioners of the Euler equations[J]. Journal of Computational Physics,1996,127(2): 346-362.

[54] LI X S, XU J Z, GU C W. Preconditioning method and engineering application of large eddy simulation[J]. Science in China Series G: Physics, Mechanics & Astronomy,2008, 51: 667-677.

[55] LI X S, GU C W, XU J Z. Development of Roe-type scheme for all-speed flows based on preconditioning method[J]. Computers and Fluids,2009,38: 810-817.

[56] MOGUEN Y, KOUSKSOU T, BRUEL P, et al. Pressure-velocity coupling allowing acoustic calculation in low Mach number flow[J]. Journal of Computational Physics,2012, 231: 5522-5541.

[57] LI X S, GU C W. The momentum interpolation method based on the time-marching algorithm for all-speed flows[J]. Journal of Computational Physics,2010,229: 7806-7818.

[58] CHOI. NOTE S K. ON The use of momentum interpolation method for unsteady flows [J]. Numerical Heat Transfer, Part A: Applications,1999,36: 545-550.

[59] YU B, TAO W Q, WEI J J, et al. Discussion on momentum interpolation method for

colocated grids of incompressible flow [J]. Numerical Heat Transfer, Part B: Fundamentals 42 (2002): 141-166.

[60] YU B, KAWAGUCHI Y, TAO W Q, et al. Checkerboard pressure predictions due to the underrelaxation factor and time step size for a nonstaggered grid with momentum interpolation method [J]. Numerical Heat Transfer, Part B: Fundamentals, 2002, 41: 85-94.

[61] SHEN W Z, MICHELSEN J A, SORENSEN J N. Improved rhie-chow interpolation for unsteady flow computations[J]. AIAA Journal, 2001, 39: 2406-2409.

[62] PASCAU A. Cell face velocity alternatives in a structured colocated grid for the unsteady Navier-Stokes equations[J]. International Journal for Numerical Methods in Fluids, 2011, 65: 812-833.

[63] GUILLARD H, MURRONE A. On the behavior of upwind schemes in the low Mach number limit: Ⅱ. Godunov type schemes[J]. Computers and Fluids, 2004, 33(4): 655-675.

[64] LI X S, GU C W. An all-speed Roe-type scheme and its asymptotic analysis of low-Mach-number behaviour[J]. Journal of Computational Physics, 2008, 227: 5144-5159.

[65] THORNBER B, DRIKAKIS D. Numerical dissipation of upwind schemes in low Mach flow[J]. International Journal for Numerical Methods in Fluids 2008, 56: 1535-1541.

[66] THORNBER B, MOSEDALE A, DRIKAKIS D, et al. An improved reconstruction method for compressible flows with low Mach number features [J]. Journal of Computational Physics, 2008, 227: 4873-4894.

[67] THORNBER B, DRIKAKIS D, WILLIAMS R J R, et al. On entropy generation and dissipation of kinetic energy in high-resolution shock-capturing schemes [J]. Journal of Computational Physics, 2008, 227: 4853-4872.

[68] RIEPER F. A low-mach number fix for Roe's approximate Riemann solver[J]. Journal of Computational Physics, 2011, 230: 5263-5287.

[69] FILLION P, CHANOINE A, DELLACHERIE S, et al. A new platform for core thermal-hydraulic studies[J]. Nuclear Engineering and Design, 2011, 241: 4348-4358.

[70] DELLACHERIE S. Analysis of Godunov type schemes applied to the compressible Euler system at low mach number[J]. Journal of Computational Physics, 2010, 229: 978-1016.

[71] DELLACHERIE S, OMNES P, RIEPER F. The influence of cell geometry on the Godunov scheme applied to the linear wave equation [J]. Journal of Computational Physics, 2010, 229: 5315-5338.

[72] LI X S, LI X L. All-speed Roe scheme for the large eddy simulation of homogeneous decaying turbulence [J]. International Journal of Computational Fluid Dynamics, 2016, 30(1): 69-78.

[73] GHIA U, GHIA K N, SHIN C T. High-*Re* solution for incompressible flow using the Navier-Stokes equations and a multigrid method [J]. Journal of Computational Physics, 1982, 48: 387-411.

[74] THORNBER B, MOSEDALE A, DRIKAKIS D. On the implicit large eddy simulation of homogeneous decaying turbulence [J]. Journal of Computational Physics, 2007, 226: 1902-1929.

[75] BORIS J P, GRINSTEIN F F, et al. New insights into large eddy simulation[M]. Fluid

Dynamic Research, 1992, 10(4-6): 199-228.

[76] SAMTANEY R, PULLIN D I, KOSOVIC B. Direct numerical simulation of decaying compressible turbulence and shocklet statistics [J]. Physics of Fluids, 2001, 13: 1415-1430.

[77] ENG Y, LI X L, FU D X, et al. Optimization of the muscl scheme by dispersion and dissipation[J]. Science China Physics, Mechanics & Astronomy, 2012, 55: 844-853.

[78] GUILLARD H. On the behavior of upwind schemes in the low Mach number limit. Ⅳ: P_0 approximation on triangular and tetrahedral cells[J]. Computers & Fluids, 2009, 38: 1969-1972.

[79] REN X D, GU C W, LI X S. Role of the momentum interpolation mechanism of the Roe scheme in shock instability[J]. International Journal for Numerical Methods in Fluids, 2017, 84: 335-351.

[80] QU F, YAN C, SUN D, et al. A new Roe-type scheme for all speeds[J]. Computers & Fluids, 2015, 121: 11-25.

[81] KIM S, KIM C, RHO O H, et al. Cures for the shock instability: Development of a shock-stable Roe scheme[J]. Journal of Computational Physics, 2003, 185: 342-374.

[82] LI X S, REN X D, GU C W. Cures for expansion shock and shock instability of Roe scheme based on momentum interpolation mechanism [J]. English Edition. Applied Mathematics and Mechanics, 2018, 39(4): 455-466.

[83] LIN H C. Dissipation addition to flux-difference splitting[J]. Journal of Computational Physics, 1995, 117: 20-27.

[84] REN Y X. A robust shock-capturing scheme based on rotated Riemann solvers [J]. Computers & Fluids, 2003, 32(10): 1379-1403.

[85] NISHIKAWA H, KITAMURA K. Very simple carbuncle-free boundary-layer-resolving, rotated-hybrid Riemann solvers [J]. Journal of Computational Physics, 2008, 227 (4): 2560-2581.

[86] LIOU M S. Mass flux schemes and connection to shock instability [J]. Journal of Computational Physics, 2000, 160: 623-648.

[87] REN X D, XU K, SHYY W, et al. A multi-dimensional high-order discontinuous Galerkin method based on gas kinetic theory for viscous flow computations [J]. Journal of Computational Physics, 2015, 292: 176-193.

[88] LI X S, REN X D, GU C W, et al. Shock-stable Roe scheme combining entropy fix and rotated Riemann solver[J]. AIAA Journal, 2020, 58(2): 779-786.

[89] HANEL D. On the accuracy of upwind schemes in the solutions of the Navier-Stokes equations[C]. AIAA Paper 87-1105-CP, 1987.

[90] JAMESON A. Analysis and design of numerical schemes for gas dynamics 2. Artificial diffusion and discrete shock structure[J]. International Journal of Computational Fluid Dynamics, 1995, 5: 1-38.

[91] JAMESON A, SCHMIDT W, TURKEL E. Numerical solutions of the Euler equations by finites volume methods using Runge-Kutta time stepping schemes[C]. AIAA Paper, 1981: 81-1259.

[92] DOUGLAS J, GUNN J E. A general formulation of alternating direction method-part

Ⅰ-parabolic and hyperbolic problem[J]. Numerische Mathematik,1964,82(6): 428-453.

[93] BEAM R M,WARMING R F. An implicit factored scheme for the compressible Navier-Stokes equations[J]. AIAA Journal,1978,16(4): 393-402.

[94] PULLIAM T H, CHAUSSEE D S. A diagonal form of an implicit approximate-factorization algorithm[J]. Journal of Computational Physics,1981,39(2): 347-363.

[95] CAUGHEY D A. Diagonal implicit multigrid algorithm for the Euler equations[J]. AIAA Journal,1988,26(7): 841-851.

[96] TYSINGER T L,CAUGHEY D A. Alternating direction implicit methods for the Navier-Stokes equations[J]. AIAA Journal,1992,30(8): 2158-2161.

[97] JAMESON A,TURKEL E. Implicit schemes and LU decompositions[J]. Mathematics of Computation,1981,37: 385-397.

[98] BURATYNSKI E K,CAUGHEY D A. An implicit LU scheme for the Euler equations applied to arbitrary cascades[J]. AIAA Journal,1986,24(1): 39-46.

[99] JAMESON A,YOON S. Lower-upper implicit schemes with multiple grids for the Euler equations[J]. AIAA Journal,1987,25(7): 929-935.

[100] YOON S,JAMESON A. Lower-upper symmetric-Gauss-Seidel method for the Euler and Navier-Stokes equations[J]. AIAA Journal,1988,26(9): 1025-1026.

[101] YUAN X,DAIGUJI H. A specially combined lower-upper factored implicit scheme for three-dimensional compressible Navier-Stokes equations[J]. Computers and Fluids,2001, 30(3): 339-363.

[102] CANDLER G V,WRIGHT M J. Data-parallel lower-upper relaxation method for reacting flows[J]. AIAA Journal,1994,32(12): 2380-2386.

[103] WRIGHT M J,CANDLER G V,PRAMPOLINI M. Data-parallel lower-upper relaxation method for the Navier-Stokes equations[J]. AIAA Journal,1996,34(7): 1371-1377.

[104] YOON S,JAMESON A. Lower-upper symmetric-Gauss-Seidel method for the Euler and Navier-Stokes equations[J]. AIAA Journal,1988,26(9): 1025-1026.

[105] HUANG D G. Preconditioned dual-time procedures and its application to simulating the flow with cavitations[J]. Journal of Computational Physics,2007,223: 685-689.

[106] JORGENSON P C E,CHIMA R V. An unconditionally stable Runge-Kutta method for unsteady flows[R]. NASA Technical Memorandum,1989,101347.

[107] NI R H. A multiple-grid scheme for solving the Euler equations[J]. AIAA Journal,1982, 20(11): 1565-1571.

[108] 都志辉. 高性能计算并行编程技术——MPI并行程序设计[M]. 北京: 清华大学出版社,2001.

[109] DAVID B K,WEN-MEI W H. Programming massively parallel processors: A hands-on approach[M]. Amsterdam: Elsevier,2010.

[110] CHANG,H W,et al. Simulations of three-dimensional cavity flows with multi relaxation time lattice boltzmann method and graphic processing units[J]. Procedia Engineering, 2013,61: 94-99.

[111] 李雪松,顾春伟. 基于GPU的隐式算法与方案研究[J]. 工程热物理学报,2013,34(11): 2043-2047.

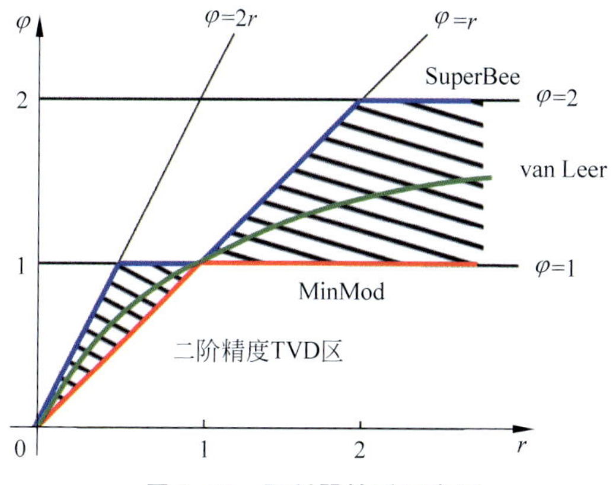

图 3.10　限制器性质示意图

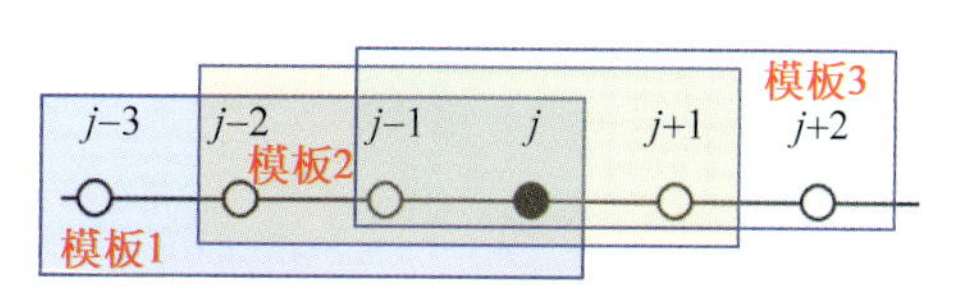

图 3.11　ENO 类重构模板方案

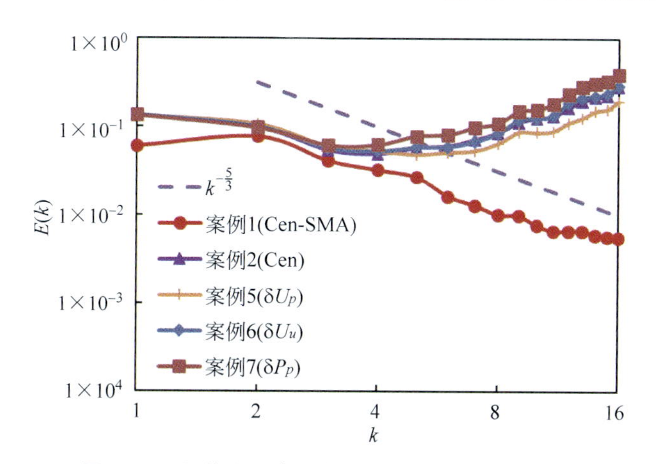

图 5.17　网格为 32^3 时案例 1、2、5、6、7 的湍能谱

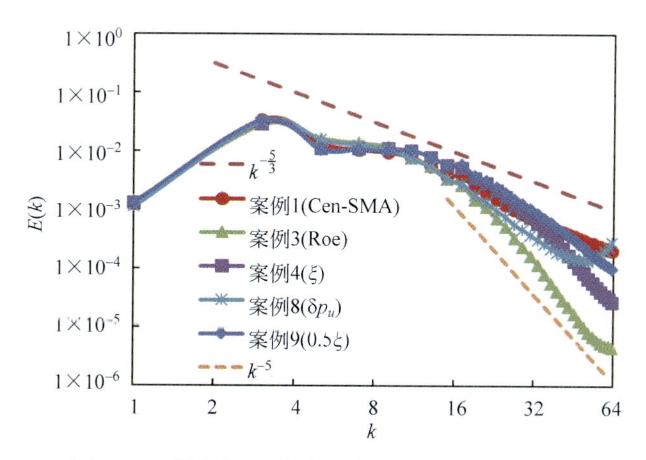

图 5.20　网格为 128^3 时案例 1、3、4、8、9 的湍能谱

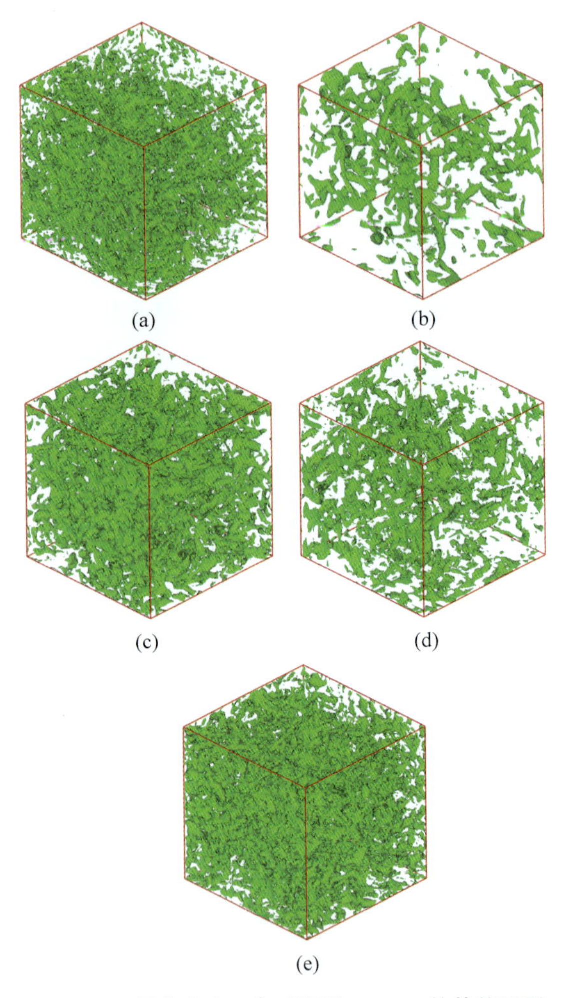

图 5.21　网格密度 64^3 时涡量 $\omega=8.5$ 的等值面图

(a) 案例 1(Cen-SMA)；(b) 案例 3(Roe)；(c) 案例 4(ξ)；
(d) 案例 8(δp_u)；(e) 案例 9(0.5ξ)

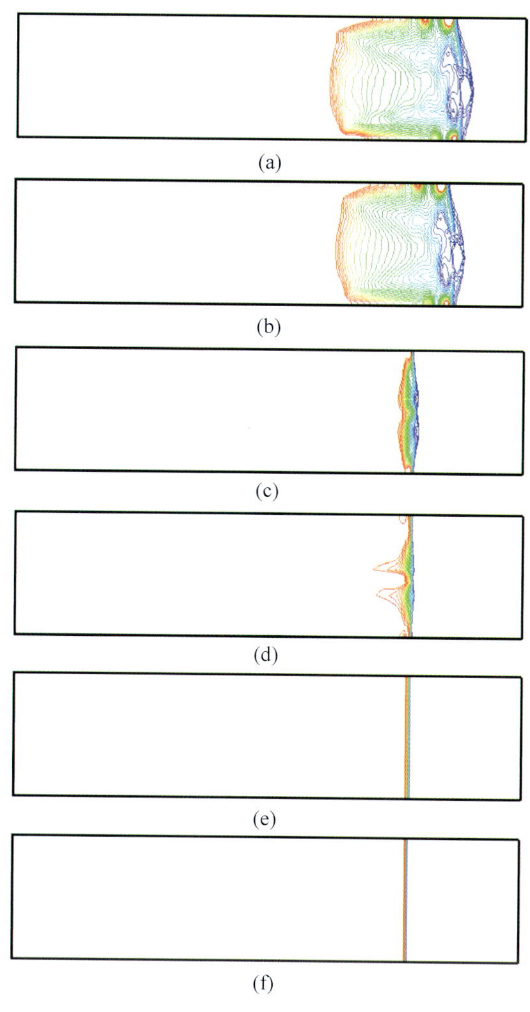

图 7.3　$t=100$s 时密度云图

(a) 经典 Roe 格式；(b) 经典 Roe 格式，熵修正系数为 0.05；(c) 经典 Roe 格式，熵修正系数为 0.2；(d) 经典 Roe 格式，$\delta U_p=0$；(e) AM-Roe 格式；(f) AM-Roe 格式，MUSCL-TVD 重构

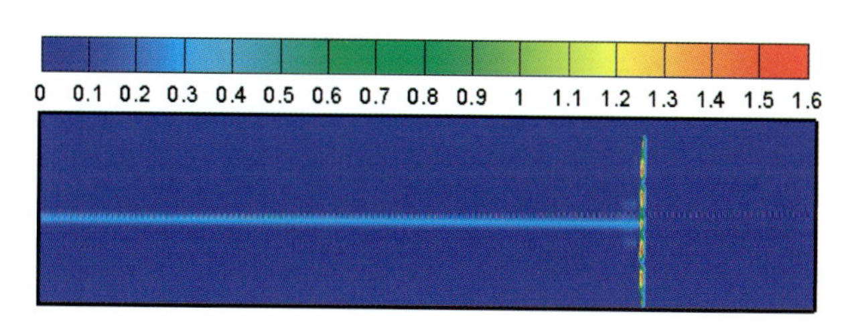

图 7.4　平行于流动的网格面上旋转马赫数 $M_{rot}=\frac{U_{rot}}{c}$ 云图

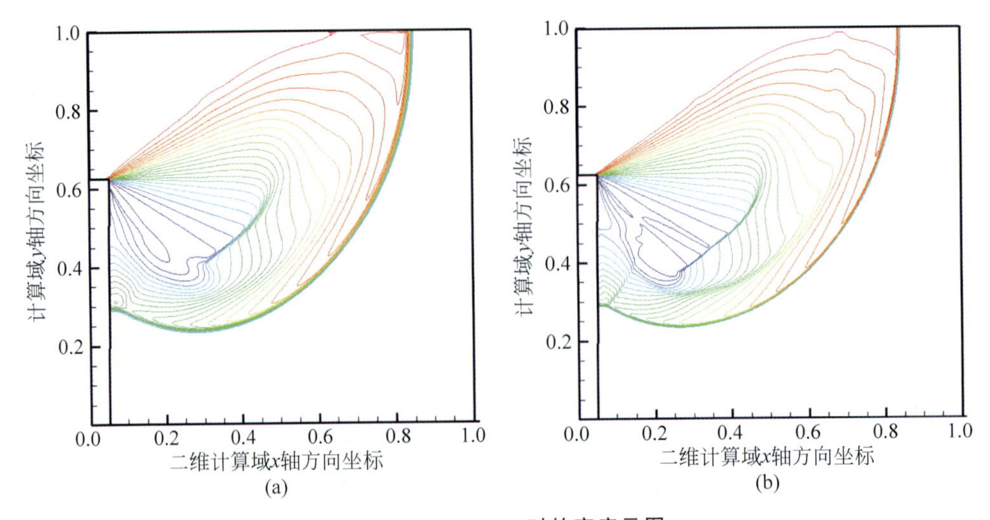

图 7.6 $t=0.155\mathrm{s}$ 时的密度云图

(a) AM-Roe 格式；(b) AM-Roe 格式，MUSCL-TVD 重构

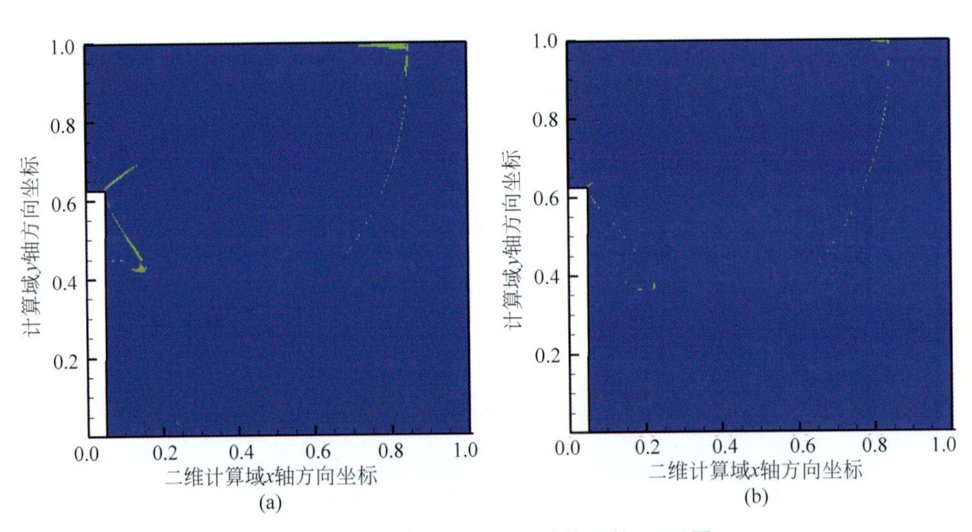

图 7.7 辨识熵修正作用区域的函数 I_d 云图

(a) 一阶精度；(b) MUSCL-TVD 重构

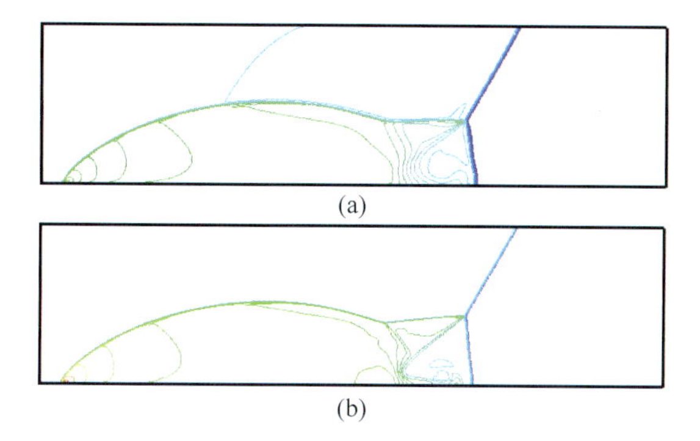
(a)
(b)

图 7.8　$t=0.2$s 时密度云图

(a) AM-Roe 格式；(b) AM-Roe 格式，MUSCL-TVD 重构

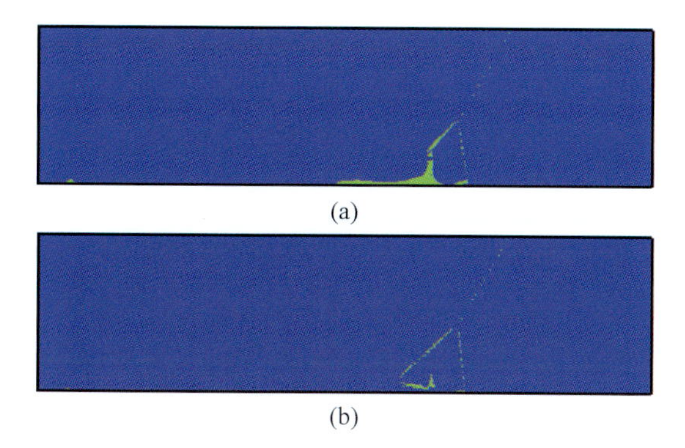
(a)
(b)

图 7.9　辨识熵修正作用区域的函数 I_d 云图

(a) 一阶精度；(b) MUSCL-TVD 重构